U0443955

江东梦

张柠 著

人民文学出版社

图书在版编目(CIP)数据

江东梦/张柠著.—北京：人民文学出版社,2023
ISBN 978-7-02-018148-3

Ⅰ.①江… Ⅱ.①张… Ⅲ.①长篇小说—中国—当代 Ⅳ.①I247.5

中国国家版本馆CIP数据核字(2023)第129720号

责任编辑　于文舲
装帧设计　刘　远
责任印制　任　祎

出版发行　人民文学出版社
社　　址　北京市朝内大街166号
邮政编码　100705

印　　刷　三河市鑫金马印装有限公司
经　　销　全国新华书店等

字　　数　237千字
开　　本　890毫米×1290毫米　1/32
印　　张　11.625　插页3
版　　次　2023年8月北京第1版
印　　次　2023年8月第1次印刷

书　　号　978-7-02-018148-3
定　　价　55.00元

如有印装质量问题，请与本社图书销售中心调换。电话：010-65233595

莫恨吾生误,
江东才俊多。

楔　子

浩瀚的江水缓缓地向东流淌。江东城沿江蜿蜒密集的街道，像一束飘落在大江南岸的丝带。城东新区滨江路上，有一幢叫"德茂公寓"的大楼，风格和气势格外引人注目。德茂公寓往东几百米就是海关大厦，哥特式塔楼上的报时钟，隔一阵就当当当地响几下，沉闷的钟声传遍江东的大街小巷。那夜半钟声，越发显得空寂辽远。还有难以分辨的火车汽笛和轮船汽笛，混杂在一起，日夜嘶鸣，传播着归来或离别的消息。

测字打卦的算命先生钱德玄，人称钱半仙，长期摆摊设点在德茂公寓门前，像一道固定的风景。钱德玄感受着春夏秋冬的更替，目睹着德茂公寓新旧主人走马灯似的变换，审视着门前来去匆匆的行人，这位来自江东乡下的聪明人，偶尔发出暧昧又意味深长的感叹，伴随着招揽生意的快板和歌谣，有节奏，有腔调，有韵味，有玄机。

走一走，瞧一瞧，过往君子莫心焦，
竖耳朵，放慢脚，听我说说这德茂。

说德茂,道德茂,路过德茂运气好,
沾了德气捡老婆,沾了茂气捡元宝。

运气好,运气多,运气有时也焦躁。
今天躲进你裤裆,明天钻到她怀抱。

你的运气好不好?你的运气跑没跑?
报来生辰算八字,运气长短早知道。

　　快板节奏,铿锵均匀悠长,好像要使劲将那被搅乱的生活拉回常轨。咔嚓咔嚓的竹板撞击声,时急时缓,时间久了,给人一种单调乏味的感觉,慢慢地被嘈杂的市声吞噬。钱半仙生意好,跟他快板打得好有关,只见他,手起板落眉毛扬,即兴应景把歌唱,韵律起伏声调好,话中有话添迷惘。钱半仙的生意好,还跟德茂公寓底商的人流量大有关,那是江东城年轻男女的时髦去处,比上海的潮流一点也不差。更隐秘的原因,还更跟乱世的人民缺少安全感有关,那些把握不住自己命运的人,把渺茫的希望和幸福的渴望,寄托在这个蓄长须、穿黑袍、戴毡帽,相貌古旧的算命先生身上。
　　人类性情古怪,难以捉摸。他们追逐时新,却不相信时新的人和事。他们忌讳守旧,却跟古旧的人和事缠夹不清。清代嘉庆年间,江东城有位士人,名叫戴槃龙,乃城西老宅柳园的主人,他精通术数谶纬,迷恋《河洛理数》《邵子说易》《皇极经世书》之类的冷门神秘知识，身后留下一部叫《柳园仰天录》的著作。这部妄想"究天人之际，通古今之变，成一家之言"的奇书，因其浓郁的预言和想象色彩，为注重考据的清代正统学界所不屑，但它在民间却很有市场。按照戴槃龙的说法，古人视天甚近，天人之间有亲近之感，言天道就是言人道。今人距天邈远，天人之间没有情分，说人事无关天变。《易经》占卜，细说天道。《尚书》记言，语关凶吉。《周礼》定制，详陈人理。《春秋》记事，兼及天演。暴秦以降，天人两分，人与天日益生分，寒暑冷暖外在于人，灾异得失两不相关。戴槃龙的说法，的确有些玄乎，但也不是完全没有道理。比如男人，外貌古旧，古今变化不大，但他们的精神却更接近于今世，圆滑善变，热衷于功利算计。而女人正好相反，她们扮相时新多变，不同的时代追逐不同的风格和样貌，但她们的心思，反而更贴近往古，恒久少变，敏于天人感应。

钱半仙的算命摊档，自然很少有男人光顾。男人平时无所事事，一旦有事就是大事：伤筋动骨吃官司，家破人亡国沦陷。这种事情，用不着算命打卦测八字，要么奋起搏老命，要么认㞗装孙子，这种事情，既不是智的算计，也不是情的缠绵，那真的是力和命的较量。男人就这样，他们活在这个世上，仿佛一个粗糙的笑话，简单直接，却又性命攸关。

说到算命打卦的行当，提起看相测字的手艺，本来就属于"女人生意"，如果女人再加上有钱，那更是黄金搭配，基本上是送钱的主。当然，也不会有什么大钱，小钱而已，一个银圆，几张法币。逛街女人忧心忡忡的，不会有太大的事。倘若真的遇到什么大事，不是找男人就是找警察。男人和警察也无能为力的事情，才可能轮到钱半仙，无非是梦境凶吉、恩爱情仇、得失输赢，人生边沿上的事，往左是坦途，往右是悬崖，说小也大，说大又小，每天有，时时起，无伤大雅，但也足以令人心烦意乱，难以安宁。

　　常言道，女人像流水，男人如泥石。泥石砸在水里，咣当一声，随即沉底。被泥石激起的浪花，却久久难以平静，它小波浪连接着大波浪，激荡魂魄，销蚀命运，不可终日。这其中有命、有运、有难以捉摸的道理。多少人想看清它，想把握它，但又缺少参透它的眼力、脑力、心力。有诗为证：试上高峰窥皓月，偶开天眼觑红尘，可怜身是眼中人。

第一章

1

德茂公寓地处滨江东路和中山北路交界处,东窗朝中山路,北窗朝滨江路。正门和高大的麻石台阶,顺着拐弯的街道拐弯呈圆弧状,朝着大江的方向。公寓正门上方,挂着"德茂公寓"四个红漆隶书匾额。六层公寓楼,底商的外墙安装着稀见的高大拱形落地窗,窗玻璃上绘有彩色的花卉藤蔓。公寓门外的街边,有供游客休息的长椅。公寓正门朝向,并不是常见的"坐北朝南",而是朝着东北偏北方位,跟中国传统建筑对风水的要求不相吻合,但是德茂公寓的风水和运气,似乎从来都不差,它甚至成了财富和好运的象征。江东人说,德茂公寓走的不是土运,它走的是洋运。尽管从德茂公寓正门出进的人,还是洋人居多,但公寓左右两边的底商,却是市民消费的好去处,有百货商场,有戏场茶馆,有饭庄酒肆。对江东人来说,去德茂公寓消费游逛是时髦,所以这里的生意一直都好,人气也一直很旺。

江东的老城区在城西，政府机关，医院学校，都集中在西区。德茂公寓这一带以前是郊区，老辈称之为"校场东"。练兵打靶和枪决犯人用的校场，已经很偏僻，德茂公寓还在校场东边，再往东就是"东郊墓地"，可见它多么偏远荒芜神秘。女人在骂人的时候，都喜欢说"去死吧""死到校场东去吧"。自从"东郊墓地"一带建起了天主堂和医院后，"校场东"才慢慢繁华起来，成了江东的新地标。唯一的有轨电车，贯穿西城和东城。一块废弃的坟地，还经常闹鬼，扔在那里也是扔，结果被外国人整治成了繁华的街市。

　　德茂公寓东侧外墙的方形水泥牌上，镌刻着"De Mao apartment Sept., 1908."字样，二十多年过去了，字迹凹槽里的红漆还依然醒目耀眼。德茂公寓的出现，让那些对老租界失去新鲜感的江东人，眼前又为之一亮。这幢姗姗来迟的洋房，不仅在江东低矮的徽派建筑群中鹤立鸡群，也使得早些年建起来的教堂和医院等西洋建筑黯然失色。江东市民对这幢洋派公寓楼的态度很暧昧，既好奇又警觉，经常忍不住要去逛一逛，看一看。看着看着，他们又心存疑虑，觉得它终究还是个异类，楼房的造型，门窗的色彩和款式，散发出来的气息，都是陌生的。尤其是不习惯那些穿黑制服的雇佣门卫，不知是安南人还是印度人，站在那里昂首挺胸，像一尊雕塑，路过的人总按捺不住挑逗他的冲动。

　　有位在德茂公寓门前摆摊卖香烟零食的小商贩，叫陈祥根的，摊档就设在正对着德茂公寓大门的路边。陈祥根觉得，那门卫的眼睛好像总是在盯着自己不放。他试着左躲右闪地摇晃几下，门卫的眼珠依然盯着他。陈祥根觉得自己受到冒犯，便去回敬那门卫,掸掸他们的衣服,碰碰他们的帽子。门卫有纪律,不能随便乱动,只能置之不理。陈祥根挑逗了一阵也觉无趣,就回到摊档边去了,再扭头一看,门卫的眼珠还盯着自己。陈祥根有些烦躁,又走过去挑逗,开始是捏脸蛋,再后来又用力去扯门卫的胡须,终于把门卫惹怒了,拿起警棍一顿暴揍,抬起穿高帮牛皮靴的脚往陈祥根肋骨上踩,把陈祥根打得晕倒在地,被人抬进了医院。消息上了《江东新报》,市民闻讯,群情激昂,说看吧看吧,他们终于露出牙齿了,哪有不吃肉的狼啊!于是,组织了声势浩大的抗议示威活动。《江东新报》刊登文章,号召全体市民抵制洋货,一时间,繁华热闹的德茂公寓门可罗雀。

僵持了两个月,德茂公寓急了,一边用金钱开道,一边登报道歉,公布处理意见,解聘了那个看门的临时工,接着又搞各种商业促销活动。他们还雇来了一批十八九岁二十岁的女孩子,穿着露胳膊露腿的旗袍,在德茂商场门前唱歌跳舞,见人就送礼物:小瓶香水、生发油、蛤蜊油、印花信笺、曲奇饼,都是洋货。江东人架不住物质的诱惑,又纷纷聚拢到德茂公寓门前,排队领礼品。德茂公寓很快又恢复了从前的繁华,商业消费活动依然如故,只是值勤的门卫身边,多了一块木牌,上面写着"请勿触摸"四个字。陈祥根的摊位,被算命打卦的钱德玄钱半仙占了。

人们不得不佩服德茂公寓主人处变不惊、应急公关的能力。但是,德茂公寓的主人究竟姓甚名谁,却一直是个传说。据说,德茂公寓最早的主人,是位法国传教士,名叫德莫·戴勒斯,中文名戴德茂。这幢公寓楼,既是当时江东新的文化交流中心,也是往来于国内外的教友、商人、游客的旅舍。后来,英国与荷兰联合创办的亚细亚火油公司,从戴德茂手上买下了这幢公寓,作为亚细亚江东分公司的办公楼,总经理是一位叫文森特·威廉·柯雷斯的荷兰人,中文名字叫史柯雷。除火油公司之外,还有几家做药物产品、医用器械、日用化工等其他生意的小洋行进驻公寓,德茂公寓就变成了江东新的商贸中心。

世纪之初世界性的经济大萧条,也影响到了沿江开放口岸江东。德茂公寓的主人变成了本地人,江东湖滨县尚蔡村的蔡豪生。蔡豪生并不是德茂公寓的唯一主人,他只是从荷兰人史柯雷那里买下了公寓的二楼到四楼三层,底商以及五楼和六楼三层的主人,还是文森特·威廉·柯雷斯。德茂公寓依然是江东的重要商贸中心。其实,究竟谁是公寓的主人,江东人不甚了了,也无意去深究,依然去德茂公寓消费。

身居要职的蔡豪生,既不住在湖滨县尚蔡村老家,也不住在江东城里的德茂公寓,而是住在距离老家300公里的省会南都城,阳明路上的蔡公馆。生活在老家的发妻姜秀珍,多次提出要跟随蔡豪生到省城居住,都遭到了拒绝。最后,蔡豪生采用折中方案,在位于省城和老家半途的江东城,买下德茂公寓的三层楼房,用于安顿妻子姜秀珍。蔡夫人姜秀珍,带着几个贴身女佣,入住豪华的德茂公寓。楼房的格局也发生了变化,公寓改装成了公馆。蔡夫人占据了二楼的一半,另一半是起居室盥洗室和厨房。三楼用作客房和书房。四楼的格局不变,留给五男三女八个儿女住。但儿女几乎都不在姜秀珍身边生活。长子蔡鲲是江东警备区后勤部的军需官,平时都住在警备区自己的宿舍里,偶尔过来探望一下母亲。次子蔡鲛和三子蔡鳇在部队服役,人在抗战一线,家眷跟着母亲生活在老家。只有年纪尚小的四子蔡鲤跟在母亲身边。蔡豪生很少回江东,一年难得住一回德茂公寓。

蔡豪生脾气古怪,只要见到儿子,就虎着脸不开心,说起女儿便喜笑颜开。没想到蔡夫人接二连三都是生儿子。按照尚蔡村人的说法,多子多孙多福气,蔡老爷蔡夫人有福了。蔡豪生说,我家又不是种地的,要那么多儿子做什么?有两个就行了。蔡豪生还说,儿子都是吸血鬼、白眼狼,还是女儿贴心可人。夫人生一个儿子可以,生两个儿子也罢,一而再再而三,就有些过分。蔡豪生越想越气,气得离家出走,到日本去留学。那时候还健在的蔡老先生,指着蔡豪生大骂:孽畜,你走你走,不要回来!蔡豪生真的一走十几年没有回家。多年后回国,蔡老先生夫妇都已作古,蔡豪生当家做主,一切称心如意,就是少几个女儿。没想到蔡夫人姜秀珍又给他生了个儿子,就是比大哥蔡鲲小二十多岁的老四蔡鲤。

老四蔡鲤跟几个哥哥不同,从小就不喜欢舞刀弄棒,而是温文尔雅、细皮嫩肉,像个女孩子。姜秀珍私下里称老四蔡鲤做"细妹",把他当女儿养,扎小辫子,穿小花裆,眉心点红胭脂。蔡豪生气呼呼地说,叫什么名字都一样,穿什么花裙子都白搭,鸡巴长在那里。姜秀珍对蔡豪生说,老爷你消消气,喜欢也好,不喜欢也罢,这个宝贝儿子恐怕是我最小的儿子了。蔡豪生想,姜秀珍的确是越来越没有兴趣,再多折腾也无益。

蔡豪生渐渐很少回家了,在省城娶了个小妾,花钱从春香阁酒楼买来的,祖籍盐城滨海,姓柳,名红棉,二十岁年纪,年轻貌美,带在身边像女儿。娶过来后,红棉要改门庭换面孔,更名"木兰",理由是笔画少好写。蔡豪生想了想说,不如叫"辛夷"呢,"柳辛夷",好听不好听?红棉说,好听是好听,就是难写。少夫人对外就称柳辛夷,在家里蔡豪生还是习惯叫她红棉。红棉像软体动物似的,整天黏在蔡豪生身上,令蔡豪生骨酥皮痒无心公务,对红棉宝贝得不行,还为她购置了公馆,金屋藏娇。蔡豪生对春香阁的老板褚金盛说,自己就喜欢红棉这种丰乳肥臀的身材,据说擅长产子,希望她多生几个女儿。

柳红棉果然能生,上来就给蔡豪生一个双胞胎,而且两个都是女儿,就是老五蔡鲸和老六蔡鳐。蔡豪生高兴,连声说好好好,一石二鸟,一箭双雕。柳红棉不高兴,说好什么?没有儿子,我在你尚蔡村怎么站稳脚跟?没有儿子,老东西你百年之后谁来替我撑腰?没有儿子,谁去打仗保家卫国?你想让我女儿长大去东北抗日吗?连珠炮似的质问砸向蔡豪生,把蔡豪生砸蒙了。柳红棉见两个蹲着撒尿的女儿,整天模仿爹爹,舞枪弄棒,喊打喊杀,一对假小子,心里不服不平,扬言还要继续生。一年后,柳红棉又生了一个女儿,老七蔡鲯。蔡豪生高兴,柳红棉不甘,说不生儿子誓不罢休,于是再生,就生下老八,小儿子蔡鲑。其实蔡豪生不是不喜欢儿子,而是被自己喜欢女儿的念头控制住了,条件反射似的,一见儿子就皱眉头。柳红棉喜笑颜开,说自己开始走儿子运了,要趁热打铁接着生,要生得比姜秀珍还要多,要生一个加强班。第二年战争就爆发了,全国上下都乱了套,蔡豪生忙上忙下,也没顾得上生儿养女的事情。柳红棉生儿子的热情也慢慢地消退了。

2

处变不惊的德茂公寓，面对突如其来的战争，乱了方寸。上海和南京都顶不住，估计很快就要殃及江东。有钱有势有退路的人，都纷纷逃离。蔡豪生的夫人姜秀珍，带着儿子蔡鲤和其他家眷，回乡下尚蔡村去了。没有退路只能留守在城里的人就议论，说德茂公寓每天晚上都闹鬼，有人听到里面传出怪叫声。蔡夫人是被鬼吓跑的。"东郊墓地"的鬼魂，一直都在跟人抢夺地盘，现在趁着人气不旺，便到德茂公寓里来捣乱，把蔡夫人吓跑了。那为什么二楼的外国商人不走呢？他们解释说，本地的土鬼，只敢欺负本地人，见到洋人的时候胆子就特别小，他们害怕金发碧眼，那些鬼火，夜晚还没有洋人的蓝眼睛亮。所以鬼魂跟洋人互不干涉，相安无事。蔡夫人姜秀珍走后，德茂公寓的那三层房屋，好像一直没有人住。其实里面从来都不缺住户，经常有不明就里的逃难者租住在德茂公寓五楼，他们来了又走，走了又来，走马灯似的。有一阵，还被从前线撤退下来的部队征用做军营，蔡豪生的三层楼房成了临时指挥部，门前站岗的，也换成荷枪实弹的军人。直到有一天，新主人金陵董方均一家入住，德茂公寓仿佛又恢复了往日的秩序。

富商董方均，金陵名宿，"董米"公司老板，多年来一直居住在南京城。国民政府早就开始西迁，他却一直按兵不动。一是对战争认识不足，以为闹腾一阵就会过去。二是仗着自己曾经留学日本会说日本话,就抱有侥幸心理。更重要的是,董方均害怕折腾,自己家大业大眷属多,动一下就伤筋动骨。所以,董方均心里着急,却一直没有行动。他还在做梦,想象自己遇到日本鬼子怎么应对,怎么跟他们说日语。夫人朱彦娇说家里这么多财产,还有媳妇女儿一大堆,你能保证你的日本话,挡得住坏人恶人的心肠吗?赶紧想办法吧。董方均还在拖延,直到故乡镇江沦陷和屠城的噩耗传来,这才火急火燎地去租船。没想到所有的官船和民船,全部都被政府征用,一些船参与政府西迁运输队,一些船只要凿沉江底,用于阻拦敌寇军舰西进。董方均奔波了一天,都没有租到船,急得他像热锅上的蚂蚁。夫人朱彦娇和大儿媳秦思玟提议,先疏散到江北秦庄去,那是秦思玟的老家,有房屋,有田地,生活不用愁,没准眼鼻子底下反而安全。董方均说夫人是异想天开!眼鼻子底下就安全了?那么就在城内的家里按兵不动,岂不更在眼鼻子底下?岂不更安全?

　　正在束手无策之时,却无巧不成书。黄昏时分,老家镇江丹徒董村的几位堂侄,突然上门求救,想请董方均去救他们的大船。一听大船,董方均眼睛一亮,忙问大船在哪里?堂侄董正元说,他们驾驶着一艘三桅"绿眉毛"帆船,想来南京揽些运输活儿,没想到一出来就回不去了,活儿没揽到,自己的船却被政府征用,不是征去跑运输,而是要让他们的船去"为国捐躯",就是将装满石头的大船凿穿,沉于江底,用来阻拦鬼子的军舰。董正元他们求告无门,急得挠头跺脚,于是想到来求助于族叔董方均。国难当头的非常时期,人际关系和原有的秩序全乱了。董方均自知无能为力,但又于心不甘,故乡人轻易不登门,怎能好让他们失望而归?!董方均沉思了一阵,让几位堂侄隔天来听消息。说这话的时候,董方均的心里也是一点底都没有。白天出门租船碰钉子的经过记忆犹新,京城商界和政界能动用的资源都已经动用过。正在犯愁,他突然想起了在外省从政的老同学蔡豪生。

董方均和蔡豪生,曾同在日本陆军士官学校静冈分部留学,同吃同住同学习,在异国他乡相依为命,成了铁杆兄弟。有一阵,尚蔡村的蔡老太爷,说蔡豪生忤逆父亲意愿,实属不孝,就断了蔡豪生的经济来源,蔡豪生就靠董方均的资助生活。回国后,各自选择了不同的人生道路,董方均进入商界,蔡豪生一直在军方和政府任职。当初回国,两个人都想留京城做事,无奈京城人才济济,要谋到合适的位置不容易。校友中有早些年回国的学长,推荐他们去隔壁的C省谋职,说上面把C省列入了重点建设和发展规划,C省正急于招揽人才。身居军政要职的学长们还透露,C省之所以受到重视,是因为有很多政府要员在省会南都,购置离宫别馆,可见南都跟京城有千丝万缕的联系,因而前途未可限量。也有多嘴多舌的乌鸦嘴,说这很像南唐皇室,对南都的喜爱超过了江宁都城,中主李璟,就是著名诗人后主李煜他爹,干脆赖在南都行宫不肯离开,结果呢?凶多吉少!

任凭他人说好说坏,蔡豪生衣锦还乡的渴望和决心,都矢志不渝,他跟C省党部一拍即合,很快就走马上任去了。蔡豪生本来就是C省人,有留洋经历,加上勤勉和能力超群,从警备司令部的基层开始干,几年之后就被委以重任,再后来就当上了N市的市长。

既谋到职位，又衣锦还乡，还求得仕途，可谓一石三鸟，夫复何求！

对董方均而言，C省也好，N市也罢，好歹都跟自己无关。董方均的想法，跟蔡豪生一样，希望不要到离故乡太远的地方谋职，只求留在离故乡镇江几十公里的京城。找不到合适的职位也无妨，索性跟着父亲一起打理家业。董方均的父亲，在镇江开了一家颇具规模的米厂，扬州和常州还设有分厂。背靠着"苏杭锡常"鱼米之乡，面临着长江和运河，西接南京汉口，具备了做大生意的各种条件，但由于缺少现代经营理念，老董家的生意做得也是不温不火。董方均立志要创"董米"品牌，第一步就是在京城繁华地段开设"董记米店"，巨大的招牌竖在老门东芥子园附近的大街边。大门口摆的不是石狮子，而是身穿旗袍的"董米女郎"。董方均还通过广告宣传，将吃"董米"变成了时尚，江浙两省，设了多处加盟店。夫人朱彦娇老家芜湖也有一家分店。除店面零售，大批量走货还要经采购商之手。董方均善于交际，跟政府和军方主管后勤供给的人士混得熟络，生意做得红火。发财后，他又涉足棉花布匹和药材医械，什么物资紧俏就做什么生意，渐渐成了京城商界精英，同时，还兼任金陵商贸促进会会长，身边围着一批青年实业家、青年贸易家，踌躇满志地要振兴民族经济和民族工业。无奈遭遇家国的重大变故，粉碎了他们的梦想。如今商业和经济不再是中心，军人和枪炮成了中心。年轻人纷纷投笔从戎，弃商从军。董方均突然觉得，自己的时代仿佛一去不返，内心感伤不已。这一次租船的遭遇，不过是旧伤添新创而已。

董方均打电话向蔡豪生求救。蔡豪生说，紧急状态下，涉及交通运输工具的事情都很麻烦,但是你的事,再难也要设法去办,尽人力听天命吧。董方均感激涕零。蔡豪生立即给在京城的老二蔡鲛打电话了解情况。在中央军校教导总队服役的蔡鲛回父亲话说,眼下车辆船只管理的确很严,宪兵司令部刚从要塞司令部手中接管了船只管理权,并直接对卫戍司令长官负责,车辆船只管理,遵循只进不出原则。宪兵司令部教导一团团副程再冲,是自己在中央陆军军官学校的同学,而且还是咱们江东湖滨老乡,父亲不必出面,儿子来办就是了。蔡鲛把一艘将要"为国捐躯"的民船,救活成为政府西迁运输船队中的一员,运输对象就是金陵商贸促进会会长董方均及其家眷。

蔡豪生连夜给老友董方均电话,说事情已经办妥,让董方均即刻准备启程西行,先到江东落脚,可以在自己的德茂公寓暂住,看局势变化伺机而动。第二天上午,蔡豪生的次子蔡鲛,亲自开车到饮高巷南街的董公馆,把船只特别通行证,送到了世伯董方均手上。董方均立即将这张船只释放令,交给堂侄董正元,让他即刻组织人手搬运行李,准备开船,越快越好,因为这张通行证,什么时候失效,谁也不敢保证。董方均又安排长子董大雍、长媳秦思玟、长孙董伟南一家,留守在江北秦庄少夫人秦思玟的老家,顺便照料金陵城里的家产。董方均夫妇,领着长女董大婉、次女董二婉、次子董少雍三个小家庭,还有管家炎九叔和费婶夫妇,老少一二十号人,急匆匆地登上了董家堂侄们驾驶的那艘"绿眉毛"三桅大船,溯江西行,到江东去投奔老同学老朋友蔡豪生。

董家的船扯满风帆逆流西行。带着这么多人一起逃难,并不是谁想做就做得到的,可见董方均不仅家大业大,还有来自军政界的人脉支持。但想到老朋友老同学蔡豪生,一家都是抗战将士,董方均不由得伤怀叹息,自言自语道:国难之时,文不如钱,钱不如权,权不如枪啊!我们一个扛枪的一个从军的都没有啊!长子董大雍跟着董方均经商,沉稳低调但缺少才华。次子董少雍是个文人,跟父亲话不投机半句多。大女婿李泳济和二女婿孙凯常也都是商人。家族生意里有药材医械,有谷米稻粱,有棉花布匹,也都是前线需要的紧俏物资,也可以借此间接为抗战和保家卫国服务。如今被敌寇撵得离家失所,仓皇逃窜,毕竟不是一件痛快事。董方均深感自己势单力薄,觉得自己窝囊,跟战火纷飞硝烟弥漫的时局不相合,尤其是跟那些为国流血捐躯的壮士相比,更感到自己的渺小。是生不逢时,还是误入歧途?自己当初也是行伍出身。军人在国难当头之时,理应驰骋沙场浴血奋战啊,到头来却成了丧家犬!说着说着,董方均老泪纵横。

夫人朱彦娇劝慰董方均说,老爷不必自责,能保住船上这一二十号老老小小的安全,那也是天大的功劳啊!董方均抬眼望去,在甲板上嬉戏的一群孩子:外孙辈:大女婿李家的耘谷、耘米、耘禾,二女婿孙家的玛丽、云柯、云樟;孙辈:除留守京城的长孙伟南,还有老二家的晴媛、晴帆、伟民。不但儿孙都跟随在自己身边,两个女婿和外孙辈也都跟随在自己身边。这都是祖上积德,让董家有实力的结果,也是自己的女儿贤淑有魅力的结果,董方均心里感到莫大的宽慰。一阵剧烈的咳嗽突然袭来,董方均的颈项和脸都涨得通红,就差没把心脏咳出来,老太太知道哮喘发了,连忙过来抚摸着董方均的胸口。……

3

李耘谷清楚地记得离开京城那天晚上的事情。父亲李泳济把十根"小黄鱼"金条绑在耘谷腰间，扭头对母亲董大婉说，放在哪儿都不放心，只有放在阿谷身上我才放心。父亲说"阿谷"的时候，眼神里充满爱怜和信任，语调沉稳而充实，就像他做米谷粮食生意的时候一样充实。耘谷喜欢听父亲喊她时的声音："阿谷""阿谷"。直到有一天，玛丽表姐突然对耘谷说，你爹做谷米粮食生意，就给你取名字叫"阿谷"，你爹要是做猪肉生意呢？你的名字就要叫"阿猪"了。耘谷这才突然觉得"阿谷"这个名字有问题，便去找母亲董大婉，吵闹着要改名字，说玛丽表姐给自己取了个名字，叫"李欣慈"，玛丽表姐说"欣慈"这个名字温馨、温柔、温情，耘谷也觉得这个名字好。母亲没有立刻答复耘谷，却给耘谷讲故事。说襁褓中的耘谷，哭声像斑鸠叫，"咕咕咕"，所以就叫耘谷"阿咕"。当时父亲李泳济在外公的鼓励下，正从水产业中腾出精力，开始做谷米粮食生意。外公说，非常年代，不但要有预防死伤的能力，还要有预防寒冷饥饿的能力。药材医械、谷米粮食、棉花布匹，什么生意都要做；这个党派、那个军队、官家百姓，什么人的生意都要做，不要一棵树上吊死。董方均还让做胭脂和生发油生意的二女婿孙凯常，改行做棉花布匹生意。李泳济没有辜负岳父大人的期望，第一笔就赚了。当时正赶上耘谷出生，李泳济说，这个女儿就是我的福星啊,叫她"阿咕"干什么,就叫"阿谷"好了。董大婉没有异议,心里想,你叫你的"阿谷",我叫我的"阿咕",反正声音都一样。没想到上学报名的时候,李泳济竟然给女儿取名"李耘谷"。第二年次女出生,取名叫李耘米,再后来儿子出生,取名叫李耘禾。如果再生个女儿就要叫"耘苗"了,再生个儿子就要叫"耘草"了。出生在苏州胥江口乡下的李泳济,尽管长大之后,一直跟着父亲在苏州城里做生意,但乡土本色不改,心里惦记的那些事物,那些词汇,那些讲究,都跟乡下有关。让他给孩子取名字,张嘴就是禾苗稻谷,花草树木,耕耘耙犁。几个儿女的名字,都跟粮食谷米有关,都跟故乡的记忆有关,儿女、生意、土地、故乡,几件重要事情,都捆绑在一起,带在身边,挂在嘴边,心里踏实。李泳济对耘谷和耘米说,以后带你们回乡下做客,老家的人会问你们叫什么名字,你们说"耘谷""耘米""耘禾",他们听着亲切,把你们当自己人。董大婉琢磨,这些名字不好听,但也不难听,只要丈夫心情好,生意兴隆就行。听到女儿耘谷说要改名,董大婉就劝她,暂时不要跟父亲提这件事,上学后自己改就是了。

离开京城那天晚上,一切都那么匆忙而混乱。告别熟悉的街景和人事,进入陌生和未知世界,就像突然从亮处走进暗处。那是一个漆黑的夜晚,跟平常相比,街灯又暗又少,大街上嘈杂而惊恐的声音,盖住了远方隐约的枪炮声。耘谷跟着父母和外公外婆,乘船开始逃难生涯。五位说老家土话的船工驾驶的三桅大船,在风浪中颠簸着,逆流西行,高大桅柱上的篷帆,鼓风朝西,像一只受惊的大鸟。三桅大船有前中后三个大船舱,转弯拐角处,还藏着不少猫耳朵似的小船舱。妹妹耘米和弟弟耘禾,就占据着一个小猫耳舱。女眷们带着孩子住在最大的中舱。男人们住在紧挨着船工室的后舱。李耘谷跟表姐孙玛丽和表妹董晴媛住在前舱。三姐妹一路上很快活,不像逃难,倒像是出门旅行。

母亲悄悄地对耘谷说,腰间的"小黄鱼"是家里的全部积蓄,一定要保管好,不要对任何人提起,不要从腰间解下来,晚上睡觉的时候也不要解下来。这个耘谷懂得。但母亲的另一项要求,让耘谷很为难。母亲说,不要老惦记着腰部,要装作若无其事的样子,否则就会把别人的目光吸引过来。这怎么做得到啊?腰里挂着几根金条,沉甸甸硬邦邦的,却要假装它们不存在,还要做出若无其事的样子,这跟耘谷藏不住事的性格不相符。耘谷的确极力假装若无其事,故作镇定,表情却不自然。耘谷一直咬牙坚持着,说话都磕磕巴巴。终于熬到晚上,帆船在江面颠簸摇晃,耘谷翻来覆去不能入眠,绑在腰部的金条顶得人生痛。耘谷爬起来,悄悄地解下腰里装着金条的长条形布袋,放在铺上用枕头压住,转过脸小声对旁边的表妹说:"阿媛,你睡了吗?"董晴媛突然睁开眼睛说:"阿姐,我早就想叫你,又怕吵醒你,原来你也睡不着啊?"睡在最里面的玛丽表姐也闻声坐起来,揉着眼睛嘟囔着说,你们好精神,这么晚不睡,在想什么啊?

李耘谷、董晴媛、孙玛丽,几个花样年华的女孩,此刻正乘坐逃难的帆船,漂泊在大江的江面。她们起身凑近船舷,推开木板窗朝外观望。月亮的影子落在江面,像一只银色的圆盘,清冷的光亮映照着她们脸部朦胧的轮廓。帆船的木板表面,散发出新鲜的桐油清香。夜晚寒冷的江风夹杂着腥味拂面而来。不时地有机器运输船和军舰从身边驶过，发出巨大的轰鸣。船身摇晃一阵，接着又是一片死寂。远处若隐若现的渔火眨着诡秘的眼睛，好像随时都要熄灭似的。李耘谷举起手电筒朝远处照射，又抡起胳膊画着圆圈。一艘缓慢移动的货轮上，也有人用灯火在画圆圈，暗夜的半空中，一个淡黄色的光圈在空中摇曳。三个女孩嘻嘻地笑起来。后舱传来外公董方均激烈的咳嗽声，伴随着呼呼呼的啸声，吓得三个女孩连忙噤声。黑暗中传来她们的轻声细语，像春夜的虫鸣。

船到芜湖靠了岸，大人们上岸去增加补给。孩子们就近在江边的小街上玩耍。董大婉和董二婉，还有少雍媳妇朱浣梅，陪着母亲朱彦娇去集市采购。朱彦娇和朱浣梅的老家，就在芜湖下面的南陵县。朱家祖上也做大米生意，主营"南陵米"。董家所谓的"董米"，主要原料就是"南陵米"。嫁给董方均之后，朱彦娇就很少回老家，想到南陵还有族人和亲戚无法相见，也只有黯然神伤。董方均领着管家董炎九，还有女婿李泳济和孙凯常，接受董少雍提议，到冰冻街"董米"芜湖加盟店去视察。耘谷听从母亲的叮嘱，没有下船，她坐在船头发呆，费婵站在一旁陪她。船工董正元见耘谷坐在船头发呆，时不时地用手去摆弄腰部，问她是不是肚疼。耘谷涨红着脸，连忙摇头否定。董正元怂恿耘谷上岸去玩，说玩得高兴，肚痛就会消失，耘谷只知道一个劲地摇头。费婵提醒船工不要老盯着孩子看，弄得她害羞。大人们返回船上的时候，耘谷发现少了二舅董少雍和姨父孙凯常。耘谷悄悄向母亲打听二舅和姨夫的去向,母亲讳莫如深,但又安慰她说,二舅和姨夫是去接洽一笔大生意,他们会走旱路追上来的。说姨夫孙凯常去接洽生意还可以理解,二舅董少雍,素来跟生意不沾边,只知道读书写字,他跟生意有什么关系?他们会走旱路跟上来?明他们已经离开了江边?耘谷满腹狐疑,但也没有深究,一心惦记着腰间的"小黄鱼"。

  晴媛对父亲董少雍突然弃船而去表示不满,在母亲面前埋怨。母亲伸手抚摸着晴媛的头发,轻声说,会回来的,便再无多话,仿佛说话会把她稀少的身体能量泄露出去似的。母亲叹了一口气,空气中便充满了浓郁的中药味儿。母亲朱浣梅,体弱多病,百事不问,讷于言行。董方均对这个儿媳妇不满。老太太却心疼她,私下里对董方均说,浣梅能活下来,就菩萨保佑,念在她为我们董家生育了三个儿女,我们也要善待她。朱浣梅影子一样生活在董家,所有的心思都用于治病和养生,煎药、喝药、打坐、拜佛。董少雍出出进进,她也不操心,只有见到晴媛姐弟,浣梅才露出一丝生人气息。

  玛丽表姐的反应,比晴媛激烈得多。她一直在啼哭,说父亲想抛弃她。孙玛丽比李耘谷还要大几岁,却经常在李耘谷面前撒娇哭闹,好像玛丽是妹妹,耘谷是姐姐似的。耘谷理解玛丽表姐,她知道玛丽表姐不是假撒娇,而是真伤心。玛丽表姐爱哭的主要原因,是没有了亲妈。孙玛丽的亲妈董心玥,董方均的亲侄女,兄长逝世时托孤于他,可怜心玥在玛丽小时候就不幸病逝。侄女婿孙凯常,南京青年商会骨干,董方均的拥趸,深得董方均青睐,不仅做生意入了门,经历也跟董方均有几分相似,在国外混过两年,尽管没有拿到文凭,但见识不差。董方均让女儿董二婉嫁给孙凯常,实际上是上门女婿,二婉还跟父母生活在一起。只是董方均开明,允许他们的儿女姓孙。二婉成了孙玛丽的继母。二婉待玛丽不错,弟弟云柯和云樟出生之后,也一如既往地善待玛丽,是玛丽过于敏感,过于娇气。

耘谷把玛丽表姐哄得破涕为笑,隔了一阵,玛丽又嘤嘤地哭起来,耘谷只好放下手头的事,又去安慰玛丽。大婉心疼耘谷,埋怨丈夫李泳济,说他总是把女儿当大人夸。父亲喜欢女儿像大人一样的言谈举止,女儿也就越发地喜欢模仿大人的言谈举止。可怜耘谷她小小的年纪,跟大人一样操心,不像个孩子,想来令人心疼。董大婉说着,眼睛湿润了。耘谷的确把自己当大人,显得少年老成。她甚至不记得自己是否哭过。这次逃难的路上也是这样,她处变不惊,临危不乱,做母亲的帮手,照顾着弟弟妹妹,还要安抚表姐。

数日之后,董方均全家乘坐的三桅帆船,停靠江东码头。蔡豪生因公事繁忙不能前来迎接,便委托长子蔡鲲负责接待。蔡鲲带着几个警卫,开着两辆吉普车和一辆小卡车,将董方均夫妇全家和行李,接往滨江路上的德茂公寓。董方均曾经到过江东,知道这座历史悠久的古城,素来有"小金陵""小汉口"之誉。在董方均记忆之中,江东城是热闹且繁华的,如今但见街景萧条冷清,似乎繁华不再,令人感伤。董方均一家进驻德茂公寓,老夫妇,大婉夫妇和二婉夫妇,还有儿子少雍夫妇,都住在二楼。董炎九和费婶夫妇,还有孙辈们都住在三层。第四层十个小房间暂时空在那里,以备急需，这也是蔡鲲生的意思。蔡鲲临走时还安慰董世伯，让他安心住下，说附近还增加了巡逻岗哨，有什么事随时有人过来。

董方均和李泳济，到公寓五楼的洋行去拜访邻居。荷兰籍经理史柯雷，既是商人又是传教士，还是个中国通。他说他爷爷辈，就曾经在南京镇江一带做过生意。史柯雷本人就是在镇江出生的，还认识美国作家赛珍珠。提起董家的米厂，史柯雷好像也略知一二。几个人越说越近，都说成老乡了，再说下去就成亲戚了。史柯雷对董方均说，董先生，不必惊慌，不必害怕，住进德茂公寓，就意味着你是安全的。日本人胆敢动我们，就相当于向荷兰和大英帝国挑战，英国不答应，荷兰不答应，美国不答应，法国也不答应。董方均嘴上说，那是那是，心里还是十五只吊桶打水七上八下不安宁。因为先有老家"镇江惨案"，后有首都"南京屠城"，所以谁也不敢担保，说那脱缰的野兽，吃人的时候会挑着吃，比如专吃中国肉，不吃英国肉。想来令人心惊肉跳。

董方均沉吟了一阵，试探着问史柯雷，能不能把大门口那些中国门卫换成外国人？史柯雷说不行，商行人手不够，留下来的人都是必需的，多余的人要么回国了，要么集中到上海租界去了。董方均说，要不了很多人，派一个人白天站在公寓的大门口做做样子就行了，起个提示作用，让别人知道这里是外国商行，就不会随便骚扰。史柯雷表示可以考虑，但这位外国员工的工资必须由董方均来支付。董方均表示同意，就这样勉强在江东安顿下来。

转眼间就到了年关。往年喜悦的团圆气氛渺无踪影，空气中充斥着惊恐和焦虑不安。在陌生城市寄人篱下带来的不适还在其次,还有更令人担忧的事情。董方均惦记着留守南京的大儿子董大雍一家的安危,惦记着中途去了皖南至今未归的次子董少雍和二女婿孙凯常。老伴和儿媳妇和外孙女,明的啼哭和暗的啜泣,令人心烦意乱。江东城里有购买力的人都跑光了。家族的生意处于停顿状态。这是董方均有生以来过得最不安详的年。送年的鞭炮声,仿佛枪炮声,在耳边和梦中炸响,现实和梦境一样混乱不堪,令人惊魂。

第二章

1

董方均全家入住德茂公寓的时候,那场面和气派,吸引了不少围观的市民,一是车多行李多,还有警车警卫跟着,二是人数众多,男女老少一二十人,一字长蛇,鱼贯而入。更引人注目的是女眷多,老中青少,几代女人,粉面彩妆,花枝招展,优雅富贵,少女露出少妇的妩媚,少妇显出少女的天真,惹得过往路人瞪眼张嘴,驻足不去。没过几天,原本在西门口警察分局上班的片警赵更初,也调到东边来了,有事没事在德茂公寓门前晃悠。公寓门前的门卫中,还增加了值勤的洋人。这一切早就看在路边的钱半仙眼里,他知道这不是一般的人家,大金主来了,只怕她们不出手。

钱半仙开始并不打算赚德茂公寓里的钱,兔子不吃窝边草嘛。可是,当窝外的草越来越稀疏,越来越枯萎的时候,兔子不但要吃窝边草,窝里草恐怕也保不住了。世道纷乱,风雨飘摇,时运凶险,举步维艰。眼前坐着能预知未来的高手,人们何尝不想得到点拨指引，无奈手头拮据，请不起菩萨进不起庙，测不起八字抽不起签。忧心忡忡的人们，看着钱半仙那面在半空中招摇的破烂旗帜，捏捏空瘪的钱袋又离开了。钱半仙只好百无聊赖地坐在那里干瞪眼。有闲钱的女人到哪里去了？德茂公寓新来的一家，虽然人多钱多女眷多，但她们都深居简出，难得见到，每天出现在公寓大门口的，只有三四位半大的女孩子。那几位雍容富贵的女主人，总是进出匆匆，对钱半仙的竹板声充耳不闻。

元宵节过后，董大婉和董二婉就开始忙碌起来，姐妹俩四处奔波，聘请厨师和保姆，寻访教书法曲艺等才艺的家教，还要为孩子们联系上学的地方。原来的学校，要么停课，要么迁到远郊乡村，只有教堂还在接纳寻求庇护的孩子。慈恩堂地盘大，将城西的育婴堂也合并进来了，收容和教育逃难到江东的少年儿童，又跟教会慈恩医院联手，为病人和伤员提供医疗服务，而且能继续为教徒提供礼拜场所。董家的孩子们都到教堂附设的学校去就读。所谓的学校，也就是一个班，一年级到六年级，全都在一起上课，开设算术、常识、音乐、体操课程。孩子们都喜欢上语文课，因为教语文的修女漂亮和善，而且汉语说得不好，读课文的时候怪腔怪调，引起孩子们的哄笑，课堂上趣味盎然。自从上学之后，孩子们的全部心思都在教堂学校，吃完早餐他们就结伴去慈恩堂，一点也不会恋家。董方均说，孩子们的心像"散了黄儿"的鸡蛋。朱彦娇说，不要说那么难听的话，他们的心思集中到学习上去了，比以前更团结友爱，更识大体。

兄弟姐妹中，只有玛丽表姐没有书读，因为在京城的时候，她已经是某大医院附设护士学校的学生。江东没有护士学校,玛丽表姐只好到慈恩天主堂去做义工,帮着照顾病号和学生,得闲还跟南茜嬷嬷学钢琴和英语。玛丽的生母董心玥是基督徒,玛丽表姐受过洗,熟悉教堂文化。耘谷发现,只要一进教堂,玛丽表姐就像换了个人似的,不哭啼,不撒娇,表情肃穆,做事干脆利索,显得特别专业,特有主见的样子,还经常抽空到教室这边来,管一管耘谷和表弟表妹们。只要回到德茂公寓,玛丽表姐立马变回了原样,娇嗔古怪耍脾气。这让耘谷诧异不已。耘谷私下里跟妈妈董大婉说,希望玛丽表姐长期待在教堂里,最好是搬进去住,自己也愿意陪着玛丽表姐一起去当寄宿生。大婉跟二婉商量,觉得让孩子们到慈恩堂当寄宿生是个好主意。第二天一早,董氏姐妹来到慈恩堂,找教堂的事务主管,协商孩子们寄宿的事情。进去一看,教堂里面人满为患,有跟家人失散了的孩子,有普通的病人,还有伤员,教堂人手不足,还招募了义工。南茜嬷嬷大概就是教堂的事务主管,只见她忙得不可开交,大事小事都汇总到她这里,等候她定夺。董氏姐妹见势,不便开口谈私事,只是跟南茜嬷嬷客套了一番,感谢她为孩子和病人提供的帮助。说着就打算离开。

　　礼拜堂边的长廊上,摆满了临时病床。远远见到医护人员,正在挨个儿查床。为首的是一位中年男医生,后面跟着助理医生和护士,见习护士孙玛丽紧跟在男医生身后。男医生伸出右手,孙玛丽立即将夹着病历的木夹子递过去。男医生看完病历再一次向孙玛丽伸出右手,孙玛丽立刻将一支压舌板递上去,再伸手,又递上酒精棉球,两个人一来一回,又默契又有节奏,既专业又权威的样子。董二婉看呆了,这就是我们家那个喜欢哭鼻子的玛丽?她不敢相信自己的眼睛。玛丽转过身来,突然见到妈妈和大姨,站在那里盯着自己看,她大吃一惊,先是愣了一下,接着有些恼怒,便开始皱眉撇嘴。男医生刚好也转过身来,微笑着对玛丽说:"一切都正常,继续按时按量吃昨天的药。"玛丽连忙收起刚才的表情,微微屈膝行礼,微笑对男医生说,"遵嘱,doctor。"男医生走开之后,玛丽重新面对着董氏姐妹,又开始皱眉撇嘴,打算大哭一场的样子。董大婉赶紧走过去,拉着孙玛丽的手说,玛丽啊,你真能干,照料这么多的病床。董二婉说,是啊,让我来都不一定做得好呢。孙玛丽听到夸奖,只好收回要哭的表情,羞涩地笑了笑,顺便提醒董氏姐妹,让她们赶紧离开这里。

南茜嬷嬷正在跟男医生聊天,见董氏姐妹还在这里,便一边点头示意,一边领着男医生朝董氏姐妹走过来。南茜嬷嬷介绍说,这是孙玛丽的妈妈和大姨,南京来的,这是慈恩医院的主治医师马德诚大夫,也是孙玛丽的带班老师。董氏姐妹连忙向马大夫问候致意。董二婉打量着马德诚大夫,高鼻梁,宽脸庞,脸色红润,中等身材,年纪估计不到三十,微笑的时候很迷人,两边嘴角得体地向上翘起,给人一种亲近感。马德诚跟董氏姐妹握手寒暄,还夸孙玛丽如何能干,然后转身朝别的病床走去,孙玛丽迈着小碎步紧随其后。南茜嬷嬷把董氏姐妹送到教堂门口。董大婉心里想着资助教堂学校和医院,结果也没合适的机会,只好依旧客套一番,说南茜嬷嬷的作为令人感动,希望有机会合作,一起为民众做点事情。

下午散学后,耘谷和玛丽便领着众弟妹匆忙赶回家,因为家教先生正在等着。董方均规定,家里的男孩子都要学点书法围棋,女孩子要学点琴瑟戏曲。尽管特殊时期更要厉行节约,但这笔开销不能省。董方均对孩子们说,你们的父母辈,或者跟我一起做生意,或者在家里忙家务,但都受过好教育,大雍的金陵大学附中是京城名校,大婉读过师范学堂,二婉毕业于青年工艺职业学校。少雍则是正规的名牌大学毕业生。知书达理,有科学知识,是现代人的基本要求。如今,你们不幸遭逢乱世,但是,乱世不能乱精神,辍学不能辍文化,你们都得给我好好学习,也算是间接地保家卫国吧。江东师范学堂停课了,董家就请教书法的石太南先生和教戏曲的施公木先生来做家教。

耘谷喜欢唱歌跳舞,尤其是有唱歌的天分。家里有什么高兴事,大家就让耘谷领着姐妹们唱歌。大婉说,唱歌很好,但不够高级,戏曲高级,昆曲更高级。大婉就让耘谷耘米和晴媛一起,跟着施先生学唱昆曲。施先生擅长"南昆",却教耘谷她们唱"北昆"。懂昆曲的朱浣梅突然开了腔,用细若游丝的声音对大婉说:小女孩唱"北昆",好像不大合适吧。话传到了施先生那里。施公木先生说,当此国难之际,悱恻缠绵不合时宜,慷慨悲歌,才是应有的腔调啊。石太南先生也附和,说自己就不教孩子们练习什么欧体柳体,让他们练习龙门二十品,笔如刀,字如弹,难是难了点,但适时宜、合心境。董方均说,也罢也罢,听先生的就是。董方均又想,让孩子们学点武术,既可以强身健体,紧急关头,说不定还能给对手几下。玛丽感兴趣的是钢琴和英语,这两样都无须另请家教,只要跟南茜嬷嬷学就行。

回到家里,玛丽又恢复了原样,愁眉苦脸不高兴。家教课程一结束,费婶就提醒耘谷去陪陪玛丽。耘谷邀玛丽到公寓大门口去,这是玛丽喜欢的事情。每天黄昏,耘谷和耘米,都陪着玛丽表姐和晴嫒表妹,到公寓门前去望风,陪着她们去盼望父亲归来。玛丽执意朝着东北角的大江方向张望,说父亲一定是坐船从江上回来。晴嫒说,妈妈和费婶都说,父亲会走旱路回来的,那就只能是从东南方向来。耘米说,你们不要争,二舅和姨夫不是鸟,不会从天上飞过来,无论是走旱路还是走水路,最终都只能是从中山南路或者滨江东路的街道上走来。耘谷说,是的,我们只要盯着眼前的街道看就行了。玛丽说,盯着眼前看怎么行啊?我要远远地看着父亲走过来,就像我在梦里见到的那样,小小的黑点,慢慢地朝这边移过来,越来越大,父亲的脸开始模糊一片,渐渐地能看见鼻子、嘴巴、眼睛。说到这里,玛丽突然又哇哇地哭起来。

算命先生钱德玄钱半仙,被哭声吸引了,抬头一看,还是那几个半大不小的女孩,估计不会有什么油水。他收起竹板,对着几个女孩打量起来。他看着高挑丰满的玛丽,长着娃娃脸,表情也充满孩子气,但没有孩子的福气,要终生操劳。看着清瘦的晴嫒,长着一张妇人脸,表情凝重多虑,福气也薄。耘谷和耘米,一看就是亲姐妹,都长得俊俏,还颇有些男子气概,但两个人都眉头紧蹙,运不舒展。命理运程"阴差阳错",家运国运多忤多舛啊!钱半仙抬手竹板响起,正要唱几句。这时候,公寓里走出一位女子,四十来岁的年纪,身材修长,皮肤白净,蓝色暗花纹丝绸面料薄丝绵长袍,外面套着一件米白色的粗绒线棒针衫。女子走近正在哭泣的高个儿女孩,弯下身来,不知在说些什么,像在劝慰哭泣的女孩,接着又抬起头来,凝重的目光掠过钱半仙,举目朝远方眺望。钱半仙见过这位经常进出的女子,知道是新来人家里的女主人,便唱了起来:

说运气,道运气,运气攥在鬼手里。
穷富都有狗屎运,贵贱难免逢糟糕。
运气凶,运气险,运气凶险有时限。
子时凶险寅时吉,丑时运气卯时到。

快板里"运气""凶险"那些词汇,刺激了公寓门前的女子,她站在那里愣了一阵。女子就是董家的长女董大婉。她吩咐女儿耘谷陪玛丽表姐回家去,回头再将她那只随身的小手提包送过来。董大婉吩咐完毕,转身走下公寓高高的台阶,朝着钱半仙款款走来。钱半仙竹板敲得咔嚓嚓地响,他一边念着数来宝,一边朝董大婉投去微笑。等到董大婉快要走近的时候,钱半仙早就清了清嗓子在等候着,顺手将那张空置很久的折叠椅摆在跟前。董大婉在折叠椅上坐下,盯着钱半仙没有言语。钱半仙试探着说,夫人问财运还是问祸福?董大婉略微迟疑了一下说,你认为我只关心钱财祸福吗?那么好吧,你就说说钱财祸福吧。钱半仙说了声好嘞,抬手敲响了大竹板,亮嗓唱起了顺口溜:

钱财本是身外物,走了东家到西家,
钱财又是命中缘,离了牛家走马家,

钱财也是浪荡子,东游西荡不顾家,
钱财还是花脚猫,昼伏夜行四处家。

钱财聚散是福祸,贵贱变化孩儿脸。
老子贫穷儿发奋,老子富贵儿慵懒。
儿孙自有儿孙命,祸福相依不由人。
福泽强劲延绵久,富过三代是稀罕。

见董大婉一脸茫然,钱半仙便停下快板来解释,说不知夫人听懂了没有,要懂得这个道理,先要懂得"聚"和"散"两个字。乱世、乱世,先乱秩序,后乱常理。常理讲"聚"不讲"散",乱世则反其道而行之。乱世有乱世的理:国主聚,聚则存;民主散,散则存;国聚民散是谓福。不大好懂吧?国运飘摇,百姓要讲究个"散"字,主散不主聚,散则存,聚则亡。财气运气都一样,都是散的,因此说来,要顺势而为,散财则安;不要逆势而动,聚财则危。遭逢乱世,不要拘泥于常理,散而不聚是大福。钱半仙停顿了一下,嗫嚅其词,接着说:跟"聚散"相配的是"动静"。"动"则安则福,"静"则危则祸。

钱半仙不解释也罢,越解释越令人糊涂。什么"聚"呀"散"呀的,都是些私心杂念和权宜策略。国难当头,唯有一聚,才是民族希望,国要聚力,民要聚气,才能形成合力,外御其侮!董大婉因弟弟和妹夫的安危而忧心忡忡,以致沦落到在路边求助,于她而言有些不堪。这算命先生,拐弯抹角说了半天玄乎话,无非是鼓动自己散财,放心吧,给你的财,自然会散。董大婉一边应酬式地点头,一边朝公寓方向望去。刚好耘谷领着晴媛妹妹从公寓里出来。耘谷手里拎着妈妈那只装零钱和化妆品的小手提包,走过来递给董大婉。钱半仙细看了一下两个经常出现在公寓门前的女孩,都是美人坯子,但两个女孩的眉眼和嘴角,都隐藏着苦涩。钱半仙的眼睛,在耘谷身边的女孩晴媛脸上停了一阵,只见这晴媛,两只大眼水汪汪,仿佛无端含泪愁肠满腹,所谓"泪眼不曾晴,眉黛愁还聚",关键是右眼角的下方,长着一颗滴泪痣,让人不忍久视。钱半仙自然不会说破,嘴巴上还讨好董大婉,说这两个孩子长得福相,命中带来的,谁也抢不走。

董大婉仔细琢磨着钱半仙的话,似乎有点认可关于"聚"和"散"的说法。乱世之中身不由己,该散的都要散,哥哥董大雍他们,跟父母和全家也分散了,特别是弟弟董少雍和妹夫孙凯常,此时此刻不也跟全家分散了吗?父亲和丈夫的生意都在停滞状态,一家人蛰居异乡僻壤,花钱如流水,人散加上财散,真的是在散啊!但是福是祸,也未可知,按照这个算命先生的说法,好像还是福分呢!说到"动静",那也不能轻举妄动,得看江东局势的"动静"而定。最后,还有"富不过三代"的说法,这让董大婉背脊发凉。父亲和自己的兄弟姐妹这一代,的确算得上是富裕人家。第三代呢?两个兄弟家里的孩子,董伟南、董晴媛、董伟民,自己家里的李耘谷、李耘米、李耘禾,还有二妹家里的孙玛丽、孙云柯、孙云樟,他们难道就会穷吗?董大婉不敢深究。她从小手包中,摸出一张25元面值的法币,递给了钱半仙,然后牵着耘谷和晴媛的手,转身向德茂公寓走去。

2

　　董少雍和孙凯常迟迟未归,这成了董家每一个人的心病,同时也成了禁忌话题,谁也不敢贸然提及,只有玛丽敢肆无忌惮地哭啼。这时候玛丽又在嘤嘤地哭,触动了里屋朱彦娇和董二婉的心思,想到杳无音讯的董少雍和孙凯常,母女二人相对无言泪双流。这期间,朱彦娇没有少埋怨董方均,说在芜湖的时候,他就那样轻而易举地把儿子和女婿放走了,也不跟自己商量一下,兵荒马乱的,怎让人放心啊!董方均自然只能低头不语。董大婉离开钱半仙回到公寓,直奔母亲房间。听见有人进门来了,朱彦娇和董二婉连忙擦着眼泪,假装若无其事的样子,一看是大婉,她们又重新哭起来。董大婉安慰母亲和妹妹,说自己找算命先生算过,分散在外的亲人都吉祥,不必担忧。朱彦娇破涕为笑,连声说好,说你父亲也是这么宽慰我的。费婶给母女几个送来茶水,说很久不见太太们笑,今天是什么好兆头。

　　董方均有一阵情绪低落,脸色阴沉,动辄发脾气。时间一长也就慢慢地释然起来,生死有命,富贵在天,我董方均敬天律己,问心无愧,听天由命吧。最近他的精神状态突然明显好转,带着大女婿李泳济和管家董炎九东奔西跑,打算找一个铺面开始做生意。乱世的生意不好做,但做比不做强,否则只会坐吃山空。他们选中了南湖边繁华地段的一个两层小楼的店面,原本是个棉花行,老板弃店而去,空置在那里很久。房东没想到,竟然会有人要买店铺,真是可遇不可求,就便宜卖给了董方均。南湖边的"董氏商行"正式开业了,老店面装修一新,二楼是办公室和休息室,一楼隔成了三部分,生意还是老本行,以大米为主,兼顾药材和棉花布匹。江东下属湖滨四县盛产棉花,价格便宜,又属战时紧俏物资。董方均的经营理念是,在这特殊年代,平安是第一要义,不要总想着赚大钱,生意也还要做,但也没有打算获取多少利润,与人方便与己方便,能够维持一家在江东的开销就可以。正因为有这个切合实际的经营理念,使得"董米"商行江东分行的商品,以价格低质量好而著称,一时间声名鹊起。市府机关,警备司令部,还有驻扎在附近的部队的采购商,纷纷慕名而来。董方均吩咐董炎九,市府和警备司令部物资按进价出售,大米免费供给慈恩堂的学校和医院。市府管理人员说,京城来的大商人,格调境界就是不一般,还说董方均做了好事,稳定了市场也稳定了人心,让那些试图囤粮抬价的奸商没有可乘之机,政府表示欢迎和支持。

世事变化莫测,常常出人意料。董方均并不打算赚多少钱,可是那新开张的商行却生意兴隆;那出门在外的儿子和女婿,原以为归期渺茫,却突然出现在眼前。这一切都令老于世故的董方均措手不及,又感激涕零。董方均设家宴庆贺,既庆贺少雍和凯常的平安归来,又庆贺生意的兴旺发达。董方均亲自点燃三炷高香,仰天西望,敬拜祖先,为家为国,祈福求安,丹徒董某,虽不能亲自披挂上阵杀敌,亦可在后方尽绵薄之力!

董少雍和孙凯常两人,滞留在皖南有些日子。当初跟父亲和大姐夫在芜湖米店分手的时候,说好了要赶回江东过春节的,结果一直耽搁在皖南腹地的屯溪。有人通知他们,说有一支新开拔过来的大部队,急需筹备粮食、棉布和药材。可是头一批物资还没有筹备好,又来了新的通知,说国民革命军新编某部,将要从外地搬迁到歙县来,原定的物资数量至少也要翻一倍。董少雍和孙凯常为给这支即将到来的部队筹办物资,费了不少周折,其间还租船泛舟,到新安江下游富春江口的著名商埠梅城镇跑了一趟,采购药材和棉布。他们也怕父母和妻子儿女担忧,早早地给江东的德茂公寓投寄了报平安的书信,然后就心安理得地在屯溪老街上的德仁商行住了下来。

商行老板的儿子苏佑民,是董少雍在金陵大学文学院社会学系的同班同学,后来又成了文学院的同事。两个人都是年轻的讲师,不在学校战时西迁教师名单中,副教授以上才有资格随校迁徙,两人只有各回各家。董少雍赋闲在南京家中,苏佑民却不知所终,偶尔也在城里出现,神出鬼没的。就在董少雍要离开南京的那天上午,突然收到一份来自老门东邮电局的电报,上面只有一串地址和姓名:"芜湖,冰冻街179号,董米芜湖店,苏大前",落款三个字母:S.Y.M。董少雍知道,这是苏佑民有要事相见或相托。于是,他提前向父亲提建议,船到芜湖的时候上岸采购。董方均同意中途停靠芜湖,说自己多年都没有踏上过那片土地,平时到芜湖或南陵采购大米原料,都是让董炎九去跑腿,能亲自去看一眼也好。到了冰冻街的米店里才知道,苏大前就是苏佑民的堂哥。苏大前说,苏佑民请老同学去他的老家做客,有要事跟董少雍商量,而且还有一笔生意要做。因此,董少雍要随苏大前一起,到皖南屯溪老街苏佑民老家去一趟。董方均不放心,让女婿孙凯常陪同。到了屯溪,苏佑民和董少雍,两位老友关在房间里密谈了一天一夜。苏佑民又叮嘱董少雍,这笔生意只能做好,不能搞砸,然后把老同学托付给堂兄苏大前,自己又诡秘地消失了。

董少雍和孙凯常尽职尽责,不敢懈怠,等货物交接完毕,已是阳春三月。性子不急不慢的姐夫孙凯常,突然催促小舅子,说赶紧回吧,少雍啊,隔壁茶庄的"猴魁"和"瓜片"实在是太好喝了,再不走我就要上瘾了,离不开了。董少雍笑着说,依我看,让姐夫上瘾离不开的,不只是茶叶,还跟司茶人有关吧?我们是得赶紧离开这里,否则我没有办法向二姐交代。孙凯常说,不许胡说!……

这些日子,董少雍和孙凯常,闲来就到隔壁的"普惠茶庄"喝茶。每次都是那位名叫姚竹叶的年轻女子司茶。这姚竹叶,竟然长得酷似孙凯常的前妻,就是一个青春年少丰满版的董心玥,孙凯常第一眼就看呆了。董少雍也发现,姚竹叶长得像过世的族姐董心玥,但也只是看在眼里,不便跟孙凯常议论。孙凯常惊异于世间之事多有巧合,每次见到姚竹叶,便心有戚戚焉,但又不敢冒昧说破。姚竹桃也察觉到孙凯常的目光有异,总设法避开。无奈这孙凯常,天生一双桃花眼,给人含情脉脉眼带泪的感觉,让年轻的姚竹叶总是低下头,不敢正视,她只要一抬头,就好像在向孙凯常暗送秋波似的。就这样,两个人若即若离,见了面有些不自在,离开了又有些思念。姚竹叶司茶时,旗袍袖子里露出春笋般的臂腕,白皙细腻闪光,令人不忍移目,顿生触手之意。孙凯常天天到茶馆去磨蹭,心里蠢蠢欲动,但也就局限在一饱眼福而已。只见那姚竹叶,身形窈窕婀娜,眼神闪光多情,司茶时手在茶上,眼在孙凯常身上,令人心旌摇曳。孙凯常害怕把握不住,便主动提议赶紧离开,打算一走了之。没想到这点小心思,早就被小舅子窥见,还说了出来,弄得孙凯常满脸通红。……

孙凯常说,不许胡说,人家一个小女子,在外谋生不容易,能帮衬她就帮一下。董少雍说,听口音,也不是屯溪本地人。孙凯常说,上饶广丰人。她舅舅是个茶叶商,在屯溪买了一方茶山,自己种茶制茶卖茶,还开了这家茶店让外甥女守着,舅舅自己成日里四处奔波不见人,把她一个人丢在茶庄里,怪可怜的。

两人结清账目就离开屯溪往江东去。临行前,苏佑民没有出现,苏大前代替堂弟前来送行,转交一张给董少雍的纸条,上面写着苏佑民在江东的朋友的联络方式,说有急事可以去找那些朋友。姚竹叶也来送行,盯着孙凯常看,眼神依然闪烁着光芒,花丝绸围巾包着两包上等茶叶,"猴魁""瓜片"各一,递给孙凯常,分明是要留住孙凯常的口腔和味蕾啊。看着姚竹叶离去的背影,孙凯常也只有一声叹息千古愁。董少雍拉着姐夫一路朝江东赶,他们的确没有走水路,也没有像鸟儿一样从天上飞过来,而是从旱路一步一步走来的。没想到脚步比书信还要快,抢在书信之前到了家。

父亲孙凯常突然回到家里,玛丽高兴得没有时间哭,整天缠着父亲盘问,为什么这么久不回家?是不是想丢掉玛丽?孙凯常说,怎么会呢?宁愿丢掉自己,也不会丢掉玛丽啊。玛丽说,怪不得你失踪这么久,原来是把自己弄丢了,为了不丢掉玛丽,只好丢掉自己,我们俩是不是必须丢掉一个啊？说着,玛丽又撇着嘴打算哭。孙凯常摸着玛丽的头说,谁都没有丢,谁都不会丢的,放心吧。玛丽坐到父亲的腿上撒娇,说那就是你遇到魔鬼缠身。孙凯常心里一惊,觉得女人总是那么神秘诡异,什么事都瞒不了她们,嘴里却说是啊是啊,要是再不回来,那就真有可能遇到魔鬼缠身呢,听说日本鬼子的目标就是国民政府,政府机关搬到哪里,日寇就追到哪里。政府一路西撤,他们就一路沿江朝西逼近,江东也在劫难逃啊。董二婉在帮孙凯常收拾行李,看着高挑丰满俨然成年的玛丽,还坐在父亲大腿上撒娇,觉得不雅,但又不好阻止,只好找孙凯常的碴。董二婉问,包茶叶的花丝绸围巾从哪里来的？孙凯常一惊,赶紧让玛丽出去玩,转身对董二婉说,在屯溪街头给你买的礼物。为什么拿礼物包茶叶呢？董二婉心生疑窦,故意拿起来闻一下,说怎么有胭脂和生发油味道？说这话时,二婉并不是很确定,只不过是想消除自己的疑心。孙凯常却慌了,支支吾吾不知如何应对,他嗫嚅着说,那卖丝绸围巾的,就是个年轻女子啊,没准是她手上的胭脂和生发油味道呢。听说话有道理,看表情有疑问。董二婉略略沉吟了一下,乱世离多聚少,相见实属不易,她不想为难刚回家的丈夫,便笑着说,等我到少雍弟那里去打听打听,让他给你在外面的表现评个分。孙凯常松了一口气,自己站得正走得稳,只不过内心深处有过闪念而已,二婉要去问少雍,少雍也没钻进我的心里,又能说什么。

董少雍回家,也算得上凯旋,尽管挣得不多。董方均私下里说,真正继承自己商业细胞的,并不是长子董大雍,而是次子董少雍。董方均对老伴说,别看少雍书呆子模样,把心思用到生意上来,比大雍还要强几分呢,大雍做帮手可以,独立能力还欠缺,什么事情都来问我,自己没有主见,你看少雍,做事有板有眼有主见,不声不响地把事情做了,看来这个家要给他当咯。朱彦娇说,那是他的同学和同事要他去做的,不是他自己愿意做的,少雍的心思都在书上,不在生意上,你让他去做生意,他不拒绝,但也不快乐,浣梅也不善于打理家业。还是大雍更愿花工夫,思玟也能持家。董方均说,夫人说的也是,少雍骨子里还是个书生,对待生意从来都是持消极态度。关键是他那个媳妇儿,浣梅,半条命似的,不能给少雍注入活力和激情,慢慢地就跟书本上那些死道理融为一体了。

　　董少雍一回到家里,又变回他那书呆子状态,整天捧着书本,百事不问。玛丽发现,二舅平时躲在房间里读书,像木偶一样纹丝不动。但每到星期日他就消失了。早晨玛丽去慈恩堂做弥撒,二舅比玛丽出门还早。下午玛丽回家,二舅还没回家,谁也不知道他去哪儿,去干什么,既不跟外婆透露,也不告诉舅妈,跟全家打哑谜。孙玛丽怀疑,二舅是不是有什么新的阴谋,是不是又准备带爸爸去玩失踪?是不是又想抛弃自己?玛丽把自己的担忧告诉了耘谷,并要耘谷跟她一起去跟踪二舅,探个究竟。耘谷说玛丽表姐疑神疑鬼,而且悄悄地跟踪大人也不礼貌。玛丽说就一次,弄清楚了也就放心了,以后再也不会跟踪他,求耘谷妹妹帮忙,万一被发现,两个人一起也可以壮壮胆。

　　孙玛丽周五跟南茜嬷嬷请假,说本周日有事不能来教堂做弥撒。南茜嬷嬷说好的,多陪马医生玩玩。玛丽脸腾的一下红了,说不是不是,不是去陪马医生,是自己家里有事情。南茜嬷嬷说,用不着害羞,也不要辩解,做自己想做的事情不会有错。玛丽说,谢谢南茜,我就是要去做一件自己想做的事情。

周日,玛丽一大早就起了床,一直在监视二舅的动静。她发现二舅竟跟平常一样,吃完早餐就在房间里安静地读书。难道二舅今天不出门?难道他知道我要跟踪他?耘谷本来答应费婶要去米店给董炎九打下手,结果也耽搁了。吃完中饭,二舅突然说要出去办点事,说着就出门去了。玛丽连忙拉着耘谷尾随其后。只见二舅出了公寓,沿着滨江路一直往南走,朝海关钟楼去。眼看着二舅在前面走着,转眼就不见了。玛丽和耘谷绕着海关钟楼转了好几圈都不见人。两个女孩坐在钟楼下的台阶上发呆,准备打道回府。突然,二舅陪着一位穿西装戴金丝眼镜的男子,还有一位脖子上挂着相机的外国女子,从江边那一人多高的灌木丛中走出来,他们边走边聊,说话时中文夹杂着洋文。三个人迎面走来,吓得玛丽和耘谷连滚带爬地往钟楼另一面躲。身后传来二舅的声音,说你们慢点,不要摔跤,赶紧回家去吧。耘谷羞得满脸通红,硬着头皮转过身来,给二舅董少雍鞠了一躬,转身拉着玛丽狼狈逃窜。外国女子的声音很尖,玛丽听懂了,是说她要让全世界都知道日本人的暴行。玛丽说,好像在南京的时候就见过那个男子,可能是二舅的同事。

戴金丝眼镜的男子,正是董少雍的同学和前同事,前金陵大学文学院社会学系教师苏佑民,他要去南都,路过江东,约董少雍见个面。苏佑民的南都之行有两项任务：一是护送这位外国女记者贝蒂小姐去前线采访，二是顺便去迎接革命军新编某部向皖南山区迁徙。贝蒂小姐是个中国通，也是苏佑民和董少雍的校友，曾在金陵大学学习汉语，毕业之后不想回美国，入职上海一家多国联合共建共管的新闻通讯社，担任战地记者，同时也为世界各大新闻社提供英文稿件，担任前线战事评论员。三个人都觉得，能在江东见上一面，机会难得。南浔铁路还在正常运营，苏佑民第二天就要乘火车送贝蒂去南都。苏佑民也叮嘱董少雍，说江东危在旦夕，沦陷也是迟早的事，董兄要有心理准备。苏佑民还说，到时候江东可能人去城空，但少雍要设法尽量坚守在江东。

3

　　董方均接到蔡豪生的电话。蔡豪生说，局势非常严峻，那些沉入江底的船只，原以为可以抵御敌人军舰沿江西进，可惜效果远远小于预期。沿江城市守军节节败退，江东已经危在旦夕。我军主力部队正在西线山区集结布防，老二蔡鲛来电说，他们军校教导总队在京城保卫战中伤亡惨重，他已经调到了新编第74军，部队已经离京西进。近期南都显得特别动荡不安，接连遭到大批敌机的袭击，因为南都有我军的军用机场，是日寇西进的一大障碍，因此，敌军决不会放过南都的。蔡豪生说他本人还在就地待命，除非南都沦陷，否则不得离开省城，不比方均兄自由身啊。蔡豪生建议，方均兄和嫂夫人带家眷，先到自己的老家尚蔡村去躲一阵，具体事情由老大蔡鲲安排，无须大动干戈，只需带上细软和随身用品就行，说不定很快就要返回江东，也未可知。

自由身的确是自由身，流浪汉也是真流浪汉。董方均夫妇闻言心茫然，好不容易安顿下来，又要流离失所，老两口连声叹息，彻夜难眠。他们连夜收拾行李，一边商量着儿孙们的去和留。南湖边的"董氏商行"，不到万不得已不能停业，因为已经被市政府列为战时生活保障措施之一。而且德茂公寓六楼那家做医药生意的洋行，正在跟董家协商合伙事宜。洋行看重董家的米粮棉花货源，董家看重洋行的药物和医疗器械。董方均打算让孙凯常留下来打理商行，凯常见识广，头脑也灵活些，又能说洋文。大婉和泳济一家，二婉带着孩子，少雍和浣梅一家，炎九和费婶，统统跟董方均夫妇下乡避难。

第二天上午，董方均把自己的安排告诉大家。玛丽第一个表示反对，说不想跟外公外婆下乡去，她要留在江东城里，慈恩医院护理人员奇缺，她要跟南茜嬷嬷一起照顾伤员。董少雍正要开口，说希望留下来协助二姐夫打理商行，但话还没到嘴边，就被父亲拦住了。董方均气呼呼地说，好好好，你们都留下，让我们两个怕死的老人逃跑吧。董少雍只好闭嘴，决定先把父母送下乡去再做打算。董方均和朱彦娇劝玛丽还是跟自己下乡去比较好，小小年纪有你不多缺你不少，无奈玛丽固执己见，也只好作罢。其实，只有耘谷知道其中的隐情，玛丽表姐的确想做南茜嬷嬷的帮手，更重要的还是舍不得离开马医生。

玛丽表姐最近经常在梦里喊马医生的名字。同睡一屋的耘谷，听到玛丽表姐说梦话，既吃惊又害怕，生怕玛丽表姐知道她知道这个秘密。慈恩医院马医生的样子，浮现在耘谷的眼前，昂首挺胸宽肩膀，又帅气又稳重，微笑的表情很迷人，耘谷不敢多想。耘谷不想知道玛丽表姐的秘密，耘谷不想听到玛丽表姐的梦话，耘谷故意抢在玛丽表姐前面睡下，但总是难以入眠。有一次，玛丽表姐哭着把那个梦中的秘密告诉耘谷。玛丽表姐突然说，马德诚，马医生，年纪大一些都没关系，关键是，他老家还有老婆孩子啊！这怎么办啊？……让我不理他？可我做不到啊！……我问他会不会离婚，他说无所谓。我问他能不能将马德诚改为马约伯，他也说无所谓。这是什么意思嘛！玛丽表姐急得直哭。耘谷不知道怎么回应，吓得差一点也哭起来。耘谷发誓替玛丽表姐保密，玛丽表姐却说无所谓。

当天下午，蔡鲲登门拜访，说无法亲自陪送董世伯下乡去，因为已经接到命令，过两天就要上前线。送世伯和伯母下乡的船只已经安排好，随时可以启程，母亲姜秀珍也在盼着伯母早点下乡去。蔡鲲还派自己的"勤务兵"蔡翰民，陪伴董方均全家去尚蔡村。董方均注意到站在蔡鲲身边的那位半大男孩，表情羞涩，眼神清澈，穿一身偏大的军装，嘴唇上胡须毛茸茸的还没长稳。他就是蔡翰民。只见他往前跨了一步，朝董方均鞠躬致意，叫了声"董老伯好"。说是"勤务兵"，其实不在编，只能算是蔡鲲自配的编外"勤务兵"。

蔡翰民是尚蔡村人，论辈分是蔡鲲的族弟。父亲蔡翰德把他送到江东师范学堂上学，读了不到一学期，遇上战争爆发，学校停课疏散,各回各家。蔡翰民找到族兄蔡鲲,要求上战场去打鬼子。蔡翰民刚满16岁,不符合参军条件,他便整天缠着蔡鲲哭闹。蔡鲲无奈,只好把他暂时留在身边,跑跑腿,打打杂。这一次,蔡鲲派给他一项艰巨而又重要的任务,就是护送京城名宿董老先生下乡避难。蔡翰民觉得,这个任务又艰巨又光荣,便欣然接受。蔡鲲给蔡翰民的父亲写信,说翰民弟是块好材料,但年纪太小,过两年再说。

江东到尚蔡村,帆船走水路,不刮大风的话,要漂一天一夜。蔡翰民把两个老人作为重点保护对象,一路上不离左右。眼看着耘谷、耘米、晴媛、晴帆她们玩得不亦乐乎,翰民只当没看见,笔直地站在董老伯身后,不苟言笑。耘谷和晴媛觉得,翰民故作镇静,有些滑稽。耘米爱捉弄人,朝翰民挤眉弄眼,翰民也不回应,像根木头一样戳在那里。帆船在离尚蔡村一里多路的湖面上停了下来。湖边的浅水区域很大,帆船靠不了岸边,要乘舢板才能上岸。蔡豪生的夫人姜秀珍,带着儿子蔡鲤和家人,早就候在路边。蔡夫人指挥众人,将董老先生一家接上岸。蔡夫人拉着朱彦娇的手,说老妹子,我早就盼着你来啊,屋子和床铺都准备好了,就怕不中你的意呢。朱彦娇感动得不知道说什么好,紧紧抓住老姐姐姜秀珍的手,眼圈都红了。

尚蔡村是一个中等大小的村庄,百十户人家都姓蔡。因蔡豪生的关系,村里的年轻人有读书和从军的传统,过半人家有孩子在外面读书参军。尚蔡村成了方圆几十里,乃至整个湖滨县羡慕学习的地方。村里一排排砖屋,围着一个大的晒谷场排列,东南角那幢青砖碧瓦大屋,就是蔡家祠堂,西南角上是村小学和议事堂。蔡豪生家的老屋在村庄最后排,紧挨着通往湖滨县城的大路边。前些年,又在老屋旁边新建了一幢三层小楼,是给蔡豪生的八个儿女建的,尽管他们不在老家生活,柳红棉那几个孩子从来都没回过老家,但给他们每个人都留了房间。平时空在那里,这一次终于派上了用场。董方均和朱彦娇夫妇,还是安排在老屋的西厢房,说是聊天更方便些。

蔡翰民主动担任董方均的"勤务兵",整天跟着董家人忙前忙后跑个不停。没事就在董方均身后站着,眼睛留意着正在玩耍的女孩子,但面无表情,也不出声。耘米把鸡毛毽子踢到了翰民的衣领里面去了,冰凉的铜钱贴在背脊上凉飕飕的,翰民痒得扭动着身子嘻嘻地笑起来。耘谷走过去,帮助翰民从衣领里面取出鸡毛毽子,并不多说话,转身回去继续玩。翰民被耘谷的镇定自若镇住了,他仔细打量着耘谷,两根小辫子随着踢毽子的节奏上下起伏跳跃,眼睛很大,皮肤白净,尖尖的下巴,紧抿着的小嘴唇微微凸起,特别认真的样子。翰民盯着耘谷看得发愣。董方均对昂首挺胸地立正在旁的蔡翰民说,不必那么拘谨,可以放松一点,去玩玩也行,有事会喊你的。

翰民跟耘谷、耘米、晴媛、晴帆她们很快就熟悉起来。性格腼腆的蔡鲤,不敢单独跟耘谷和晴媛她们玩,总是跟在翰民后面。蔡鲤比翰民小三岁。论辈分,翰民和蔡鲤都是耘谷她们的叔辈,论年纪只能是兄长。翰民说,不能按年纪称呼,尚蔡村的习惯,称呼都是按辈分的,你们得叫我和蔡鲤做叔叔。蔡鲤说,对啊,对啊,得叫叔叔。耘米说，不！凭什么叫你们叔叔？！耘谷不表态。翰民就问耘谷，你管蔡鲲大哥叫什么？蔡鲠说，对啊，你管我大哥叫什么？耘谷一时不知怎么回应，想了一下说，你们是你们，蔡鲲叔是蔡鲲叔，怎么能随便搅和在一起呢？耘米说，是啊，是啊，不能叫叔叔，我们最多也就叫你们哥哥。耘谷说，要不我们就喊你们的名字吧。翰民和蔡鲠没有办法，只好让步迁就。耘谷、耘米、晴媛、晴帆她们几个女孩，便"翰民哥""蔡鲠哥"叫个不停。

每天上午，孩子们还是要到村学堂去念书。战争爆发后，村小学只剩下一位老先生守着，原来几位青年教师都参军上前线去了。老先生看着这些大城市来的洋学生，个个伶牙俐齿，眼珠骨碌转，什么都知道似的，不知道怎么教，就让他们写毛笔字，抄写和背诵《龙文鞭影》。耘谷耘米晴媛她们都说不懂，老先生说不要你们懂，背下来就行。孩子们念经似的背诵书："经书暇日，子史须通。尧眉八彩，舜目重瞳。商王祷雨，汉祖歌风。"耘米觉得枯燥无味，董方均却觉得很好，说早就该给孩子们进行国粹教育了。大婉二婉少雍姐弟仨则认为，国粹固然重要，现代科学知识也不能少，他们便开始主动当老师，开设算术、自然、地理、公民等现代课程，还把村里的适龄儿童都动员到学校来学习。

尚蔡村的孩子都从湖边水泽和荒郊野地回到了教室。孩子们听着这些京城来的老师讲课新鲜，口音也新鲜，但三天后就不耐烦了，今天溜走几个，明天溜走几个，最后只剩下董方均家的孩子。耘谷对妈妈说，老师和学生都是自己家里人，不如在家上课呢。董大婉说，那不行，在家里老师不像老师，学生不像学生，必须到学校上课,才有教和学的样子。董大婉托人从县里弄来教学大纲,买来教材,说要让尚蔡村小学的教学正规化。县教育局派督学来视察。督学说,教育界处于半瘫痪状态,大家都很着急,上面对战时教育也很重视,正在商讨对策。尚蔡村小学校为我们树立了榜样,我们要向全县推广,还要向上级报告。二婉对大婉说,正规化固然好,问题是怎么把孩子吸引过来。二婉主张,增加手工课、体育课和游戏课,带着孩子们一起玩。一部分孩子被新课程吸引过来了,玩了两天又跑了。他们说,在老师的监督下游戏,又不能烧火,又不能抓鸟,又不能打架,还不如自己到野外去游戏。过了一阵,连耘禾、云柯、云樟、伟民这些男孩子,都轮番着找借口不上学。只剩耘谷耘米晴媛几个女孩子在坚持。

湖边逍遥自在的嬉戏,是孩子们的天堂。散学之后,蔡翰民和蔡鲤带耘谷、耘米、晴媛她们,去大湖边玩。浩瀚的湖面白帆点点,水鸟在空中盘旋,偶尔会猛地俯冲下来,向湖水中的鱼发起攻击。三三两两的水牛和黄牛,在一望无际的湖滩上吃草,用不着看管,因为它们走一上午也走不出牧童的视野。盛夏季节,面积巨大的浅水区,水是温热的,最适合游泳。男孩子泡在湖水里,伸手就可以触摸到长满水草的湖底,鱼虾成群结队,攻击孩子们的屁股、脚踝、腿肚子,痒酥酥的。最害怕就是摸到黄骨鱼,那你的手就要倒霉了。耘谷就摸到过一条,手指被黄骨鱼刺得鲜血直流。翰民抓起耘谷的手指放到嘴里吸吮,说唾沫有消毒作用,弄得耘谷痒酥酥的。女孩子拿着小竹片和木棍,在草滩上挖野菜。小拇指尖粗细的野菜根,烧熟之后,味道很像江南的黄花麦果,糍软香甜,但颜色却是雪白的。小鱼小虾,用几层湿纸包裹起来,扔进火里烧,等湿纸烧干后再打开,鱼虾已经熟了。盐巴在两块瓦片之间碾碎成粉末状,撒在烧熟的鱼虾上,吃喝玩乐,游戏逍遥,不亦乐乎。此情此景,如诗如画,没有喜讯也没有噩耗,地老天荒,万籁俱寂,时间也中止了。

董少雍和董炎九的突然出现,把时间拉回到现在。耘谷远远见到二舅,正沿湖边小路走来,炎九叔背着包袱跟在后面。晴媛连忙跑到路边,拉住爸爸的手说,爸爸又要出门,又不知道啥时候回来啊!董少雍说,这回只是到江东去办点事,顺便探望一下凯常姑父和玛丽姐姐,很快就会回来的。董炎九也肯定地朝晴媛点了点头。邻村的一艘帆船停在深水区,从大船那边划过来一只小舢板,董少雍和董炎九登上舢板,往帆船那边荡去。晴媛含着眼泪高声喊道:爸爸,记得办完事就回啊,不要耽搁在外面啊!耘谷也高声喊道:炎九叔,请你一定记得把玛丽姐带下乡来啊,就说耘谷和晴媛想念她!……

十几天后,董少雍和董炎九突然回到了尚蔡村,蓬头垢面,一身泥巴。他们搭乘的那艘帆船,经过连接湖与江的狭长通道黑虎峡时,刚要下船去半山坡寺庙烧香磕头,就被日本鬼子的军舰拦截了,盘问搜查一番之后,将帆船和船工都扣下,将董少雍和董炎九抓了差,据说要送到江东远郊的黄沙峪去做苦力,日本人正在那里修建一座军用机场。面对日本鬼子的威逼,还有寒光闪闪的刺刀,董少雍和董炎九知道,此行凶多吉少,只有逃跑,才是活命的唯一机会。半夜三更,趁鬼子睡着了,两人侥幸逃脱,翻越黑虎峡南边的牯牛岭,徒步一百多里,走回了尚蔡村。董二婉说,凯常和玛丽在江东不会有事吧?说着就吓得哭起来。董方均叹了一口气说,看来江东已经落入虎口啊!

第三章

1

　　江东城的确落入了虎口。德茂公寓和慈恩堂自然也落入了虎口。日寇占领了江东，烧杀抢掠，无恶不作，就像一头过路的野兽，凡是挡着它走道的，不顺眼的，不顺心的，不顺意的，甚至目光所及的，都统统被它踩死、撕碎、吃掉、踢开，整座城市一片狼藉，留下的是泪水和鲜血，悲伤和愤恨。起先，传说江东快要沦陷，吓跑了一部分人。江东沦陷了，又跑了一部分人。能跑的都跑了。也有极少数心怀仇恨的人不想跑，打算留下来跟敌寇合作干坏事，沦为临时伪政权的走狗，为虎作伥。绝大多数留下来的人，都是那些没有地方可去的穷人，或者没有能力逃跑的病人，或者心怀侥幸的糊涂人。街市不见昔日的繁华，家家关门闭户。不得已必须出门去的人，都提心吊胆、如履薄冰，就像拎着脑袋在街道上行走。遭劫的城市笼罩在恐怖之中，惊魂不定的人们战战兢兢，饱受蹂躏的城市战栗不已！

突然，日本人说要恢复城市的生活秩序，弄得市民不知所措。日本鬼子通过临时维持会里的汉奸走狗，四处张贴布告，美其名曰"安民告示"，要求江东居民跟往常一样生活，该干什么还干什么。意思是让江东的市民看完他们吃人之后，不要惊恐，也不必吓得发抖，要像没有发生过什么一样。实际上就是要让本地居民认可它们用暴力抢夺而得到的伪政权。话虽如此，胆小的市民路过城门的时候，还是吓得瑟瑟发抖。日本鬼子见状，举手便打，抬脚便踢，理由是不听命令，叫你们不要害怕、不要发抖，你们竟然充耳不闻。亲眼看到了它们烧杀抢掠的人，怎能不发抖？自己的政权落到了野兽的手里，怎能像什么都没发生一样？脑袋拎在手上，怎么过日子？

一座城市被迫沉默，更多的城市在怒吼咆哮。江东城暂时被日寇所占据，省会南都在积蓄抵抗的力量。每天从南都机场起飞的我军飞机，在江东附近的空中盘旋。立足未稳的日本鬼子急眼了，转身就向南都扑去。江东通往省会南都的铁路桥梁和公路桥梁，早就被我军炸毁，公路也挖得全是一道道深沟，无法行车。只剩下潜伏着险情的山路和水路。日本人迫不及待地要进攻南都，便打算从山路或水路向南都进发。这正是集结在南都到江东中途山区的中国军队想要的结果。南都各大报纸的头版，印着大号黑体字的通栏标题：《日寇将由山路和水路进攻南都，我军民同仇敌忾严阵以待》。政府军政要员频繁出现在南都，其中不乏显赫的大人物，据说苏联和美国都支援了飞机，令本地居民底气满满，他们似乎并没有感觉到战争的威胁，反而群情激昂，胜券在握似的。学生们成群结队地在街上举行反战宣传和演出。南都的日常生活依然如故,街市依旧繁华热闹。

蔡豪生一边为集结在南都的抗战力量提供各种保障服务,一边鞍前马后地接待上级派来指导南都保卫战的各级军政大员,忙得不着家。蔡公馆坐落在南都中心繁华地段,隔壁就是阳明湖公园。公馆与公园之间,专门为蔡家开了一个小门。这一天,蔡夫人柳辛夷,也就是柳红棉,带着双胞胎女儿蔡鲸和蔡鳐,还有小女蔡鲯和小儿蔡鮭,到阳明湖公园游玩。老管家蔡得田跟着帮忙。蔡豪生的族叔蔡得田是个鳏夫,多年来一直帮蔡豪生管家。到了正午时分,柳红棉吩咐老管家蔡得田,把孩子们领回家去吃饭,自己要到园子里的悦湖茶社去喝茶。柳红棉刚走进茶社,迎面走来一位三十多岁的女子,她就是茶社老板夏咏絮。只见夏咏絮远远就笑脸相迎,拉着柳红棉的手,把她请进了雅座"清莲居"。

柳红棉曾经跟夏咏絮同在春香阁酒楼混过,一对落难姐妹,两个患难之交。柳红棉嫁给蔡豪生后,跟原来的姐妹全部断了来往,唯有对这夏咏絮心存感激,不离不弃,可以这么说,没有夏咏絮,就没有她柳红棉的今天。名字改为柳辛夷之后,柳红棉明里暗里也没有少帮衬夏咏絮。能在这风水宝地开茶馆,自然有柳红棉的功劳。因此,雅座青莲居,从来就不为别人开放,专门留给柳红棉的。咏絮拉着红棉的手说:妹妹今天怎么有空?

红棉:老蔡忙得脚板不沾地,回家的时候我已经睡了,离开的时候我还没醒。

咏絮:那你真得上点心,好好照顾老爷的身体,不要只顾自己睡觉。

夏咏絮坐下来亲自司茶,吩咐送点心过来的伙计,通知对面戏台上的准备唱曲。夏咏絮知道,柳红棉不喜欢看古装戏,凄凄惨惨戚戚,尤其是那些女人受辱的悲惨故事,容易勾起她的伤心往事,夏咏絮自己也不愿听。她们自己的身世,就是一出悲惨的戏剧。她们喜欢看滑稽剧,听唱曲说笑话。伙计转回来,问要听老的还是现编的。说,现编的。

咏絮问:妹妹身体好吧?

红棉说:嗯,就是最近有些焦躁,睡不安稳,半夜醒来就再也睡不着。

咏絮说:我正说要送你一样能安神的东西呢,一位刚从暹罗回来的老茶客送给我的。

夏咏絮从收藏茶饼的抽屉里,拿出一只绣花缎面纯银礼盒,里面装着一些小木块,说是一种叫迦南香的上等沉香,晚上睡觉前当熏香用,蔡老爷吸烟的时候,也可以放一些在烟丝里吸,有安神奇效。红棉收下沉香盒,红着眼圈说:姐姐,我这焦躁,不是心病,是真的害怕。老蔡整天说,不用怕,不用怕,说我们还打赢了一仗呢。老蔡就这样,不见棺材不落泪。你想想啊,日本鬼子从上海打到南京,从南京打到江东,那么多的国军都没挡住,现在又要往我们南都来。你说说,南都能抵挡得住吗?我在想,万一要逃跑,也没有爹娘老家可以投奔,我拖儿带女往哪里跑啊?说着就开始抹眼泪。

柳红棉出生在盐城滨海下面的一个乡村,从小父母双亡。除了自带的一张俊脸蛋和一副好身材,父母什么也没留给她。柳红棉十三岁就被人带到上海,从此流落江湖,也养成了独立刚烈的性格,轻易不会显示女子娇弱的一面。日本人占领上海之后,柳红棉跟随难民船沿江西行,最后落脚在南都,进了春香阁酒楼,在那里吃尽了苦头。突然遇到年纪接近父亲的丈夫蔡豪生,柳红棉一时还不知道怎么应付,也摸不透蔡豪生的脾气,但蔡豪生迷恋自己那是真的。柳红棉内心对蔡豪生的渴望,是既当情人又当父亲。没想到的是,蔡豪生对性的兴趣,要远远大于对情的兴趣。他与其说爱红棉这个人,不如说是爱她年轻的肉体。想她求她的时候低眉顺眼,说什么都答应,完事之后心不在焉,说过的话都不记得。至于父亲职能,表现也勉强,眼下这个战乱年代,恐怕连"提供安全"的优势都难以保障啊。

　　柳红棉思前想后,还是觉得夏咏絮姐姐这个患难之交可以依靠。红棉是在春香阁遇到同乡夏咏絮的。春香阁是一家高档酒楼,在南都声名显赫,政府官员或文人商贾,经常出没其间。小洋楼坐落在市中心的中山西路。女孩子要成为酒楼专职或兼职服务人员,首要条件就是年轻漂亮身材好,其次是善饮,能吹拉弹唱更好。它的后台老板储金盛,是南都城里黑白两道通吃的大亨,不久前还被推举为省国民参政会的议员。春香阁表面上是喝酒饮食的地方,背地里的勾当谁也说不清。酒楼一层是普通座席,服务员辛苦收入低。酒楼二层是高档雅座,能喝酒应酬的服务员收入就高。酒楼三四层是高档客房,服务员不需要干苦力活就有收入。从一层升到二层,再从二层升到三层四层,就是那些不想活儿多、只想钞票多的女孩的升级之路和梦想。升到第二层之后才知道，那里丝毫也不比一层轻松，你要么继续升到三四层，要么继续受苦受累。第二层除了第一层的苦和累之外，还得加上喝酒之苦和应酬之累。也有不能忍受而偷跑的女孩，结果不是抓回来挨打，就是不知所终。夏咏絮属于那种宁愿累死苦死，宁愿喝酒醉死，也不肯升到三层去的人。她还阻止了红棉妹妹想升到三层去的幼稚念头，为此，咏絮经常挺身而出去替红棉喝酒。客人粗暴无礼的多，如果不满足他们的各种无理要求，要么找碴投诉，要么拳打脚踢，女孩子经常被打得鼻青脸肿，咏絮也没少替红棉挨打。咏絮说，打伤了手脚和身子，很快就能长好，伤了心、污了清白，一辈子都难以复原。姐妹俩有自己的梦想，她们想着赚够了钱，一起去开个茶馆。蔡豪生跟红棉也算是前世的姻缘，到酒店鬼混的时候，一见到红棉就缠住不放。他对老板储金盛说，自己爱好不多，一个是好烟好酒好茶，一个是蜂腰肥臀长得像葫芦的女人，比如陪酒的红棉。于是两个人私底下达成了交易。

　　心高气傲的夏咏絮，谁的账都不买，就是喜欢同乡柳红棉，明里暗里保护她，让红棉熬过了那段艰辛又危机四伏的日子。红棉知恩图报，嫁给蔡豪生后，第一件事就是帮夏咏絮离开春香阁，还帮助咏絮在阳明湖畔的黄金地段，开了这家悦湖茶社。为了茶社的安全，红棉自己也挂了个股东的名分，算是圆了姐妹俩的梦。此刻，见红棉又要撒娇，咏絮赶紧过去安抚她。咏絮轻轻地抱住红棉，拍着她的背说：妹妹不用怕，只要你不嫌弃，我滨海乡下老家的几间屋子，也是可以住的，就怕轮不到我来为你操心，你家老爷自然会安排。蔡老爷让你不用害怕,那就是真的。他是政府里的人,又是大官,他说的话还会有假?你先歇歇,喝盅茶,这是我给你留的新茶。夏咏絮抬起头,朝小舞台上唱曲的点了点头。那穿长衫的唱曲人,坐在小舞台中央,右手拿着一把三弦琴,左手握住一根敲板鼓用的鼓签儿,左脚踩着连接铜钹的连杆,膝盖上挂着一副黑色的檀板,右脚踩着一根连接鼓槌的绳子。只见他手起脚落,锣鼓齐响,一个人当得起一个小乐队,接着拿起三弦拨了一阵就开了腔:

　　南北大路是东西走啊,出门碰见了人咬狗啊;
　　拿起狗来扔砖头啊,砖头咬了狗的那个手啊。
　　狗咬人嘛人咬狗啊,惹急了石头也张嘴吼啊;
　　三寸舌头上下那个翻哪,各位客官笑开口啊。

声音洪亮音域宽,半念白,半说唱,高亢低昂,抑扬顿挫,那声音随着扯长的脖子往高空中飘,又随着收缩的下巴往肚子里钻,歌词也滑稽诱人。柳红棉一听,哈哈大笑起来,茶水喷了一地,说好玩,好玩,继续唱。夏咏絮说,这是每次都有的开场白,后面才是正式的。那唱曲的咳嗽几声,清了清嗓子继续唱起来:

　　群山延绵照南走,大江朝西日夜涌;
　　江东上边是南城,南城下边是江东。

  风送篷帆南湖去,渔舟唱晚北江游;
  江东南城湖挨江,南城江东水土通。

  左边铁轨跑火车,右边山路人车行;
  两座城市山连山,九岭山脉正当中。

  南城江东肉贴肉,江东南城筋连筋;
  江东不能没南城,南城不能少江东。

  东洋鬼子好骁勇,擅自闯进我江东;
  无恶不作干坏事,烧杀抢掠气势汹。

  柳红棉觉得,这唱曲人现编歌词还真行,而且唱的是时事新闻,又大家关心的大事,她顿时来了精神,便鼓起掌来。那唱曲的停住,拨了一阵三弦接着唱：

  鬼子贪婪不满足,想起南城又心动;
  饿狗扑食朝南来,转身要把南城撼。

  狠心挖断大马路,废掉鬼子坦克车;
  含泪炸毁铁路桥,沿途百姓肝肠断。

  鬼子无奈选水路,过江穿湖要入河;

军舰开道惊鱼鳖,横冲直撞沉渔船。

黑虎峡延绵三十里,大湖水入江遇险滩。
宽湖变窄水流急,怪石嶙峋两岸拦。

黑虎峡上黑虎岩,黑虎岩上有神明;
神明有眼对流水,强盗坏蛋难过关。

黑虎寺里香火旺,过往船民心虔敬;
停船打尖把神供,洗心革面不耍奸。

鬼子豺狼蛇蝎心,军舰耀武又扬威;
蔑视神明双眼瞎,黑虎寺边呈狗胆。

突然一阵轰隆响,军舰断裂成两半;
鬼子跳水忙逃命,尸首喂鱼魂魄散。

自古神明饶过谁?善恶报应有天定;
黑虎岩下黑虎峡,湖水滔滔过险滩。

　　柳红棉想起来了,蔡豪生的确对她说过这件事,说日本鬼子第一次进攻南都的时候,军舰中途在连接大湖与大江的通道黑虎峡,莫名其妙地沉没了。蔡豪生还说,当时日本鬼子断定是附近村民或新四军游击队干的,便对周边村庄和村民开始疯狂报复,烧杀抢掠,大开杀戒。结果并没有找到确凿的证据,也没有破解沉船的秘密。日本鬼子又以为,秘密可能藏在黑虎峡的湖水底下,便从南京调来潜水小分队。结果,日本鬼子的潜水兵,下去一个消失一个,全都消失在黑虎峡的湖底之下。日本鬼子觉得蹊跷,但也无奈,只好放弃水路,走山路进攻南都。唱曲的停下来喝了一口水,接着唱:

> 九派水流朝东澎,九岭山脉入云霄;
> 河山大好令人醉,早有豺狼在盯梢。
>
> 大路不通走小路,水路阻塞走山道;
> 好人走道山路平,坏人平路摔跟斗。
>
> 鬼子闯进九岭山,壮胆飞机加大炮;
> 我军主力早潜伏,树木森林也吼叫。
>
> 左边王牌九十四,右边精锐四十九;
> 枪炮齐鸣向山沟,鬼子号叫乱了套。
>
> 平型关接台儿庄,九岭战役排第三;
> 尸横遍野过万数,日本鬼子威风扫。

从唱曲人的表情和腔调里，传递出来的信心和热情，也可以说是南都普通居民情绪的表达。但对于从小缺乏安全感的柳红棉而言，多少有点虚张声势，她依然在焦躁不安。夏咏絮吩咐伙计，将红棉喜欢的几样时令小菜送过来，让红棉在这里用个便餐。这时候，老管家蔡得田匆匆赶到阳明茶社，走到近前，在红棉的耳边轻声说，老爷突然回家来了，让红棉赶紧过去，看样子好像有什么急事。红棉告别咏絮，回蔡公馆去了。

蔡豪生坐在大红木太师椅上等红棉。红棉扑过去往蔡豪生的大腿上一坐，说今天怎么这么早回家啊？也不打个招呼，是不是有什么鬼心思？

蔡豪生伸手从背后捏了一把红棉肥硕的屁股说，唉，哪有闲心想鬼心思啊，见老婆都得忙里偷闲。上面来视察的长官都走了，我这才得以脱身。

红棉说，你哄鬼哟，打着忙公事的名义，心思不知道歪到哪里去了，是不是又被那个坏人储金盛邀到春香阁喝花酒去了？你可要小心点，到处都是我的姐妹，我的耳目！

蔡豪生说，抗战特殊时期，谁还敢去喝花酒啊！红棉说，那要不是特殊时期呢？你就去喝花酒是不是？快说！蔡豪生说，夫人别闹了，你恐怕要开始收拾收拾，做撤退的准备啊。日本鬼子在大江南岸的九岭山吃了大亏，退守江东等待增援。据说他们已经纠集更多精锐部队，准备大举进攻南都，一场恶战不可避免，上面通知，能撤退的就先撤退。

红棉说，我早就说了嘛，你打不赢人家的，你看，果然要逃跑了。蔡豪生说，不要说"逃跑"嘛，这叫"战略转移"。你是愿意跟省市政府机关撤退到南边的县城去，还是愿意去老家尚蔡村？红棉说，我不去尚蔡村，去到那里，还要归姜秀珍管。

蔡豪生说，那你就带着孩子先跟随大部队向后方撤退吧。我不能跟你们一起走。万一南都沦陷，我也必须是最后一批撤离的人。这是上面的命令。红棉说，让我拖家带口先跑？你不跟我一起？我一个人怎么管得过来哟？不，我要跟你在一起，我也要最后撤离。

蔡豪生说，家眷必须先撤。我也觉得你一个人管不过来，所以想让你先回尚蔡村。姜秀珍不会管束你，她只会照顾你。听话吧，先回尚蔡村暂避一阵。还有，你也该给我父母上个坟，烧个纸，尽个孝啦。你嫁给我之后，不露脸不吱声，不要说我父母，就是我们尚蔡村的人，也没谁见过你，谁知道还有你这个蔡柳氏啊？另外，蔡鲑的几个兄长的名字都记在了家谱上，蔡鲑也要上家谱嘛。你去，多花几个钱，让蔡鲑到祠堂里去向祖宗报个到，举办一个上谱仪式，要做得像样子，拿出你的大气派来。

2

日寇精锐部队，完成了在沿江一线的集结，要报九岭山战役的一箭之仇。在大举进攻前夕，日寇飞机频繁出动，四处轰炸，还与我空军展开了多次大小空战，我军飞机数量和飞行员的技术都不占优势，只能用"精忠报国，壮怀激烈"来形容。一个月后，日军在飞机、大炮、坦克和军舰的掩护下，兵分两路，一路是军舰编队，沿着大江西征，去攻占上游的大城市。另一路是陆军的山地部队，徒步地毯式逼近，朝南攻击省会南都。

江东的德茂公寓和慈恩堂，自然也在惊恐中战栗。但这两个特殊的空间场所，实在属于另类中的另类，侥幸中的侥幸。尽管德茂公寓门前挂着外国商行的招牌，公寓门口还有外国职员在值班，日寇还是强行进入公寓检查。公寓里的人全都说英语，包括孙凯常。随行的汉奸翻译只懂日语，交流了半天都不知所云。洋行经理史柯雷，只好用汉语通过翻译跟日本人交流。日本人自然知道，日本和英国正在就中国的江海关税问题，在上海和东京举行秘密谈判。所以，他们也不敢过多地为难英国商行，只不过来捣乱一下，以示警告。日本军官突然盯着孙凯常，问他是什么人。孙凯常用英语跟史柯雷说话，史柯雷对翻译说，孙凯常是公司里的泰国籍职员。日本军官将信将疑，离开时又盯着孙凯常看了一眼。

孙凯常虚惊一场。日本鬼子进城之后，南湖边的董家商行闭门谢客，孙凯常没事尽量不出门，也很少待在二楼的家里，经常到楼上的洋行去，跟史柯雷他们混在一起，抽烟喝酒玩耍。日本人闯进德茂公寓的时候，孙凯常正在五楼跟史柯雷几个打牌，又在史柯雷的掩护下侥幸躲过了一劫。孙凯常每周都要出门一趟，那是遵照岳父和岳母的嘱托，将平价粮食送到慈恩堂去，保证伤病人员和逃难儿童的食物供给。孙凯常每次出门都雇两辆黄包车，一辆坐人，一辆载货，到慈恩堂去送米送面，顺便看望女儿玛丽。孙凯常叮嘱玛丽，半步也不要离开慈恩堂。日本鬼子进城前夕，玛丽就搬离了德茂公寓,住进慈恩堂,跟南茜嬷嬷做伴,参与慈恩医院的护理工作。马德诚医生,也从城西慈恩医院的老宿舍搬到了慈恩堂。他们在南茜嬷嬷的指挥下,日夜忙碌着照顾伤病员,为躲进教堂避难的市民们提供救济服务。日本鬼子自然不会放过慈恩堂,他们闯进教堂,搜捕战场上下来的伤兵,捣乱了一阵,然后将那些到教堂避难的青壮年男子统统抓走,去给他们当搬运工。

江东沦陷之后,原《江东新报》的编辑和记者都作鸟兽散。如今的《江东新报》控制在日本鬼子手中,每天都在连篇累牍地刊登假消息,说日本人怎么仁义,说日本人怎么帮助江东市民恢复生活秩序,说日本人是为建设"大东亚共荣圈"为中国人民谋幸福来的。那个叫波田次男的司令官,是个自恋狂,每天都要把自己穿军装挎着指挥刀的照片,刊登在报纸的头版。受惊受辱的江东市民,不信日本人的鬼话,拒绝阅读那张谎话连篇的报纸,说它除了日期,其他都是假的。汉奸到日本人那里去告密,说江东市民故意不读《江东新报》。日本鬼子就派人将报纸强行送到家门口,又组织汉奸在十字路口用电喇叭读报纸,有时候还拦住行人,让他们用本地方言大声朗读那些假消息。

当传播真实消息的喉咙被掐住的时候,只剩下那些蓄意编造的假消息,此外还有来自民间的、真假难辨的怪消息。江东惊恐不安的街巷里,怪消息像风一样四处乱窜。有人说,日本鬼子就是路过一下,很快就会离开的,大家在屋里躲几天就行。有人说,日本鬼子的膝盖是直的,走路的时候膝关节不转弯,路面稍有不平他们就会摔跤,于是就有人偷偷地将路面的砖石移走,弄得街道坑坑洼洼,结果摔跤的不是日本人,而是本地的老人。有人说,日本鬼子喜欢花衣服,女人出门的时候,只要不穿花衣服,日本鬼子就不会追你。有人说,鬼子的眼睛是直的,不会往两边看,遇见日本鬼子的时候,你只要往两边躲闪就行了,千万不要转身跑,因为那样,你依然在日本鬼子的直线视野中。还有人说,日本鬼子很严肃,板着面孔,不苟言笑,但这并不可怕,可怕的是他们笑,那是他们想要吃人的信号,看到表情严肃的日本鬼子不必害怕,看到日本鬼子开始笑,特别是哈哈大笑的时候,那你就危在旦夕,就要拼命逃跑。

风云突变,德茂公寓门前的钱半仙坐姿没有变,他仗着跟神明有消息往来的自信,依然端坐在那里,镇定自若的样子。钱半仙说,中国人也好,日本人也罢,谁都拗不过命运,谁也逃不脱劫数。就算日本鬼子现在小人得志,不可一世,如果命中注定是气数将尽,那么他们迟早都是个死局。老祖宗早就总结出了经验和规律:"风水轮流转"。最近这几年,中国人运气不好,吃了大亏。接下来,就该轮到日本鬼子走霉运了。钱半仙不打算把这个重要的推演和判断公之于世,让它成为一个秘密。秘密的威力更大。就让日本人自取灭亡去吧!钱半仙这样想,脸上挂着自信的微笑。他每天依然在德茂公寓门前"坐诊",代表着掌握命运的先知,在为世人的命运"坐诊"。

十几个日本鬼子在汉奸翻译的陪同下,大摇大摆径直朝这边走来。走在最前面那个像军官的鬼子,眼神真的是直愣愣的,盯着钱半仙这个方向。钱半仙想起街坊邻居的忠告,便赶紧将身子往右边猛地一闪。鬼子军官被钱半仙突如其来的躲闪动作吓了一跳,转过脸来,警惕地盯着钱半仙看。钱半仙吓得又猛地往左边一闪。鬼子军官觉得钱半仙好像在戏弄他,便迅速摸出手枪,对准钱半仙就要射击,被汉奸翻译伸手拦住了。汉奸翻译走过来,询问钱半仙,为什么做出那种身子猛地一闪,既滑稽又危险的动作。钱半仙如实禀告。汉奸翻译将钱半仙猛地躲闪的原因告诉日本军官。日本军官听后乐了,哈哈大笑起来。钱半仙又想起了街坊邻居的忠告,顿觉不妙,认为日本鬼子的笑,就是在发出要吃人的信号,吓得他转身拔腿飞奔起来。日本鬼子又被钱半仙这突如其来的动作吓了一跳,恼怒得抬手举枪就向钱半仙射击,子弹射在水泥地面上直冒火花。军官身边一位士兵,举起了三八大盖,"砰"的一枪射中了钱半仙。钱半仙应声瘫倒在地。汉奸翻译走到哇哇喊疼的钱半仙身边,问他为什么突然奔跑。钱半仙又如实禀告。汉奸翻译把意思转述给日本鬼子听,日本鬼子又哈哈大笑起来。听到笑声,钱半仙吓得魂飞魄散,挣扎着爬行逃跑,地上留下长条血痕。

　　路人说,连算命先生都不放过,这不是疯狂是什么?大家七手八脚,将钱半仙抬进附近的慈恩堂。医生马德诚和见习护士孙玛丽接诊了钱半仙。子弹从钱半仙右腿肚子上穿过,血肉模糊,腓骨碎裂。马医生问钱半仙,怎么惹了日本鬼子。钱半仙说,自己因为害怕日本鬼子的眼神和笑声,准备躲闪逃跑,还没跑起来,他们就开了枪。马医生说,以后碰上那些畜生,不要乱跑,站着不动就行。马医生说这话的时候,心里咯噔一下。因为前些天遇到另一个伤者,是个进城做小贩的农民,他遇见日本人的时候,愣在那里不动,盯着日本人看,被鬼子一枪打掉了两根脚趾。马医生对那位伤者说,以后遇到日本人不要发愣,赶紧跑。现在看来,怎么都不对,唯一的办法就是拿起枪来,把日本鬼子的脚指头手指头打碎。

清洗伤口的时候,钱半仙疼得哇哇大叫,嘴里大骂日本鬼子畜生,躲闪也不行,逃跑也不行,他们要怎样?难道只有你死我活吗?孙玛丽站在一旁安慰钱半仙。这一阵,钱半仙每天都能见到帮他换药的孙玛丽,知道她是德茂公寓里的小姐,尽管没有交谈过,但毕竟经常见面,也算是熟人。钱半仙很感激马德诚医生和孙玛丽护士,但他却无以回报,自己家无恒产,身无长物,除了耍嘴皮子,什么也不会。钱半仙唯一能做的就是送"口彩",也就是用嘴巴去哄人高兴。钱半仙对玛丽说,姑娘啊,我早就认识你呢,你竟然也没有离开江东,真是勇敢啊。其他几个女孩子,都是胆小鬼,早就吓得屁滚尿流,躲到乡下去了。我已经看出来了,德茂公寓里的几个女孩子,就数你命最好,将来是享福的命。

玛丽得到钱半仙的"口彩",果然很高兴。但她不喜欢钱半仙在讨好自己的时候,贬损耘谷姐妹和晴媛妹妹。玛丽说,耘谷姐妹和晴媛妹妹,都不是胆小鬼,她们也想留下来,只是年纪还小,所以让她们下乡去了。耘谷姐妹和晴媛妹妹都是好命,不比我差。而且,如果真像你所说的那样,我将来有福享,那我的耘谷妹妹、耘米妹妹、晴媛妹妹也会有福享。钱半仙发现孙玛丽不高兴了,赶紧圆回来,说这世上的福分,总数也就那么多,你多别人就少了,你少别人就多了。现在,你打算把你的福气分给你的妹妹们,有福共享,那是她们的福分。她们两个年纪是小,可是你也不大啊,这么敢作敢为,了不起!不过,在我们乡下,你这个年龄的都已经嫁人了。你一定会遇到好男人的。

钱半仙又送来另一个"口彩"。玛丽一听脸红了,心里却甜滋滋的,她想到自己近期跟马德诚医生关系的进展。难道是可恶的日本鬼子和残酷的战争,那些不忍细想的事情,在成全自己和马医生的好事?否则她到哪里去遇到马医生呢?哪里有单独相处的机会呢?世事总是难以两全其美啊!玛丽不敢多想,因为她讨厌战争,更讨厌日本鬼子。但她不讨厌这一段避难生活,不讨厌马医生,喜欢跟着马医生一起忙碌吃苦,一起救死扶伤,一起救治像钱半仙这样被日本鬼子打伤的人。但是,可恶的战争也让她跟耘谷姐妹和晴媛妹妹分开了。很久没见到她们,玛丽很想念她们。玛丽希望战争尽快结束,希望日本鬼子赶紧滚蛋。耘谷妹妹和耘米妹妹和晴媛妹妹,就可以早些从乡下回来。

日寇的主力部队,已经调到进攻南都和大江上游城市的战线上去了,街道上的日本人少了很多。日本人假惺惺地鼓励老百姓恢复正常生活秩序。江东人觉得,这不过是黄鼠狼给鸡拜年,没安好心。但日子一长,惊恐和警惕都松弛了,城里也渐渐开始有一些日常生活的气息。孙凯常打算让南湖边商铺的伙计开门营业。玛丽偶尔会回到德茂公寓去看望父亲。父女俩还商量着,再观察一段时间,如果没有反常,就写信给乡下,让他们回到江东来。孙凯常又让玛丽不要大意,尽量不上街,在慈恩堂更安全。

3

在慈恩堂的这些日子,孙玛丽忙碌辛苦又担惊受怕,还有一种转眼间就老练成熟起来的感觉。让玛丽心存感激的是,她不但学到了更多的医学知识,护理能力也大大提高,更主要的是,能跟马医生朝夕相处。玛丽对马医生说,她不喜欢"马德诚"这个名字,建议改为"马约伯"。马德诚说,真的要改名字?我以为你是随口说着玩的呢。玛丽啊,俗话说,大丈夫行不更名坐不改姓,姓名跟"身体发肤,受之父母"的道理一样,不能随便损毁,也就是不能随意更改。玛丽说,你父母给你取的名字,用了差不多30年,也该换一换了,反正你父母也不在了,你现在每天面对的是我,换成我给你取的名字吧。

马德诚说,玛丽呀,你不要太任性,举头三尺有神明,谁在谁不在,还不好说呢。孙玛丽说,你心中有神明,那真是太好了!我的名字"玛丽"是从《圣经》里来的,你的名字"约伯"也是从《圣经》里来的,都跟神有关,而且很般配。马德诚哭笑不得,洋神非土神,此神非彼神。马德诚不想跟孙玛丽争辩,他觉得自己的名字"德诚"很好,"德"的意思,是用行动体现道行和品行,"诚"的意思,就是修辞立其诚,老实不掺假。这跟自己的人生理想吻合。"约伯"什么意思嘛?字面上没有什么意思,两个音节而已。

对于玛丽的要求,马德诚总是百依百顺,但对改名字这个建议,马德诚不置可否,拖着不改。玛丽每天都提起这件事,马德诚每次都找借口拖延。玛丽穷追不舍,还软硬兼施,最终马德诚还是没能抵抗到底,缴械投降。有时候玛丽忙碌,顾不上搭理马德诚,好像把他忘了似的,马德诚就故意说,叫"约伯"还是不行,还是叫"德诚"好些。玛丽一听,放下手头工作,生气地扑过来往他怀里钻,说必须叫马约伯,不准改回去。马德诚连忙说,好好好,"约伯"好,那就叫"约伯"吧。答应归答应,也没有登报公示,老朋友和老同事还是叫他"马德诚"。关键是往处方上或其他地方签名的时候,他还是签"马德诚"。只有慈恩堂里的人,主要是孙玛丽和南茜·辛德拉,叫他"马约伯"。南茜也说"约伯"这个名字好,叫着顺口,跟"玛丽"一样顺口,叫"德诚"就有些别扭。此后,慈恩堂的诊室里,经常听见呼喊马医生的声音:"约伯""马约伯""Doctor Job"。

马德诚本来只是想顺着孙玛丽的心意,跟她玩一玩,顺带满足一下男人的虚荣心,没想到玛丽就像牛皮糖一样,黏在身上无法脱身,慢慢地还有些难舍难分。马约伯心理障碍其实蛮大的,一是年龄上的差距,二是自己老家还有妻儿,灵与肉双重的不合法。马家塆的妻子马黄氏,比自己大四五岁,这个孙玛丽,又比自己小十几岁,好像命中注定跟同龄人没有缘分。跟英国人南茜·辛德拉倒是同龄人,但一点感觉都没有,看南茜嬷嬷,就像看一张图画似的。南茜·辛德拉倒是很开明,明里暗里支持玛丽,觉得在这苦难的岁月里,任何一段情感和奇遇,都值得珍惜。

过了一阵,孙玛丽又有新的想法。她说,她的亲生母亲是基督教徒,她自己很小就受洗了,也就是把自己交给了主。玛丽对约伯说,如果你真的爱我,那你就应该爱上帝,你赶紧皈依我主吧。马德诚,也就是马约伯,这下犯了难。尽管谈不上有什么严格的信仰,但自己从小接受的是中国传统文化教育,只知道崇敬三皇五帝孔孟老庄这些先贤圣人,怎么去皈依一个陌生的"上帝"呢?怎么去崇拜一个洋神呢?马约伯说,玛丽啊,改信仰这么重大的事情,你得让我想一想。几天之后,马约伯对孙玛丽说,经过仔细思考,觉得自己还不够格成为基督徒,假设仅仅是组织上入了教,思想上没有入教,那就很不严肃,等自己修炼得够格了再来受洗。南茜·辛德拉插话说,你说到资格,谁有资格?谁都没有资格!我们唯一有资格的,那就是信,就是把自己交出去,交给主。马约伯说,交出去?我这一百多斤的臭皮囊,也没人要啊,捐给医院做标本差不多。玛丽说,呸!不许你胡说八道!马约伯拗不过一少一长两个女人,只好暂时答应皈依。南茜嬷嬷对马约伯说,你先跟着我们做礼拜,受洗仪式过一阵再说。好像要考验一下,先预备一两年似的。

受洗不受洗,马约伯无所谓,上帝喜不喜欢他,他也无所谓。关键是要让玛丽开心,不要让玛丽失望就好。让马德诚改名,或者让他受洗,其实都是玛丽抓住马约伯的手段。现在好了,名字也改了,人也要皈依了,玛丽该踏实了吧?可是玛丽还是不放心。因为马约伯老家还有妻子和儿子,还没离婚,说不定什么时候就跑回家里去了,男人都是花脚猫,遇到女人心就散了,说过的话也忘记了。每每想到这些,玛丽就心神不宁,就撒娇闹脾气。马约伯哄着玛丽说:她做她的"大家族"里人,你做你的"小家庭"里人,井水不犯河水。马约伯还说,父母帮他讨的老婆,就留在父母身边陪伴着父母。父母过世,她就留在村里给父母守孝,还要为父母养育孙儿,延续马家血脉。我可以拒绝跟她一起生活,但不能剥夺她陪伴父母、养育马家后代的权利。

玛丽被马约伯这番话击中了,或者说,被"延续血脉""养育后代"这些话镇住了。玛丽突然觉得,男女之间的事情,不只是接吻睡觉那么简单,可能还是一件既重大而又神圣的事情,要"养育后代""延续血脉",就不只是两个人的事情了,还跟许多人有了关系,跟一个大家族的兴旺发达有了关系。孙玛丽暗暗做出决定,自己也要承担起"养育后代""延续血脉"的神圣使命。

玛丽接连两个月没有月经,估计跟"延续血脉"之事有关。马约伯让玛丽坐下来,伸手搭在玛丽右手的脉搏上诊脉。学西医出身的马约伯,怎么也会中医诊脉?马约伯小时候在村里,跟发小马三元的父亲马笑铁师傅习武,夏练三伏冬练三九。同样一起习武,马德诚的功夫要高出马三元一大截。马笑铁爱这个徒弟胜过儿子。马笑铁说,习武跟认字一样,也要悟性高,才能得武术之精髓,否则就只能是一介武夫。说着就朝儿子马三元翻白眼。马笑铁师傅不仅武术闻名乡里,医术也了得。马笑铁说,武术可能伤人,医术可以救人,两样都要学会,不能只伤人不救人,习武的同时还要学医。马三元学了三天就不耐烦,马笑铁也懒得管,说等马三元长大些再说,毕竟比马德诚小好几岁,于是就把心思放在爱徒马德诚身上。马德诚学医刻苦用心,但他觉得,采些草药来熬汤喝,或者捣碎敷在伤口上,都很简单,江湖郎中都会。只有针灸和诊脉两样,显得特别神奇,希望师傅教他这两样绝活。马德诚花在学针灸上的工夫更多,因为经络学让他着迷,不仅扎针灸治疗时用得上,武术点穴也用得上。不知何故,诊脉一事,马德诚一直没学好,脉象这种东西很神秘,似真似假,若有若无,心气浮躁的人很难摸到它的脾气。后来在医学院上学的时候,马德诚又请教过一位中医教授,最终对脉象的快慢强弱、深浅浮沉、虚实滞滑,依然是一知半解。

马约伯在玛丽的手腕上摸了半天,也不敢确定玛丽是不是真的怀孕了。因为他触摸的不是诊疗对象的手,而是他所迷恋的女人的手,摸得马约伯心旌摇荡,心跳加速,食指中指和无名指,几根指头都丧失了诊疗功能。最后还是用西医化验的验尿方法,证实了玛丽怀孕的消息。仿佛冥冥中有一种力,在促使玛丽履行"延续血脉"的诺言,弄得玛丽措手不及。马约伯倒是喜笑颜开,玛丽却急得哇哇大哭,她缠着马约伯问怎么办,要马约伯负责。马约伯说,生下来呗。玛丽说,生下来?那怎么跟我父亲交代?马约伯说,告诉他你要嫁人,说我要娶你。玛丽说,好啊,你去跟我父亲说啊,看他怎么打断你的腿。

孙凯常一听怒了,拉着玛丽赶到慈恩堂,指着马约伯的鼻子说,你趁兵荒马乱之机,趁我自顾不暇之际,欺负我的女儿!说着,操起板凳就砸。习武之人马约伯,身子一闪就躲过了,板凳砸在马约伯的腿上。眼看着父亲真要打断马约伯的腿,玛丽冲过去死死抱住父亲不放。南茜·辛德拉也惊呆了,没想到温文尔雅的孙凯常发这么大的火。她走过来安慰孙凯常说,一切都是主的安排,那是爱的记号,祝福他们吧。孙凯常气得发抖,对马约伯吼叫,说看你怎么办,玛丽要是有半点不如意,我就要你好看!南茜·辛德拉说,玛丽在我这里你可以放心。孙凯常说,我怎么可能放心啊!悔不该当初让她留在江东,早把她送到尚蔡村去就好了!马约伯低声说,瓜熟蒂落,自然而然,我保证照顾好玛丽。见马约伯一副无所谓的样子,孙凯常气不打一处来,又冲上去揪住马约伯的衣领要揍他。马约伯将外套一脱,来了个金蝉脱壳,转身朝外跑去。孙凯常让玛丽跟自己回家,玛丽拒绝了父亲,说还有伤病员需要照料。

　　孙凯常一个人悻悻地回到德茂公寓,心里总是惦记着女儿玛丽,盘算着要不要把玛丽送到尚蔡村去。就在同一时刻,身处南都的柳红棉,也在考虑要不要带着孩子一起,到尚蔡村去暂时躲避。蔡豪生突然对红棉说,用不着到尚蔡村去避难,要带她和孩子们到重庆去。因为南都的战时后勤保障和救济难民工作做得好,蔡豪生被中央政府的赈济委员会看中,要调任赈济委员会副主任委员,兼任赈灾救济处处长,负责全国的战时救济工作,即将赴重庆履职。蔡豪生让红棉赶紧收拾行李,安心在家等候,说不定哪天就有飞重庆的飞机。

　　二儿子蔡鲛和三儿子蔡鳇,两位负伤的抗战勇士,刚好从前线下来。蔡鲛在九岭山战役中身负重伤,子弹穿过他的股骨,弹片是取出来了,但走路时略带轻微跛足。蔡鲛刚刚伤愈离开医院,就接到调离野战部队的命令,要到新组建的中央陆军军官学校第三分校,任教育处少校副处长,即将前往江西瑞金履职,临行前回家探望父亲。三儿子蔡鳇,右手食指和中指被炮弹弹片削掉,无法开枪,奉命前往上饶第三战区长官司令部兵站总监部,等待分配。南都保卫战才刚刚拉开帷幕,结局难以预料。蔡豪生估计可能守不住,但那也得拼死一战。老二和老三,多亏老天爷保佑,侥幸捡回一条性命。蔡豪生叮嘱蔡鲛和蔡鳇,一定要设法将四弟蔡鲤和堂弟蔡翰民,带出家乡去参加抗战,到军校或者短训营都行,让他们接受军事训练。蔡豪生带着红棉和四个孩子,乘飞机到重庆去履新。蔡家的老管家得田叔,在日寇空袭南都的时候,不幸遇难。老蔡没有妻子儿女,蔡豪生将他暂时葬在南都的西山公墓,待战争结束之后再迁回老家尚蔡村。咏絮跟红棉商量,打算暂停茶社的业务,到盐城滨海老家避难去。红棉就请咏絮来顶替老蔡的职位,跟她一起到重庆去,姐妹俩在一起有个照应。红棉开了口,咏絮从来都是点头称是,在酒楼里时就这样,现在更是这样。

在南都保卫战的初期,日寇包围南都,大炮和坦克轮番猛攻,我军被迫弃城,向西朝九岭山深处撤退。日寇占领南都之后,我军又接到夺回南都的命令,正在向西和南两个方向撤退的部队,转身又将南都团团围住,日寇成了守军。就这样拉锯式地僵持了一个多月,直到双方都无力进攻。最终,南都还是落到了日寇手中,接着便是屠城,惨遭劫难的城市,用哀鸿遍野来形容也不为过。战略要津江东的地理位置固然重要,但南都毕竟是省城。日寇将大部分兵力调去防守南都。为数不多的日本人,招募一批汉奸,组成伪政权操控江东。原本是"前线"的江东,转而成了敌寇的"后方",成了日本侵略军向西边和南边进攻的临时基地。日本鬼子控制的伪政权,通过报纸和布告,鼓励逃亡的市民返回江东。除了晚上9点到早上6点属于"宵禁"时段，其他的时间里，貌似跟往常差不多。

　　董方均全家悄悄地离开尚蔡村，回到江东德茂公寓。跟董家一起到江东的，还有蔡翰民和蔡鲤。他们要在江东中转，前往瑞金中央陆军军官学校三分校，投奔二哥蔡鲛。南下的水路和主要公路，早就被日寇封锁，只能走山路，还得绕道走最偏远的山路，顺武夷山脉西麓边沿，经资溪、黎川，过广昌，然后抵达瑞金。蔡翰民和蔡鲤两个年轻人，不熟悉这条偏僻的通道，他们需要在江东住一段时间，等待第三战区兵站总监部的联络员。

第四章

1

江东这座城市,规模不大但历史悠久,是大江边上著名的商埠和南北货物集散地。滨江路北侧江堤的石砌斜坡,缓缓地伸向江中,石缝里的牛筋草颤抖着在奋力生长。江边大大小小的货运码头,嘈杂而又繁忙。种满高大悬铃木的林荫道南边,小商铺一家挨一家。年轻人喜欢在滨江风景带休闲消费。西洋建筑风格的海关钟楼东邻,是飞檐翘角的中式建筑望江坊,两者相距几百米。望江坊酒楼,紧贴客运码头的出口,吐纳川流不息的人群。趁着日本鬼子忙于西攻和南袭,无暇顾及江东,管制渐渐松懈之际,停业一年的望江坊酒楼又悄悄地开张了。望江坊相当于春香阁的江东分店,老板也是褚金盛。日寇进攻南都前夕,蔡豪生曾对褚金盛说,省议员可带家眷跟市府机关一起撤离,但褚金盛拒绝离开南都,还为自己找了很多冠冕堂皇的理由,其实就是不想离开自己的安乐窝,怕颠沛流离吃苦头。褚金盛扬言,他要守护自己的家乡,要跟这座城市共生死。他说凭自己的江湖经验,能够对付日本鬼子,还要设法阻止他们破坏这座城市。说归说,想归想,现实却很残酷,跟褚金盛的预想天差地别。结果是春香阁的生意一落千丈,中国人不敢进去,因为有本地人在望江坊里遭到日本鬼子的毒打。日本人却蜂拥而至,络绎不绝,但消费从不付钱,又拿又抢。眼看着春香阁就要被日本鬼子弄垮,褚金盛后悔了,但为时已晚。早知日本人这么难缠,当初还不如跟大家一起撤离。褚金盛见江东反而比南都要平静得多,于是就让停业中的江东分店望江坊立刻开张。

周日下午,望江坊二楼雅座的采菊包间,一位戴黑色礼帽,身穿青竹布对襟短褂的男子,正坐在窗边望着远处的江面出神。江边码头出出进进的轮船桅杆上,都挂起了日本膏药旗。只见那男子紧锁着双眉,拳头捏得嘎嘎作响。他就是刚到江东不久的苏佑民,此刻他正在等候应约而来的董少雍。酒保轻轻地叩门,将董少雍领进了包间。久别重逢的老同学,两双手紧紧握在一起。

苏佑民:少雍兄啊,你躲到哪里去了?!

董少雍:佑民兄,别来无恙啊?!

苏佑民一边让董少雍落座,一边吩咐酒保上酒菜。苏佑民说自己整天东奔西跑,忙得什么都顾不上,但心里一直堵得慌,气不顺,又没什么人可以畅谈,再这样下去就要抑郁成疾了,今天要跟老同学好好喝一盅。董少雍说自己本来不怎么喝酒,但今天高兴,就陪老同学一乐。苏佑民说,就要你这句话,接着让酒保撤走黄酒,换成"江上风",一种江东本地酿造的高度谷酒。

苏佑民：我到湖滨乡下去找你，船到黑虎峡就被日本人拦住，险些被抓差。

董少雍：你是险些被抓，我是真的被抓，在黑虎峡遭遇日本人，后来侥幸逃脱。我正在想怎么跟你联络的事，你就来了。

苏佑民：朋友介绍我到南华轮船公司任职，以后我们见面的机会就多了。

董少雍：那太好了。南华公司不是日本人的吗？

苏佑民：它是江东四大轮船公司中唯一的中国公司，"日清""东亚"和"国际"三家都是日本公司。南华公司原本主营大江中游的客运业务，有机动船一二十艘，管理人员和船员三百多人。日本人插手南华公司之后，改客运为主营货运，目的是让南华公司的船只，去为日本军队运送军需物资，只保留了三艘客轮，两艘跑上游和下游的长途，一艘往来江对岸的短途。每艘船上都安插了日本人。跑长途客运的"华顺丸"号和"中旭丸"号，都控制在我们手里，船长和骨干船员都是我们的人，下游江边的贵池码头也控制在我们手里。

董少雍：接下来我们要做什么？

苏佑民：眼下最迫切的任务，就是要替皖南的部队提供物资。先采购储备药材和医疗物资，医用棉花、绷带和手术器械，尤其是盘尼西林和消毒药物，并设法及时送到前线。我主张采用蚂蚁搬家式的战术，小批量运送，但要保证源源不断。通过"华顺丸"号或者"中旭丸"号客轮带货，从江东上船，在贵池下船，再派人从陆路运往皖南总部。

董少雍：货源没问题，我们本来就有进货门路，加上又跟英国洋行建立了联系。

苏佑民：德茂公寓和英国洋行，已经被日本密探盯上了，你得小心一点。

董少雍：嗯。蚂蚁搬家式的方法不引人注目，但经常走夜路总会碰上鬼的，时间拖得太长也容易出事，还不如速战速决更安全，搞就搞一次。

苏佑民：你说的方法我也想过，用不着花钱去采购，直接将日本鬼子运送战略物资的船只抢夺过来就行。这种破釜沉舟的方式很痛快，但风险极大，不到万不得已不能用，而且还得考虑成本，鬼子货轮装载的，必须是数量足够多的紧缺物资，才会考虑动手。你先准备那些急需货物，我会派人去取。我们尽量少见面，行动要谨慎隐蔽，去年在海关钟楼，我们竟然被你家的两个女孩子跟踪……

几杯之后，不胜酒力的董少雍就开始推辞，善饮的苏佑民才刚喝到兴头上。他点燃一支烟，望着远处江上漂泊的渔船若有所思。苏佑民的老家原本不在皖南山区，而是紧邻江边的贵池。祖父开了一家经营洋油洋碱的贸易行。附近的江东成为开放口岸之后，贵池这个滨江小城的生意也跟着兴隆起来。没想到，越是繁华，强人霸王就越多，不但政府的税收名目繁多，黑社会的胃口也越来越大。祖父性子刚烈，不堪欺凌，不愿低头，索性远离繁华，自甘寂寞，南迁到皖南山区的屯溪老街，改行经营山货，生意不温不火。苏佑民又举杯邀董少雍干杯，还没等到董少雍回应，自己就仰脸干了。江对岸的芦苇荡里，不时地出现惊飞四散的水鸟，当初不知是哪一位渔家，第一个在这里安家，让荒蛮的江岸变成渔村，让商埠变成都市，继而发达得令人垂涎，接着就出现了领馆和洋行，教堂和钟楼。

苏佑民自斟自酌，醉眼蒙眬。他想起那次在海关钟楼下面，跟贝蒂小姐一起与董少雍约会时的情景。他们在江边漫步，畅谈，憧憬，仿佛又回到了学生时代和大学校园。贝蒂小姐和苏佑民，既是校友，又都是"国际反战同盟"的成员。贝蒂小姐说，她不关心政治，她只对"反战"事业有兴趣。贝蒂小姐说，她讨厌战争，那是野蛮逻辑的地盘。贝蒂小姐的爷爷就是死于战争的，那是在美国与西班牙争夺南美之战的古巴战场。贝蒂小姐的奶奶整个后半生都在痛苦和思念中度过。贝蒂小姐说，她爷爷英年早逝，影响到她父亲的成长，父亲恋家恋母的优柔寡断性格，跟父亲威权形象缺失有关，也间接地塑造了贝蒂小姐的男子气派。贝蒂的性格跟她妩媚的外表不同，她情感豪放，不拘小节，反战之外，还兼顾着参与方兴未艾的国际女权运动。苏佑民相反，表面上憨厚粗粝，但内心细腻多情。贝蒂的笑容经常出现在苏佑民的脑海。尽管见面很亲密，但两人之间，总好像有一堵无形之墙隔着。毕竟是外国人嘛，心思不易把握。那一次，苏佑民刚好在上海开会，贝蒂也在现场采访。贝蒂对苏佑民说，她要到即将成为前线的南都城，采访新一军和新四军的将领。贝蒂很激动的样子，还说有人陪伴一同前往就更完美。苏佑民当即就答应跟贝蒂一起前往南都。他们路过江东稍做停留，跟老同学董少雍见面。第二天就乘火车去了南都。贝蒂在南都采访完毕之后,又要赶往西北采访。如果苏佑民不是另有重任在肩,他当然愿意陪贝蒂到太行山区走一趟。那一次分手之后,再也没有贝蒂的消息了。战火纷飞的岁月,哪里能容得下一丝思念之情?贝蒂你在哪里?苏佑民想着,叹了一口气,将剩下的酒倒在碗里,一口干了。

天色已近黄昏,酒瓶也见了底。董少雍和苏佑民两个,摇摇晃晃地离开望江坊,沿江边散步,走到海关钟楼旁边的十字路口,正要分手,远远就看到耘谷耘米晴媛几个,聚在钟楼下玩耍。苏佑民吃了一惊,追问董少雍,是不是又被孩子们跟踪了。董少雍一看,女孩子身边还有湖滨尚蔡村来的那两个男孩,就说不一定是跟踪,也许是巧合。耘谷姐妹和晴媛远远就跟董少雍打招呼。耘谷也认出苏佑民,就是曾经在这里遇见过的那位叔叔。苏佑民向孩子们挥了挥手,转身匆匆离开。半个月后,董少雍派耘谷去南华轮船公司给送信,吩咐耘谷只需对那位苏叔叔说一句话:"货物配齐了",任务就算完成。送信的当天晚上,一位拉黄包车的人到德茂公寓门前,从董少雍手上取走了两个装满货物的大布袋。

年轻人似乎隐约知道董少雍和苏佑民他们在干什么,但也不敢多打听,只是觉得这件事情有意义,还很刺激。苏佑民通知董少雍说,耘谷每次去送信的时候,都有个高个儿眼神恍惚的小伙子跟着,十分扎眼,建议耘谷单独行动。董少雍知道那是蔡翰民。他也想过改派晴媛去送信,结果不得不放弃,一是晴媛行事不如耘谷稳重,二是晴媛身边也跟着个尾巴,蔡家少爷蔡鲠。董少雍对蔡翰民说,去南华轮船公司的事,让耘谷一个人去就可以了。蔡翰民说,耘谷一个人出门不安全,他得陪着她。董少雍说,人多目标更大,更不安全。翰民口头上答应不再跟着耘谷,但是依然放心不下,只好悄悄地尾随,不让耘谷离开自己的视线。过了一阵,翰民对董少雍说,送口信,无非是让人来取货,再送到苏先生那里去,这样来回折腾,更不安全,还不如让自己和蔡鲤,直接把货物送到苏先生的手上,干净利索又安全。董少雍跟苏佑民商量。苏佑民觉得,让两个小伙子送货过来也可以,只是不要让他们知道得太多。当得知他们即将前往瑞金的军官学校三分校学习时,苏佑民决定跟他们聊一聊。

这天傍晚,翰民和蔡鲤,每人背着一个装医药物资的布袋,出了德茂公寓,在路边招了一辆黄包车,直奔城东江边的南华轮船公司。苏佑民领着两个汉子,早就等候在公司的边门口。车子还没停稳,两个汉子也不出声,接过两个布包就消失在夜幕中。苏佑民陪着两位年轻人,沿江散步往西行,边走边聊。苏佑民说,谢谢你们冒着风险来送货,知道布袋里是什么吗?蔡鲤抢着说,怎么不知道!药品、酒精、纱布绷带,都是疗伤的。苏佑民问,知道这些药物要送给谁吗?蔡鲤说,估计是送给前线部队的。苏佑民又问,知道是什么部队吗?蔡翰民说,那不知道,总之是打日本鬼子的部队。苏佑民说,听说二位要去三分校学习,什么时候动身?蔡翰民早就感觉到,这位苏先生不是一般的人,他给人一种信任感,所以什么也用不着隐瞒。蔡翰民对苏佑民说,具体日期还不确定,重要的水路和陆路都被日本鬼子封锁了,只能走偏僻的山路。我们不认得路,只能等二哥派人来接。

苏佑民觉得，这两个小伙子单纯得像张白纸，心地纯正，就决定把他们介绍给陆军军官学校的老朋友，三分校任文化教官的范仕运。这个范仕运，也是金陵大学文学院的校友，政治学系毕业，安徽芜湖人氏，跟苏佑民单线联系，连董少雍都不认识。苏佑民说，去瑞金的确是要走山路，沿武夷山西麓的山道走，中途也可能遇到顺路的货车，搭个便车跑一段，但更多的路是需要步行的，要有心理准备。到了那边，你们可以找一个叫范仕运的教官，是我的老朋友，他会照顾你们的。

右边是大江上闪烁的渔火，偶尔有瞭望塔和巡逻船上的探照灯，在江面掠过，照得码头如同白昼。左边林荫道上昏黄的路灯，将三个人的身影投在路面。他们沿江朝西漫步。苏佑民看着身边两位年轻的小伙子，内心有喜悦的感觉，觉得他们才是国家的希望所在。

2

蔡鲤和蔡翰民在江东羁留的日子，天天有耘谷耘米晴媛几个女孩陪着，像他们在乡下陪着耘谷耘米和晴媛她们玩的时候一样，玩遍了大街小巷和风景区。不过城里不比乡下，乡下看上去静悄悄的，抬头见到的都是那些不变的面容，可是每天见到的湖光山色都在变，花草虫鱼也在变，空气中充斥着生生不息的消息，夹杂着牲畜粪便的气味。城市里满大街都是陌生人，喧嚣的街道和市场上，是变幻莫测的人脸，表面闹腾不已，内在却冰冷理智，水泥和石头构成的街景、高楼、马路和栏杆，每天见到都一样，没有变化，时间好像凝固了，看得蔡鲤和蔡翰民有些疲倦。要不是有耘谷耘米晴媛她们的陪伴，蔡翰民和蔡鲤好像有些待不住了。自从接到给苏佑民送货的秘密任务后，蔡翰民和蔡鲤便开始兴奋起来，有重任在肩的感觉。他们没有更多时间跟耘谷她们嬉笑玩闹，而是凑在一起讨论国家大事。他们最关心的就是，什么时候把日本鬼子赶出去。其次关心的，就是二哥蔡鲛什么时候派人来接他们。他们想赶紧到军校去学习本领，尽快上前线去打鬼子。

晚上，孩子们都睡了，大人们在客厅聊天。董方均自言自语，说鬼子正甚嚣尘上，我军还在退却，也不知什么时候能够反守为攻啊！想起自己的老友蔡豪生，董方均为他担忧，说蔡豪生年纪不小，斗志很高，还在抗战前线奔波，说起老同学不久前又被委以重任一事，他又羡慕不已。董方均沉吟半晌，提醒大婉二婉，说蔡家老四才是这所房子的主人，我们都是他的客人，要多关心两个年轻人的起居饮食，不要怠慢了他们。

大婉说，知道呢，一直都很关心蔡鲤和翰民的生活。原本安排了他们一人一间，而且是三楼的大间，但他们都说不要，他们喜欢两个人一起做个伴，聊聊天，不孤单，所以就住了最大的那个套间。费婶每天都会去帮他们打扫收拾房间，还专门为他们做辣菜。

二婉插话说，平日里，都是耘谷他们几个陪着两个男孩子玩，他们满世界疯跑，难得见到他们。看到他们玩得开心，我也就管得少了。前些天，孩子们还去了虎林寺烧香拜佛，不但为家人祈福，还懂得为国家祈福。

大婉说,几个孩子都很懂事呢。不过最近他们很少出门,各自闷在自己屋子里,也没有什么动静。特别是家教来了的时候,两个小伙子就百无聊赖。

董方均说,不如给他们请个武术教练,习武既可以健身强体,又可以练习格斗本领。蔡家的这两个孩子不是要上军校吗?提前做些准备也好。

二女婿孙凯常说,我也在想这件事,耘禾、云樟、云柯几个男孩子,也都不小了,还是五谷不分,手无缚鸡之力,将来不要成个废人就好。

二婉插话:不许胡说!人家耘禾懂事着呢。倒是你那个云柯,整天在外面游手好闲不着家,心也散了,该管一管了。

孙凯常说,是啊,得找点事情给他们干,爸爸的主意好,习武不光是强身健体,更重要的是规训他们的肉体,培养他们的自我管控能力。我前些天出门去访了一遍,江东城里好像很难找到合适的武术教练。

大女婿李泳济说,我倒是想到了一个现成的武术教练,慈恩医院的马德诚医生,现在改名叫马约伯。他既懂武术,又有文化,没有比他更合适的人选了。如果他肯屈尊做我们家男孩子的武术教练,是再好不过的事情。

李泳济的话音刚落,董方均就满脸乌云,皱着眉头问孙凯常,玛丽现在情况怎么样?要不要先把她接回家里来?

老太太说,玛丽的身子越来越重,该回家里来住了。她要去慈恩堂帮忙,去就是了,晚上得在家里住啊。

二婉说,她和凯常去过慈恩堂好几次,劝玛丽搬回家里来住,玛丽就是不肯,说那边事情很多,自己现在还能坚持。

董方均说,她说不回就不回?不要太惯着她,该严厉的还得严厉。还有那个马德诚,口口声声说要娶玛丽,至今也没有什么切实的举动。他想耍赖吗?

大婉说,耍赖倒也不是,已经跟他交涉过多次。他们的意思就是不兴师动众,在教堂里举办一个小型的仪式,要让"神"见证他们的爱情。

董方均怒了,高声叫道,见他个鬼,我们中国人只认祖宗,不认他那个上帝。你们去跟马德诚说,必须按照中国的风俗习惯来办,要堂堂正正把玛丽娶过去,然后再接到马家塆去认祖归宗,不要搞得偷鸡摸狗似的。

大婉说,这些事情都跟马医生协商过,他并不反对我们的意见。马医生说,他在江东没有亲人,孤身一人,玛丽就是他唯一的亲人。他在江东也没有住房,住在慈恩医院宿舍。他很想让玛丽风风光光,但实在是搞不了传统的迎接嫁娶仪式,只能在教堂举行"婚礼"。至于带回马家去认祖归宗,马医生也认为,那是理所当然的事,只是这兵荒马乱的岁月,一切都不方便,等战争一结束,就带玛丽回湖滨马家塆去认祖归宗。

老太太长叹一声说,你们商量来商量去,肚里的孩子不能等呢,唉,委屈了我玛丽啊!

董方均说,那也不能不明不白就把儿子生下来吧!马医生不办就拉倒,我们自己办,就算是招了个上门女婿吧。二婉和凯常,你们俩去跟马德诚说清楚,生了儿子要姓董。

孙凯常口头上答应,心里却在嘀咕,为啥要姓董呢?为啥不跟我孙凯常姓呢?事情还没个眉目,也不知马医生怎么想,现在去争还没出生的孩子姓什么,显得有些滑稽可笑。

请武术教练的事暂时放一放,处理玛丽的事情要紧。大家都同意父亲董方均的意见,招马约伯做上门女婿,由董家替马家或者孙家来张罗婚礼。玛丽肚子里的孩子诞生之后,姓董也好,姓孙也罢,总之是不能姓马。

第二天上午,李泳济和孙凯常又出门去寻访武术教练,快要到望江坊的时候,被嘈杂的声音吸引,远远见到一堆人围成大圈。走近一看,四个身穿黑色对襟褂的男子,围着一个穿西装的男子在兜圈子。定睛一看,那穿西装的男子不是马约伯马医生吗!马约伯回头朝身后一个身材高挑的小伙子喊道,云柯快走,赶紧离开这里!孙凯常抬头一看,只见儿子孙云柯,右手牵着一位年轻女子,转身沿滨江路朝西向钟楼方向跑去。

四个黑衣人围着马约伯,群起而攻之。马约伯不停地旋转着,变换身体的角度,警惕的拳脚蓄势待发。四个黑衣人中的高个儿,盼咐另外三个同行,说今天不要动刀枪,就用拳头收拾他,打死不偿命。人群中胆怯者,闻言作鸟兽散,胆大不怕事的还在继续围观,一边欣赏一边议论,说怎么敢惹黑鹰队啊,死定了,死定了!

这黑鹰队,是日本宪兵队从汉奸中精选出来的武装便衣,身兼巡逻、侦探、执法等多种职能,甚至享有生杀予夺的特权,是近年来江东城新冒出来的"煞星",其实就是日本人的鹰犬。黑鹰队打着维护城市秩序和百姓安全的名义,抢夺霸占,无恶不作,连黑社会都不得不归顺他们。马约伯怎么惹他们啊!？黑衣人腰间露出闪着寒光的毛瑟盒子炮。李泳济和孙凯常两个,既近不得,又离不开,手足无措干着急。只见那马约伯,突然如猛虎扑食,身如闪电,人到拳到,个子最矮的黑衣人应声倒地。马约伯紧接着往地上一蹲,伸出右腿一扫,撂倒了另外两个黑衣人,再踏着其中一个黑衣人的肚子,腾跃而起,扑向高个儿近前。高个儿吃了一惊,眼看要吃亏,连忙伸手到腰间去掏枪,但已经来不及了,马约伯身子一晃,就抢到高个儿身边,高个儿也瞬间倒地。马约伯知道黑鹰队不好惹,不想继续纠缠,打算转身离开了事,没想到那高个儿,掏出盒子炮就朝马约伯射击。马约伯在躲闪的同时,抬脚将路边一块石头踢向高个儿的手腕,盒子炮应声落地。恼羞成怒的高个儿,又悄悄从后腰摸出一把日本铠刀,刀锋在阳光下闪着幽光。马约伯知道此人不会善罢甘休,除非痛下狠手彻底制服他,于是回身将高个儿再度击倒在地,顺手掰折了高个儿的右手拇指,还在他胸前的肋骨上,狠狠地踩了一脚,只听一声杀猪似的哀号,高个儿头一歪昏死过去。另外三个刚从地上爬起来的黑衣人,这才回过神来,连忙掏枪射击。马约伯转身顺着江堤的石头斜坡朝江边滚去,子弹打在身边石头上砰砰作响。马约伯顺势起立,纵身向大江一跃,在日本宪兵的摩托车队赶到之前,消失在茫茫江水中。

孙凯常和李泳济这才从惊愕中回过神来。孙凯常让李泳济赶紧回德茂公寓,去给家里人报信,自己到慈恩堂去通知女儿玛丽。

孙凯常领着啼哭的玛丽赶回家，把她送到老太太的身边，自己急忙找儿子云柯了解情况。云柯屋里只有云樟和耘禾在看连环画。耘禾说，大哥早晨出门没有回家。孙云樟说，大哥被家住西门口的狐狸精勾了魂，每天都到那里去找他丢失的魂魄，不再跟我们玩了。

孙云樟说的那个"狐狸精"叫钱小果，家住西门口棚户区，是孙云柯刚刚结识的女朋友。钱小果的确把云柯的魂勾走了，让孙云柯每天形影不离地跟着她。钱小果说一，孙云柯不敢说二，钱小果说东，孙云柯不敢往西。马约伯在跟黑衣人搏斗的时候，孙云柯拉着钱小果的手就往德茂公寓跑。钱小果吓坏了，说哪儿也不想去，只想回家。孙云柯只好陪着钱小果，从海关钟楼下的公共汽车站，上了开往西门口的有轨电车。孙云柯看着依靠在自己身边的钱小果，一截雪白的大腿从开衩过高的旗袍里露出来，高耸的乳房令人目眩神迷，自己都有点情不自禁，何况那群穿黑衣服的坏人。孙云柯使劲儿拉了拉钱小果的旗袍下摆，过了一会儿，旗袍又因布的弹性开始往上缩。孙云柯脱下外套盖在钱小果的大腿上。

孙云柯把钱小果送到西门外的青竹巷路口，匆匆返回德茂公寓。进门就看到家人都阴沉着脸，围坐在客厅里。玛丽姐姐还在伤心地啼哭，说老马啊，你在哪里啊？你会游泳吗？耘谷抱着玛丽，安抚她，让她不要急，说马医生本事大，有福气，一定没事的。董二婉也安慰玛丽，说马医生十有八九会游泳，否则他就不会往江里跳。玛丽说，人逼急了哪里顾得上那么多？还不水里火里都跳！老马名义上是湖滨人，可他的老家在东边的山区，从来都没听说过他会游水啊！玛丽说着，又啼哭起来。见孙云柯溜进了客厅，孙凯常厉声对他说,赶快告诉我们,究竟怎么回事!

钱小果居住的西门外青竹巷,如今也算得上江东的热闹去处。那里原本是一片荒地,最早一批迁徙到那里的,就是钱村人。是钱村人把一片竹林,变成了棚户区。钱小果的父亲钱德才,跟钱半仙钱德玄,是同村族内兄弟。早些年,他们一起结伴进城做游走商贩。钱德玄单身,一人吃饭全家饱,算命打卦为生,饿不死撑不着,没有压力也就没有动力,生活一直原地踏步。钱德才有家眷之累,必须拼命赚钱养家,于是慢慢地有了些积蓄,成了青竹巷最早发家致富的人,棚户变成了两层瓦房,二楼住家,底楼开一家蜜饯糖果铺。钱德才生了个女儿,取名"小果"。钱小果生在小康之家,弟弟钱小贵出生之前,全家人都宠着她,从小娇生惯养,脾气有些横蛮古怪。她见到书本和文字就头晕,初中没读完就辍学在家,整天无所事事,百无聊赖,糖果不离嘴,蜜饯不离手,吃得满嘴虫牙。那些刚进城来的钱村人觉得稀罕,说钱小果的黑齿很有个性,洋派。遭逢乱世的破产农民,纷纷离开乡下老家,流离失所,四处流浪。钱村人一窝蜂拥入江东,投奔已经在市里安顿下来的钱氏本家。青竹巷人满为患,走进巷内,满目脏乱差,听到的不是江东口音,而是钱村土话。钱小果说,她最讨厌乡下人的大嗓门。从早到晚,整个青竹巷声音嘈杂,孩子哭闹、鸡飞狗跳、钱村土话。钱小果感到不适,她要么选择关窗闭门,要么就到东区滨江路一带的新城逛街玩耍。

孙云柯近期也是魂不守舍,不愿意带弟弟们玩,喜欢一个人闲逛,像发情的公狗四处闻嗅。孙云柯跟钱小果在海关钟楼下偶尔相遇。钱小果穿着浅色的紧身旗袍,两胯边的开衩过高,加上旗袍偏小,线条凸显,口红和胭脂涂得过量,嘴唇猩红,腮帮子上两坨高原红,看上去不像良家女子,像风月场上人。过路的人都避而远之,孙云柯却盯着钱小果不放,眼珠子都快要掉到地上了。钱小果冲孙云柯一笑,露出酒窝和几颗被虫蛀过的黑齿。那一刻孙云柯的魂儿就丢了。钱小果被孙云柯发傻的样子逗得嘻嘻笑,没注意石头路面上的坑儿,脚一崴,差一点摔倒。孙云柯英雄救美,赶紧冲过去,一把抓住钱小果那像鳗鱼一样滑腻白皙的胳膊。他们两个,真好像是前世情侣,一见如故。试探、搭讪、闲聊、逛街,一般人要花很长时间才能完成的恋爱前奏程序,他们只用了一刻钟,而且只花了两三天时间,就结束了初恋阶段,晋级为热恋,如胶似漆,难舍难分。

  孙云柯和钱小果逛街路过望江坊,看到门前的招贴上说,正餐之外的时间,提供茶歇服务,临江的包间雅座,还可以一览江景。他们两个正商量要不要进去坐一坐,突然遇到四个黑衣人。其中那矮子黑衣人,被钱小果暴露的装扮吸引,过来就伸手摸钱小果的脸。孙云柯冲上去,将钱小果挡在身后,一边斥责那矮个儿黑衣人。黑衣人中的高个儿走过来,用风一样的速度,亮出铁钳似的拇指和食指,迅速锁住了孙云柯的喉结,使劲向前一叉,孙云柯顿时仰面倒地。待要挣扎着爬起来,高个儿又上前补了一脚,将孙云柯踹倒在地,踩住胸脯。钱小果还在大声喊叫,骂黑衣人是"流氓"。听到钱小果娇弱的喊声,矮子黑衣人似乎越发兴奋,扑过来就抱住钱小果要啃。钱小果高声喊"救命"。

马约伯刚好路过此地。见孙玛丽的弟弟孙云柯,被黑衣人踩在地上动弹不得,不禁怒从中来,没顾得上询问缘由,便冲黑衣高个儿厉声说道:收起你的脚,放开他!高个儿黑衣人并不搭理,右手猛地伸向马约伯喉头,要使出锁喉杀手锏。马约伯头一偏躲过,抓住黑衣高个儿的手腕借力顺势一推,高个儿趔趄一下被推出老远。接下来马约伯医生就被四个黑衣人团团围住,就是孙凯常和李泳济所见的场面。

3

董少雍从外回来,说有不知名的武林高手教训了黑鹰队的人,江东市民都在拍手称快。据说黑鹰队队长刘莽的两三根肋骨被人打断,其中一根断肋骨插进了腹腔。赶到现场的宪兵队,一边把刘莽送往医院急救,一边开始全城大搜捕。因找不到凶手而恼羞成怒的宪兵,见不顺眼的便大打出手,轻则伤人,重则毙命。董少雍提醒大家,这两天要尽量少出门。董大婉告诉董少雍,那武林高手,就是慈恩医院的马医生,为救咱们家的云柯,才跟黑鹰队打起来。如今,马医生撇下玛丽,跑得不见踪影。

自从马约伯跳江逃亡之后,老太太吩咐大婉和二婉,把玛丽接到家里来住。玛丽回到家里,成日里啼哭。董方均被玛丽的哭闹弄烦了,就让孙凯常和董少雍他们,赶紧去打听马约伯的下落。那边苏佑民,也让蔡翰民和蔡鲤通知董少雍,要尽快找到马医生。因为苏佑民正在秘密组织一个锄奸队,缺的就是马约伯这种跟日本人势不两立的文武双全型人才。经多方打听才得知,马约伯先是逃回了老家湖滨马家塆,后来去向不明。也有人说,马约伯是被自己老家人撵走的。马家塆人断定,马德诚(马约伯)是个灾星。他离家在外漂泊的时候,大家都相安无事,只要一回到马家塆,就必定出事。上次回来,老父亲过世,这次回来,发妻马黄氏过世,弄得马家塆人心惶惶。马家塆人说,不指望沾你马德诚的光,但也不希望你马德诚回老家来坑害马氏族人。马约伯被族人的冷眼和冷言所包围,没法在村里待下去。师父马笑铁心疼马德诚。马笑铁打小看马德诚长大,知道马德诚是个外表温暾内心火热的人,不忍心他受到冷落,每天邀他到家里喝茶聊天,接着又吩咐他上山去投奔马三元。安葬了马黄氏,马约伯就进了山。马三元在山里集结了百十号人马,专打他不顺眼的人,主要是打日本鬼子,当然也打中国的坏人。

玛丽没有心思去慈恩医院上班,每天都在思念马约伯。南茜来看过玛丽几回,想劝玛丽回去上班,但见玛丽这个样子,不便提起。家里人都避免谈论马医生,只要一提马约伯的名字,玛丽就啼哭。哭着哭着,转眼大半年过去了。深秋季节,银杏树叶金黄,街道两边的林荫道上落满了银杏的果实,腐烂的金黄色果皮,散发出诱人的臭味。玛丽肚子里的孩子,也跟银杏果实一样成熟了。中秋节第二天深夜,孙玛丽诞下一名男孩,是南茜领着一位护士赶过来接生的。孩子的名字是南茜取的,也可以说是董方均取的。南茜对玛丽说,《圣经》里的约伯,生了很多儿女,但谁都不知道约伯的儿女叫什么名字,只知道他们是"乌斯"地方人。南茜建议,玛丽的儿子取名叫"乌斯"。孙玛丽心想,"乌斯"是约伯的故乡,自己的儿子叫"乌斯",就跟他的亲生父亲马约伯有了关联。玛丽流着眼泪频频点头。按照老外公董方均的要求,孩子只能姓董。董方均听说孩子取名"无思",连声说好,捋着胡须说,大儒濂溪先生有言,"无思而无不通为圣人",好啊,我的重外孙就叫"董无思"。孩子董乌斯(董无思),没有跟父亲马约伯姓马,也没有跟母亲孙玛丽姓孙,而是跟亲外婆董心玥或者继外婆董二婉姓董。董家新添了男丁,四世同堂,董方均喜笑颜开。董方均让费婶少管其他的事情,把主要精力用于照顾重外孙董无思。南茜则让玛丽遵循教堂里的规矩,要尽快给小乌斯举行洗礼,南茜嬷嬷自然就成了乌斯的教母。

玛丽没事就把儿子抱在怀里仔细端详,看他什么地方长得像自己,什么地方长得像马约伯,还一边喃喃自语,说小乌斯又可爱又可怜,一生下来就成了孤儿,说着就开始流泪。弟弟孙云柯觉得都是自己惹的祸,都怪自己没有本事,如果自己会武术,那就用不着马约伯出手了。孙云柯想着,心里过意不去,也没有心思去搭理那钱小果,每天都陪在姐姐玛丽的身边,帮着照顾小外甥。乌斯其实一点也不孤单,全家人都围着他转。耘谷几个女孩子,更是有空就陪在身边。只是乌斯脾气古怪,不喜欢这些花枝招展的女孩,耘谷耘米晴媛一抱,他就哇哇哭。他竟然喜欢舅舅孙云柯,喜欢翰民和蔡鲤,一见到几个男子,就咧嘴笑。耘谷几个女孩又纳闷又伤心。她们那么喜欢小乌斯,见到小乌斯心都化了,小乌斯却不接受,竟然喜欢那几个粗鄙男子,让人情何以堪?!小乌斯越是哭闹,耘米越要故意抱紧他,气得乌斯脸都哭紫了。耘谷赶紧将乌斯接过来,让蔡鲠抱着。

男孩子中最细心的就数蔡鲠,哄小乌斯玩儿的时候他很有耐心,抱小乌斯的姿势也很标准。翰民也会被小乌斯的笑脸所吸引,经常用胡须去刺小乌斯的脸蛋和屁股,逗得小乌斯咯咯大笑。但看得出,翰民明显地是在应酬,心不在焉,好像有满腹心思。翰民正看着窗外出神,耘米突然发问,翰民哥,在想谁呢?是不是在江东玩腻了?是不是不愿跟我和耘谷她们玩儿?翰民转过脸来,对耘米微笑着说,没有想什么人,在想尚蔡村的事情,想在湖水里摸鱼捞草野炊的事情。耘米觉得,翰民心口不对,还是在应酬她。回到屋子里,耘米对耘谷说,翰民的心是不是走了?耘谷说自己也发现,最近翰民心神不宁的样子,心散了。以前不是这样,最近特别明显。他有心事,大概是惦记着去军校的事情。

孙凯常每天都到五楼史柯雷那里去听英文广播,了解战争动态,听完广播再回家转述给一家人。战争的酷烈令人沮丧而又心寒,但也不时有好消息传来,比如,我军在大江里放置水雷,炸沉敌舰若干;游击队摧毁了郊县日军的毒气库,令近百日军丧生;我军袭击江东机场,击毙日军一百多人,等等。这些消息令翰民热血沸腾又心急如焚。二哥蔡鲛那边一直没有消息,也不知情况有没有变化。跟耘谷她们姐妹几个在一起的日子是快乐的,但分离也是迟早的事。想到分离,耘谷的大眼睛在翰民眼前晃动,挥之不去,耳边还有耘谷的歌声:"云儿飘在海空,鱼儿藏在水中,早晨的太阳晒渔网,迎面吹过来大海风。"翰民迷醉在自己的幻想中,但他转念一想,堂堂男子汉,整天儿女情长,英雄气短,不是陪着女孩子玩耍,就是陪着小乌斯嘻嘻哈哈,岂不是玩物丧志贻误大事?翰民越想越着急,他甚至打算,不再等二哥的消息,带着蔡鲠直接往瑞金去。得知翰民有这样疯狂的念头,耘谷和耘米和晴媛群起而攻之,说他脑子出问题了,兵荒马乱、人生地疏,怎能单独行动!

这一年冬天特别寒冷,江风刮在脸上像刀子。转眼到了年关。侥幸苟活的市民在街上奔波,让死寂的城市透出一丝生机。年关时节依然是商家的黄金季节。董家商行在忙着为消费者筹备年货。董家最忙的人自然是李泳济和孙凯常两连襟。除了给家里筹备年货,他们还另外负有重要任务,就是为第三战区兵站总监部筹办和输送军需物资。他们通过蔡鲲,跟总监部联络员接上头。总监部在江东下属各县的粮棉油产区,设置了多个棉花布匹和粮食收购点。李泳济和孙凯常负责湖滨两个相邻县的物资收购站,他们租用民船,将物资运往湖泊上游的河源口,再雇用独轮车,将粮棉油送往总监部的兵站。只是冬季枯水期,货船只能沿着在弯弯曲曲的河床缓慢挪移,道阻且长,关键是时间越长风险越大。孙凯常又从史柯雷的收音机里听到大后方和解放区成立了"慰劳抗战将士委员会"的消息,便跟大家商议,如何参与其中,向前线的抗战将士表达自己的敬意。董方均说,这批棉布和大米,我们一分钱都不赚,按收购价交给总兵站的采购官,聊表老夫抗日爱国之心。孙凯常说,负责联络的采购官,就是蔡家的老三蔡鳇,他也介入了省际贸易联合办事处的工作,负责联络浙赣皖闽多省各采购点,协调货物配给。董方均说,那太好了,都是自己人,行事就更方便。董方均又说，我们囤积下来的那批棉籽油，数量不多，也请蔡鲤转交给第三战区。孙凯常说，下一批物资正在筹办中，等准备停当就一起运送过去。……

　　江东人在日伪政权的蹂躏下煎熬着。江南的春天潮湿得令人窒息，即使不是雨天，空气中凝结的水分也好像在坠落。这一天午后，德茂公寓门前静悄悄的，只有货郎钱德玄的吆喝声。钱德玄不再看相测字打卦，改做小买卖，卖些香烟洋火、糖果玩具、针线布头。晴媛过来要买一只拨浪鼓，想拿去哄小乌斯。一位商人打扮的中年男子走到钱德玄跟前问路，说要找德茂公寓的董方均先生。钱德玄朝董晴媛努了努嘴，说问她吧。晴媛把那男子带回家。董方均在二楼客厅接待了男子。那男子说，他是蔡鲛那边来的人，并转交了蔡鲛写给董方均的书信。董方均读完信，知道他是来接蔡翰民和蔡鲠去军校的。男子自称姓范。范先生正是苏佑民曾经提起过的范仕运，陆军学校三分校教官。他趁第三分校自瑞金搬迁北上的机会，回老家芜湖探望父母，顺便绕道江东，接送蔡翰民和蔡鲠前往军校。

　　翰民和蔡鲠闻讯赶来，围着范先生打听。范先生说，原计划有变，此行的目的地不是赣南，而是赣东北。军官学校三分校还在搬迁之中，新校址离第三战区司令部很近。我们几个将在江东下游某个码头下船，然后取道皖南，抵达赣东北。范先生还说，蔡鲛长官早就想来接两个弟弟过去，总找不到合适的机会，两个弟弟错过了进入第十七期学生总队的机会，这次如果顺利的话，能进入第十八期学生总队。听说此行目的地不再是瑞金，而是赣东北第三战区司令部所在地,董方均松了一口气。范先生也不便久留,跟翰民和蔡鲤约好时间在江东的客运码头见面,说完便匆匆离开了。

　　蔡翰民和蔡鲤忙着收拾行装,兴奋的情绪难以言表。耘谷耘米和晴媛也为蔡家兄弟而高兴。但想起相伴玩耍嬉戏的日子将要成为回忆,大家都黯然神伤,难舍难分,但又不好意思表露出来。晴媛在一旁提醒蔡鲤,不要忘了这个,不要忘了那个。蔡鲤说知道了,说着眼圈红了。晴媛心里也很难过,却教训蔡鲤说,爱哭鼻子的人怎么能打仗?耘谷让晴媛不要批评蔡鲤,说不知何时才能见面,要珍惜这短暂相伴的时光。晴媛哪里舍得批评将要远行的蔡鲤,只是找不到更好更有效的交流语言而已。听了耘谷的话,晴媛喃喃地说,为什么要打仗啊?为什么要侵略别人的国家啊?为什么偏偏让我们碰上那么多坏人啊?为什么婉姑她们年轻的时候那么幸运啊?说着便情不自禁地啜泣起来。耘谷走过去,一只手揽住晴媛,一只手掏出手绢帮晴媛擦眼泪,自己却忍住,将眼泪往肚子里咽。翰民说,你们天天盼我们去军校、上前线,事到临头,怎么又哭哭啼啼呢?耘米突然冲着翰民喊叫起来:谁哭了?谁哭了?翰民哥真讨厌,我们巴不得你们赶紧走呢,你们走了,小乌斯就会跟我们玩,就会跟我们亲。耘米说着,突然号啕大哭,吓得小乌斯也跟着大哭起来。耘谷觉得耘米就是添乱。耘谷赶紧走近摇篮,俯身将小乌斯轻轻地抱起,没想到小乌斯哭得更凶,吓得耘谷赶紧把他交给蔡鲤。蔡鲤接过小乌斯的时候,一滴眼泪还挂在腮帮子上。

　　玛丽听到乌斯哭,陪老太太从二楼上来。老太太对女孩子说,你们不要逗无思,他不喜欢女人,他只喜欢男人。你们就知趣离他远点吧。耘米擦了一把眼泪说,我们没逗乌斯哭,是翰民哥要走,乌斯才哭的。老太太说,无思真懂事,这么小就知道念旧呢。玛丽从蔡鲠手上接过乌斯,用手指拨着他的脸蛋说,小东西,宝贝儿,你也知道念旧?人间聚少离多啊,你这是自寻烦恼呢!玛丽想起马约伯,说着又哭起来。耘谷瞪了耘米一眼,让她不要张嘴瞎说。玛丽抱着乌斯跟老太太下二楼去了。耘米耷拉着脑袋不吱声。耘谷转身进了自己房间,出来的时候,手里拿着两双自己亲手编织的手套,是那种戴在手上露出两节手指头的手套,黑羊毛绒线中夹杂着白棉纱,又软和又厚实。耘谷将手套送给翰民和蔡鲠,天冷时戴上它,既可以保暖,也不影响开枪。

　　第二天上午,几个年轻人到江边散步。他们坐在海关钟楼下面的草坪上聊天。耘谷从小布包里摸出一只玻璃瓶,里面装着清水,清水里有一颗银杏果,已经浸泡得发胀了。耘谷看中了一丛绿叶黄花粉蕊的野牛草,用铁勺铲开草丛表皮,挖一个约10厘米深浅的小坑,将银杏果埋在草丛下,再将泥土和草皮盖回原处。耘谷说,等赶跑日本鬼子的那一天,这粒银杏果,应该已经发芽抽条,长成小树了。如果那时候我们还在江东,我们还在这里见面。晴媛伸手按在银杏果上的草皮上,蔡鲠伸手按住晴媛的手背。耘米将手按在蔡鲠的手背上,她希望翰民将手按在她的手背上。翰民却迟迟不动。耘谷伸手按在耘米手背上,耘米心里不痛快,翰民接着按住耘谷的手。晴媛、蔡鲠、耘米、耘谷、翰民,五只手依次重叠在一起,盖在埋藏着银杏果实的野牛草丛上,友谊和爱恋通过皮肤传递到彼此的心里。

约定离开的日子到了。清晨,天下着雨。大婉和二婉夫妇要去为两个男孩送行。董方均说,不要兴师动众,孩子们去送就行。耘谷耘米晴媛姐妹几个,还有云柯耘禾几兄弟,将翰民和蔡鲤送往江边码头。翰民和耘谷肩并肩边走边聊,耘米一边插话一边往姐姐和翰民中间挤。远远见到范先生站在客运码头入口处等候。翰民跟大家告别时,特地走到耘谷跟前,轻声细语地聊着什么。耘米听到翰民说,会给耘谷写信,耘谷沉默没有回应。催促上船的哨声响了几遍。装扮成伙计的翰民和蔡鲤背着布包袱走在前面。装扮成老板的范先生拎着小藤箱紧随其后,三人登上"华顺丸"号客轮。汽笛鸣的一声,把人心都扯到半空中去了。轮船缓缓朝江心驶去,翰民和蔡鲤倚靠在船舷边,朝岸边的兄弟姐妹挥手。耘米和晴媛早就哭得不成样子。雨越下越大。江南春天潮湿的空气,凝重得往下坠落。耘谷突然有窒息感,她离开弟弟耘禾撑着的雨伞,独自走到一旁,让雨水打在头发和脸蛋上。耘谷在悄悄地哭,任雨水和泪水,在脸上流淌,眼前一片模糊,轮船的轮廓越来越小,消失在茫茫江雾中。

第五章

1

翰民和蔡鲤走后,家里的气氛似乎出现微妙变化,静悄悄没有声息。小乌斯偶尔发出的哭闹声,立即被费婶的呵护声平息。董方均听不到孩子们的争吵打闹,心里渐渐生出寂寞的感觉,便问老太太,家里为何如此冷清,小子丫头们躲到哪里去了?老太太让费婶把大婉和二婉喊过来问话。大婉二婉为了哄爹高兴,说孩子们都在楼上用功,在为开学做准备。董方均问,学校谈妥了?大婉说,前几天跟慈恩堂商量好了,他们会继续为孩子们的学业提供支持。董方均说,我们家孩子多,该资助的就要资助。大婉说,爹放心,一切都办妥了,我们的资助,主要用于补贴聘用教师的薪酬。有些本来担任家教的老师,转到慈恩堂去担任正式老师了。南茜主动承担英文课,而且不要报酬。南茜只提了一个要求,希望玛丽能尽快去上班,慈恩医院的人手不足,尤其是像玛丽那样的熟练护士更是奇缺。新入职的英国人克里斯多夫·保罗医生,原本在镇江的戈德斯巴尔金氏医院服务,战争爆发后流落到上海租界,被南茜托人请了过来。保罗医生已经因为没有合格助手而屡出怨言,说再不找人来,他就要回上海去。老太太说,玛丽去上班也好,免得心思总挂在一件事上。董方均说,整天在家胡思乱想,让她去上班吧。说着就要上三楼去,看看孩子们在干什么。

兄弟姐妹中,耘谷和晴媛走得更近。此刻她们俩正凑在一起说小话儿,猜测翰民和蔡鲤路上是不是有危险,有没有抵达目的地。突然听到大人们聊天的声音,还有越来越近的脚步声,晴媛说:快,爷爷和婉姑来了。耘谷随手抓起一本书挡在眼前,晴媛坐到书桌旁边,胡乱拿过一本字帖练习起来。董方均走近耘谷和晴媛身边,赞许地点着头,问男孩子干什么去了。耘谷说他们在四楼。大婉扭脸朝楼上高声喊道,耘禾,都下来吧。云柯、云樟、耘禾几个男孩应声下来,一排站在董方均面前。董方均瞪了惹祸的孙云柯一眼,说别人家的男孩都上前线了,你们天天瞎混,那也罢了,还出去惹祸。学业呢,抓紧了吗?我早就说过,都要好好学习,少年强则国强,将来没有人敢欺负我们!

董方均举目在孩子们身上扫了一遍,发现耘米又不在,便问耘谷,阿米呢?耘谷说阿米在自己屋里。董方均沉吟了一下,对耘谷和晴媛说,不光要搞好自己的学习,还要管好弟弟妹妹的学习,做姐姐要有做姐姐的样子。耘谷听到外公话中暗含责备,感到委屈,眼里噙着泪。大婉赶紧护着耘谷,说耘米这两天心情不大好,过两天就好了,女孩子情绪波动也正常,爹爹放心。见大婉向着耘谷,董方均不便多说。大婉倒是经常提醒自己,对孩子要一视同仁,不要厚此薄彼。她嘴上夸耘米怎么好，怎么聪明能干，其实内心偏爱耘谷。越是折磨人的孩子，越是难养的孩子，越是费心思耗精力的孩子，越是让父母牵肠挂肚。大婉看着耘谷的时候，每每想起自己的怀胎之苦，忍不住心酸起来，生出一股自爱自怜之情。

　　大婉怀耘谷是头胎，身体反应强烈，吃不下饭，失眠，焦虑不安。老太太怕影响胎儿发育，让董方均请医生来诊疗调理。润州名医张士元都请了，也没有明显效果。大婉还是面黄肌瘦。老太太干着急。费婶悄悄地告诉老太太，说看见大婉一个人躲在厨房里吃灶土，老太太不信，费婶就把大婉换下来的衣服拿过来，翻开口袋，里面有残留的灶土碎屑。老太太不愿相信。费婶逮住一个机会，领着老太太去现场验证。老太太和费婶躲在窗边，亲眼看到大婉趁人不注意偷偷溜进厨房，从灶台的边沿，掰下一块带油污的灶土往嘴里塞，脸上露出适意的表情，眼睛里放射出一种异样的光芒，离开时顺手将一块灶土塞在裤兜里。老太太当场就哭起来，费婶连忙劝住老太太，说千万不要惊动大婉，就当不知道。费婶和老太太陪大婉去做产前检查，看的是西医。老太太悄悄向医生咨询，医生说没见过这种病例，可能是胎儿发育时，孕妇体内某种元素流失过量，灶土中刚好含有那种元素，但主要还是泥巴，应该没有大碍，等孩子生下来之后就好了，给她补充一些维他命吧。老太太不懂"元素"是什么，但缺什么补什么的道理是懂的，腰疼吃猪腰，心疼吃猪心，伤筋动骨喝虎骨酒。话虽如此，大婉嘴角上偶尔残留的灶土碎屑，让人不忍直视。关键是她还怀着孩子啊！老太太伤心不已。终于，耘谷没有足月就生下来了，还不到四斤，老太太担心养不活,日夜守护,费尽心血。耘谷看上去是健康的,其实很虚弱,主要是底子薄,动辄感冒发烧,呼吸道发炎,扁桃体肿大,上嘴唇人中边,总是起火泡,疼得哇哇哭。耘谷的身体,怎么调理都不见效,医生说是先天不足,等到发育之后,最迟结婚生子之后,身体就可能出现转机。耘谷因身体虚弱而受宠,随年龄的增长,身体变化很大,尤其是来了月经之后,身体果然有明显好转。身体变化无常的耘谷,性情却稳定温顺。在弟弟妹妹眼里,耘谷就是一个任劳任怨、精力充沛的人。但在妈妈大婉的眼里,女儿耘谷,依然像一个襁褓中的瘦弱女孩,让人心疼。

耘米刚好相反,一生下来就哭声大,手脚力量也大。那时李泳济抱着刚出生的小人儿,哄着拍着,没想到她伸手在父亲脸上猛地一抓,李泳济脸上两道抓痕。李泳济很高兴,觉得这个女儿健壮有力,不会像耘谷那样磨人。这是大婉的第二胎,说生耘谷的时候月子没坐好,这次要补回来,就把小耘米交给费婶照看。费婶叫费明月,跟男人董炎九一起到董家帮工,都是董村的,彼此知根知底,孩子交给她也放心。费婶成天抱着耘米,喜笑颜开,偶尔还喜极生悲流眼泪。董家只是觉得费明月多愁善感,并不知道她的隐秘伤痛。费明月曾经有个小女儿,刚生下来就夭折了。看到耘米就想到自己的女儿,费婶内心涌起母爱的温情和悲痛,将小耘米视如己出,尽心尽责。董家人感激不已。

耘米身体状况很稳定,性情却很不稳定,可以说是喜怒无常。最近这两天,耘米的脾气就有些琢磨不透,见谁都爱理不理,也不跟耘谷和晴嫒玩,没事就躲在自己屋里生闷气。跟人说话时,一言不合就敆人，弄得大家都不敢惹她，也不知道她在生谁的气。其实耘米是在生自己的气，当然也生姐姐耘谷的气。为什么姐妹们每一次出现在众人面前，第一个得到夸奖的一定是耘谷？为什么耘谷在大事小事上都胜人一筹？耘米私下里跟晴嫒讨论这件事。晴嫒满不在乎地说，谁叫她是姐姐我们是妹妹呢。耘米对这个回答很不满意。凭什么妹妹就吃亏？耘米站在穿衣镜前，上下远近打量着自己：不扁不圆瓜子脸，不大不小杏仁眼，不胖不瘦小蛮腰，不长不短天鹅项，能说会道言辞好，会写会画班婕妤，哪一样输给耘谷了？还有人说耘谷耘米双胞胎呢！可是，为什么翰民看耘谷和自己的眼神不一样？为什么翰民跟耘谷和自己说话时的口气也不一样？

　　耘米对着镜子仔细琢磨。尽管自己的五官跟姐姐耘谷长得酷似，但总觉得有什么地方不对，一时又说不上来。耘米突然发现，自己右边眉毛中有一粒黑色的小痣，耘谷的眉毛中间好像没有黑痣。耘米连忙将床头柜上的小玻璃相框拿来。相框里夹着一张照片，五个年轻人并排坐在大江边防浪堤的石头斜坡上，远处背景是海关钟楼。耘谷坐在正中间，晴嫒和耘米紧贴着耘谷坐在两边，翰民和蔡鲤一左一右坐在最外面，翰民挨着耘米，蔡鲤挨着晴嫒。翰民鼻梁笔直有力，一双剑眉更显英气，紧抿着的嘴唇，仿佛在保守着他内心的秘密，也许只有亲吻，才能让他张开嘴巴将秘密泄露出来。耘米最喜欢的，其实是翰民的眯缝眼，不是常言所说的炯炯有神，而是含混不明的，眯缝眼的背后仿佛藏着许多秘密，令人难以忘怀。看着照片，想到翰民和蔡鲤不知是否抵达，耘米内心涌出一股柔情,她轻轻地叹了一口气。在这兵荒马乱的岁月,怎叫人心安!

耘米拿起照片仔细比对,确证了耘谷右眉下面的确没有黑痣。耘米决定将自己眉毛中间的黑痣剔除。于是拿来一根绣花针,动手用针尖去挑拨黑痣。上眼皮已经被针尖挑破,开始渗血,耘米还不撒手,直到剧烈的疼痛让她不得不放弃。耘米细看照片中的耘谷,再看看穿衣镜中的自己,发现问题好像不在黑痣上,而是在表情和气质上,两个人眼神里散发出来的信息不一样。跟耘米热烈明晰的眼神不同,耘谷的眼神更冷静内敛,似乎也有些含混,含混得不知道她在想什么,含混得你想弄清楚她到底在想什么。

耘米恍然大悟,问题或许就出在这里,含混,含混不清,神秘迷人,诱人去猜谜。没有人对已经有答案的事情感兴趣,大家都对答案不确定的事情感兴趣。翰民大概就是对耘谷眼神中的那种含混感兴趣,他想猜透耘谷在想什么。对于耘米热烈明晰的眼神,翰民用不着猜测,自然也就失去了兴趣。否则,怎么解释翰民经常生耘谷的气呢?但翰民的生气也不到三分钟,很快就会围着耘谷转圈,把他自己都转晕了。想到这些,耘米越发感到不平!

大婉知道耘米的脾气,你越劝,她越拧巴,所以就懒得去理她,只要不饿着她就行。费婶心疼耘米,来劝耘米去吃饭。耘米既不答应,也不拒绝,而是微笑着用"含混"的眼神盯着费婶,弄得费婶有点发蒙。费婶说,阿米啊,人是铁饭是钢,不要跟肚子赌气,外公还问起你呢。耘米却一心想着做"含混实验",她回费婶的话说:好的,费婶,你先去吃吧,我会认真考虑这件事的,让我再想想吧。费婶举起手,摸摸耘米的额头说,阿米,乖孩子,你没事吧?你心里有什么不痛快,跟费婶讲。看着费婶疑惑的、渴求的、探究的眼神,耘米又兴奋又激动,认为自己的"含混实验"成功了,她双眼发出异样的光芒。没想到费婶见状转身就跑,一会儿就把妈妈招来了。大婉盯着耘米看,也伸手在耘米额头上摸了摸,说耘米不要再闹了,妈妈要操心的事太多,不要再来添乱了,赶紧去吃饭吧。耘米觉得奇怪,为什么她们都关心我的额头,而不是我的心情?

耘米将衣柜门一摔,门又反弹开来,几团羊毛绒线和棉纱线滚到地上。耘米抓起那些线团使劲地扯着,把绒线和纱线扯得一团糟。妈妈买这些绒线和纱线给耘米和耘谷,是让他们学编织的。耘米这一份还躺在衣柜角落里,耘谷那一份却变成了翰民和蔡鲠的手套。耘谷为什么能想到用编织手套,自己为什么就想不到呢?耘米越想越恨自己。为什么耘谷总是那么沉着冷静,自己却冒冒失失?早晨在码头,为什么耘谷能够忍住不哭,自己却做不到?为什么耘谷不卑不亢,翰民反而主动去跟她接近;自己对翰民无所保留,甚是唯唯诺诺,翰民反而满不在乎。还有让耘米更费解的地方,跟翰民他们告别的时候,耘谷为什么不哭?她是冷血动物吗?想到姐姐耘谷所有的"含混"之处,含混眼神、含混表情、含混言语,耘米感到头晕。想着想着,人也乏了,便和衣倒在床上睡着了。

……耘米梦见自己被人反绑着双手,关在房间里,无法跟离家远行的翰民道别。耘米心里着急,突然使劲挣脱绳索,从三楼窗口跳到地面,双脚像踩在棉花上一样。耘米轻轻一踮脚尖飞了起来,转眼间就赶到了江边码头。黑黝黝的江水,哗哗地拍打着江堤。

江面并没有船只。江边的趸船上空无人迹,只有一位穿着长袍、背着包袱、夹着雨伞的男子,孤零零地站在那里,举目四处张望。那果然是翰民!耘米高声喊着翰民的名字,轻飘飘地降落在翰民身边。耘米拉住翰民,转身就跑。翰民却像一尊石雕似的竖在那里,冰冷而沉重。耘米使劲地拉扯,翰民一动不动。耘米定睛一看,翰民被一个女子紧紧抱住。披肩长发遮住了女子的脸,只见开衩很高的蓝色旗袍,白色开襟绒线衫。耘米用力去拉扯女子的绒线衫,要将她跟翰民分开。绒线衫的弹性巨大,像弹簧似的,几乎要将耘米反向扯往翰民和那女子身边。耘米深深地吸了一口气,接着使出吃奶的力气拽扯,眼看着就要把翰民和那女子拉开。耘米突然发现,翰民和那女子的腿,正在一点一点地长拢,四条腿眼看着就要长成两条腿。必须赶紧设法把它们分开!情急之下,一把长砍刀突然出现在耘米的手中。耘米手起刀落,只听见一声号叫,女子应声倒在血泊中,砍断的双腿血流如注。耘米定睛一看,那女子竟然是姐姐耘谷。倒在血泊中的耘谷正在冲着耘米微笑。耘米大惊失色,猛地扑过去,一把抱住耘谷的头,喊着耘谷的名字,大哭起来。……

耘谷第一个听到耘米的哭声,急忙赶到房间。只见梦中的耘米,喉咙里发出叽里咕噜的声音,听着很瘆人。耘米的双手在空中乱抓,眼泪顺着眼角一直流到枕头上。耘谷连忙将耘米摇醒,问她怎么了,做了什么可怕的噩梦,吓成这样子。耘米被摇醒了,半天都没有回过神来。耘米不能把梦中发生的事情如实转述给耘谷,嗫嚅着不知说什么好。耘米盯着耘谷看了一阵,又想起梦中耘谷的样子,心如刀割,忍不住又哭了起来。

耘谷紧紧抱着耘米,让她不要害怕。耘谷安慰耘米道,没听老人说吗,梦是反的,梦见不好的事情,现实中就有好事。耘米心想,如果梦是反的,那么姐姐跟翰民就不会长到一起了?我就不会伤害姐姐了?耘米突然扑向耘谷,流着眼泪说,我不奢望有什么好事,姐姐好就行,姐姐的好事就是耘米的好事。耘米态度的突变,让耘谷感到有些意外,但耘谷不想深究,抱紧受惊吓的耘米,让她安静下来。

2

董少雍从外面回来,带来了翰民和蔡鲠的信,这让董家感到意外。董方均以为,邮路早就被战争所阻断,没想到竟然能收到信件,这也是奇迹,尽管信件在路上跑了一个多月。董少雍对父亲说,邮路还是通的,政府在保持邮路畅通上花费了大量的精力,投入了大量的人力物力财力。日伪控制的邮局审查太严,所有的邮件都要拆封检查,稍有不慎就会惹祸。另外还有两条邮路,一是外国人控制的国际邮路,它只管外国机构和洋行的邮件,尽管也涉及国内民用邮政,但不敢保证准时和安全。二是还掌握在政府手中的邮局。我们皖浙赣闽交界地区的屯溪、界首、建阳、邵武、上饶等地,还有一批临时邮政转运所。每个转运所,都控制着多条通往沦陷区的地下邮路。江东市地下邮路的负责人就是苏佑民。

大婉将信封上写着"董方均世伯亲启,蔡翰民蔡鲠敬呈"的那封信交给爹。董方均让大婉念给大家听。信是翰民代表蔡鲤和自己写的。信中说,他们已经抵达了目的地,暂住在三哥蔡鳇处,等候二哥蔡鲛的安排。信中感谢了董方均夫妇、大婉夫妇和二婉夫妇、董少雍夫妇,还有费婶和炎九叔。翰民写道,董世伯通过兵站总监部第九支部送来的物资,三哥也收到,并呈报了第三战区长官司令部。三哥工作太忙,委托翰民和蔡鲤,转达对董世伯的问候和谢意。在写给董世伯的信中,另附单独一页,是专门写给董家兄弟姐妹的,怀念在一起度过的美好时光,希望董家兄弟姐妹,在家好好学文化,以后能够派上大用场。翰民还说,报效祖国的方式多种多样,眼下打仗的事情,就交给我们蔡家兄弟吧。董方均闻言动容,咬着烟管若有所思,不停地点着头。翰民还特别提到耘米,说耘米妹妹聪明漂亮,性格开朗,令人难忘,但也让人牵挂,希望她少烦恼,永远快乐!耘米抢到妈妈跟前,拿起那页提到自己名字的信,躲到一旁又读了一遍,相关的文字其实只有两行,耘米却视如珍宝。耘米眼里闪烁着泪花,喜悦之情写在脸上。

  耘谷和晴媛脸上却乌云密布,翰民和蔡鲤信中没有单独提到她们俩的名字。这时候,大婉缓缓地拿出另外两封信,一封是翰民写给耘谷的,一封是蔡鲤写给晴媛的。耘谷和晴媛按捺着喜悦,接过信回自己屋里去了。耘米见状,平静下来的心情又波澜骤起。耘米拔腿就往自己屋里跑,见耘谷和晴媛在,转身跑进费婶的住处,扑到费婶怀里哭起来。费婶说,耘米怎么了,谁欺负你啊?又是你娘吧?耘米哽咽着说,没有谁,都怨命,我命不好,总是不受人待见。费婶说,瞎讲,耘米生下来就好命,哭声大,手脚有力,费婶就爱你疼你。耘米用小拳头捶着费婶的肩膀说,只有费婶爱我疼我有什么用啊?费婶想了想说,是啊,费婶也不能跟你一辈子,得有个男人来疼你爱你。耘米说,我不要男人疼我,臭男人都很坏,我一个人过一辈子就好。

费婶突然愣在那里,好一阵才开始说话。费婶说,傻孩子,男女相伴,天经地义,哪有一个人过一辈子的?你说"男人都很坏",这话我年轻时也说过。唉,现在想来,这个好和坏,真是很难说得清啊。好和坏,其实不重要,重要的是,你爱的人和爱你的人,有可能不是一个人!……当年,你炎九叔就不是我爱的人,他爱我,我爱的却是另一个人。而那个我爱的人,却狠心抛弃我,一个人远走高飞,在我心上留下了一根拔不掉的刺。……

耘米问,那个负心汉是什么人,是不是也去当兵了?费婶说:他不是当兵的,他是个书生,董村的一位同姓兄长,叫费新保。咱们董村是个大村庄,有五六个姓氏,以你外公的董姓为主,所以叫董村。我们费姓,在董村尽管不能跟董姓比,但也是个大姓,也有二三十户人家。两个大姓奠定了这个村庄的基础,人丁兴旺,聪明能干,又会读书又会经商。董费两姓,关系尤其密切。除了你外公家的大米生意,费新保家的丝绸生意也远近闻名。我跟费新保相爱,遭到两家大人的反对,门不当户不对啊。我父亲名义上是费家绸缎庄的合伙人,实际上不过是个打下手的。我母亲死得早,父亲把对妻子和女儿的爱全部给了我,宠着我,依着我。我父亲阻止我跟费新保的事,也就嘴上说说。费新保的父亲却破口大骂,说再跟我混在一起,就要打断费新保的腿。费新保年轻气盛,父亲越阻止,他越要跟我在一起。我怀上了费新保的孩子,费新保的父亲就将费新保赶出了家门。我父亲接纳了费新保,他父亲就把我父亲解雇了。

耘米说,他父亲也够狠的。费婶说,费新保的父亲原本是希望他学做生意,帮忙打理家产,费新保却一心想去京城读书。他父亲说,不读书人就傻,读多了也会傻,坚决反对费新保继续读书。为了阻止我们在一起,他父亲突然改主意,同意送费新保到南京去读书,条件是跟我分手。费新保禁不住诱惑,同意了父亲的条件,但私下里跟我说,等他站稳脚跟,就把我接到南京去。我在家一心等他,他却杳无音讯。我女儿出生,费新保不在身边,我可怜的女儿就一个人悄悄地走了。费婶抱着耘米哭起来。费婶说,我想去南京找费新保,我父亲劝我不要去,说留个念想更好些。我父亲是对的,费新保慢慢地就把我忘了,他大学还没读完,就到东洋留学去了。耘谷说,我外公也在东洋留学,你没有让我外公帮你打听那个负心汉的下落?费婶笑起来,说,这怎么接得上呢?两代人的事情啊,费新保去留洋的时候,你外公早就回国了。这两年又有传闻,说有人在南京见到了费新保。费婶说到这里,脸上仿佛盖上了一层阴霾。

耘米气呼呼地说,这种可恨之人,不理也罢,有炎九叔对费婶好就行。耘米突然对费明月和董炎九夫妇的关系产生了兴趣。耘米说,炎九叔人那么好,不是费婶心爱的人吗?费婶说,我知道你炎九叔一直爱我。你外公在南京的生意越做越大,想在村里带个贴心人过去帮忙,看中了炎九。炎九试着劝我跟他一起,没想到我爽快地答应了。我是想,去南京兴许能遇到费新保呢。可是我再也没见到过费新保,这叫命中注定。你炎九叔知道我心里装着费新保,但他初心不改,依然对我不离不弃。我的心慢慢地被炎九的恩情塞满了。后来是你外公做主,帮我们成了亲。耘米说,我知道了,这叫"先结婚,后恋爱"。恩爱恩爱,恩情变成了爱情,最后还是"你爱的"和"爱你的"变成了一个人。

耘米跟费婶窃窃私语,长幼两人,交流着各自的伤痛史和甜蜜史,切磋着自己爱和恨的经验。隔壁房间的耘谷和晴媛,正沉浸在远方来信的喜悦中。

翰民在给耘谷的信中写道:……这里跟江东很不相同,不是街道与乡间小路的区别,而是整个气息都不相同,我很难形容这种感受。耘谷,你要是在这里,你一定能准确地形容出来。那么多年轻人聚集在这里,男的女的都有,都是我们这个年龄。他们的脸上不再是惊恐和忧虑,而是充满勇气和自信。大家都有一种随时都要出发远征的感觉。路边的墙上和树上贴满了标语:蓄势待发,随时出征,为国捐躯!三哥的兵站总监部就驻扎在裴村。裴村是个大村镇,比我们尚蔡村大多了。村西边有一条大路,被取名为"抗倭大道",一头连着村中央的大草坪,一头连着村西边的金溪河。清晨或傍晚,我和蔡鲤两个闲人,就经常沿着"抗倭大道"散步,欣赏着路旁迷人的景色。后方医院的护士、战时中学的师生、战时被服厂的女工,都聚集到流溪河边去洗漱,欢笑和歌声在河岸边回荡。我时常在想,要是耘谷妹妹和晴媛妹妹也在这里,那该多好啊!……

蔡鲠在给晴媛的信中写道:……我跟翰民去过一次皂头,长官司令部的所在地。跟裴村相比,那地方可不一般!气氛肃穆,戒备森严。在裴村我们可以随便走,皂头三步一哨五步一岗地盘查。皂头不像裴村有很多女性,皂头主要是男人,全副武装的美式装备。偶尔见到几个女的,也是从小轿车上下来的,身后跟着保镖。我们主要是想碰碰运气,看看能不能遇见二哥。我们到处溜达,东张西望,形迹可疑。宪兵过来盘查,我们说是三分校的,宪兵说这里没有三分校,我们改口说是兵站总监部的,宪兵怒了,说到底是什么人?我们只好说出蔡鳇的名字。两名武装宪兵,把我们押回裴村。二哥闻讯赶来,他严厉地批评我们,让我们不要瞎跑。二哥说,我们的名字已经编入第十八期学生班,但暂时不必去报到,具体原因以后再细说。二哥说完就匆匆离开了。三哥说,三分校的搬迁和筹建工作还没完,二哥又接到密令,领了新任务。三哥没有多说什么,我们也不敢多问。三哥说会帮我们打听,看看什么地方缺人手,先找个事做。……

翰民写道:……裴村是一个让人热血沸腾的地方,也是一个让游手好闲者无地自容的地方。我和蔡鲠待不住,没等三哥安排,主动到经理处的附设被服厂和卫生处附设医务所去找事做。昨天在医务所门前,我正要进去问问他们是否需要帮手,突然听到院子里有人喊一个我熟悉的名字:马约伯!这不是玛丽表姐丈夫的名字吗?我怕自己听错了,正要进医务所里面去看个究竟,被一位女护士轰走了。如果我没有听错的话,小乌斯失踪的爸爸就在总监部卫生处附属医务所,你说巧不巧!不过暂时还不能告诉玛丽姐,还有待进一步求证,有新消息我立即告诉你。……

耘谷惊叫起来,把信念给晴媛听。晴媛立即就要去告诉玛丽。耘谷让晴媛不要急,尽管事情已有几分把握,但翰民听错的可能性也有,先跟妈妈报个信,让大人决定要不要告诉玛丽姐吧。玛丽在慈恩医院值夜班,次日清晨才能回家。当天晚上,董方均把儿女们都叫到跟前,通报翰民和蔡鲤遇见马约伯的消息,商量要不要通知玛丽。孙凯常不主张通知玛丽,说玛丽一旦知道消息,势必不顾一切要去找马约伯。孙凯常说,不如自己一个人先去探听虚实再做打算。董少雍说,从来信可以看出,翰民并没有见过马约伯,也就听到一声叫喊,万一听错了呢?我觉得还是要让翰民继续打探,最好能亲眼见到马约伯。

玛丽清晨从医院回到家,急忙赶去看儿子。费婶正在哄小乌斯玩儿,背朝着门,没有觉察玛丽来了。费婶对小乌斯说,乌斯乖,乌斯有福气,乌斯的爸爸找到了,乌斯不是孤儿了,乌斯要多吃饭,吃饱了跟妈妈一起去找爸爸。

玛丽一听,扑过去就抓住费婶的双肩,摇晃着问,费婶,你刚才说什么?费婶,你再重复一遍!马约伯有消息了?马约伯在哪里?乌斯的爸爸在哪里?快告诉我。费婶吓蒙了,说我在哄乌斯玩,我随便说的,我什么也不知道。玛丽转身扑向父亲的房间,问父亲是不是有马约伯的消息。孙凯常说没有啊,你哪里听来的?玛丽说,是从费婶那里听来的。孙凯常知道瞒不住了,只好如实相告。孙凯常说,现在还只是听到翰民的一面之词,而翰民并没有见到马约伯,就听到一声喊叫。玛丽说,无风不起浪,无巧不成书。没错,一定是马约伯跑到部队医院当医生去了,他曾经对我说过,他想上前线去救人。好,有线索就好,我一定要把他找回来。孙凯常说,要去也不是你去,应该是我去,等有确切消息你再去。玛丽说不行,玛丽说她即刻就要去找自己的丈夫,找乌斯的爸爸,要亲自去探个究竟,如果马约伯真的不在那边,自己也就死心了。

董方均夫妇拦不住玛丽,孙凯常也拧不过女儿的执拗和眼泪,只好同意玛丽的选择。刚好孙凯常和李泳济要前往牙山的兵站总监部第九支部安排物资运送事宜,就决定让玛丽跟着一起出发。耘谷说,玛丽姐姐一个人在外,她不放心,坚持要陪玛丽姐姐一起出门,路上有个照应。晴媛也很想跟耘谷一起,陪玛丽表姐到赣东北走一趟,顺便也能见到翰民哥和蔡鲤。她的诉求当即遭到爷爷和妈妈的否决。

3

孙凯常和李泳济,带着女儿孙玛丽和李耘谷,父女四人走在江东城南门外的大路上。他们要步行50多里,绕开被日本人封锁的大江入湖通道和黑虎长峡,到达湖边的南康镇,计划天黑时分从南康码头启程,搭乘木帆船扬帆越湖,再从入湖的河口换乘货船逆流而上,抵达河源附近第三战区司令部驻地。四人行色匆匆往南赶,过姑塘镇不久,天就开始下雨,刮着大风。玛丽和耘谷共用的油布伞,险些被大风刮走。玛丽用力抓住雨伞柄,帮耘谷遮挡住雨水。

玛丽咬着牙说，老天爷，你就下雨吧，你就刮风吧，我不怕！孙凯常却说，凭这种风力，船明天一早就能穿越大湖面，上午就能到牙山。李泳济说，还是西北风呢，这是上天来帮助玛丽的啊。女儿在埋怨老天爷，父亲在感谢老天爷。

从江东到第三战区驻地，有两条路可走，一是官路，一是民路。有火车和轮船可乘的官路，已经被日本人占领。因此，官路是一条危险的道路，特别是往来于后方和沦陷区之间的人，稍有不慎就会遇到危险。所谓民路，就是官路没有覆盖的野路，或旱路，或水路，它原本并不是路，走的人多才成了路。父女四人今晚要走的，就是一条新的水上野路。大湖正处在潮汛期，水面转眼间增加了几倍。货船不必顺着弯弯曲曲的湖底小河逶迤绕行，而是直线穿湖而过。与冬季枯水期相比，距离缩短了三分之一。

父女四人到达南康镇湖边时，天色已黄昏。从这里能看到大湖最宽阔的水面。一艘七八成新的双桅木帆船停在岸边，两位年轻壮实的船工和一位年长的船老大，正坐在甲板上吸烟闲聊。李泳济上前打招呼，问他们的船开不开？船老大说，怎么不开，不开喝西北风？李泳济说，夜晚开船行不行？船老大说，行啊，加钱就是了，开夜船价钱高一些。李泳济问高多少，船老大说高一成，另外还要加一成的冒险费。日本鬼子规定，夜晚不能行船，抓住了先扣船，再罚款，碰上恶的还要挨打。孙凯常说，驻扎在南康的日本鬼子没几个吧。船老大说，谁说没几个？有一二十个呢，霸占了原来士官训练营的房子，白天开着汽艇在湖面穿梭，晚上在营房楼顶上打探照灯，发现目标就用机关枪扫，你说要不要加冒险费？加两成也不多啊。李泳济怕他还往上涨,赶紧同意外加一成"冒险费",讲好价钱,吩咐立刻开船。船老大又要求预支三成定金,说天一黑就开船。

湖面黑黢黢的。远处闪烁着零星的渔火。两位年轻船工,摇着两支长橹,悄悄地将船荡离岸边,朝湖中央划去,被绳索捆绑在木柱上的长橹,发出吱呀吱呀的声音,令人心惊。船老大叼着烟斗,稳坐在船尾掌舵。木船上面有两个大舱,后舱是船工的起居室兼餐厅,前舱供客人使用。中间裸露着的底舱,装满了大石块,说是压舱用的,怕船身太轻,风大高速时会失去平衡。玛丽和耘谷坐在前舱中间的床铺上,孙凯常和李泳济坐在船舱门边闲聊。说话间,木船已经离岸几百米。两个年轻船工,突然扯起一大一小两张巨大的白布风帆,木船箭一般朝湖心驶去,它将要乘风破浪斜穿湖面,抵达湖对岸河口的牙山镇。

帆船走完大湖宽阔水面,接近河口的时候天刚蒙蒙亮,接着便驶入交错的河网湖汊,开始逆流上行,速度慢了下来。到达牙山镇的时候,已近中午。父女四人直奔镇东青龙山下的老祠堂。那是兵站总监部第九支部办公的地方。看守祠堂的瘸腿老头儿说,撤了,走了,搬走好几天了。孙凯常问出了什么事?为什么突然就撤了?人都到哪里去了?瘸腿老头儿是一问三不知,只是说可以到凤岗那边去问问,凤岗那个点知道不?孙凯常知道,上游凤岗镇有一个分站,隶属于第九支部管辖,但自己跟那里的人并不熟悉。凤岗离牙山大概有五六十里地。李泳济说,几十里路顺风倒也快,问题在于,兵站支部为什么要突然撤离?他们遇到了什么险情?战争局势发生了什么变化？孙凯常一想，也觉得蹊跷，提议先打道回府，不要盲目冒险。这个提议遭到玛丽的坚决反对。玛丽说，都已经到了这里，还准备打退堂鼓？你们要回去你们回去，我和耘谷继续往前走。耘谷表示，愿意陪着玛丽姐继续前行，不同意半途而废。其实，耘谷才是这次行动的最大受益者。玛丽能不能见到马约伯，还是个未知数，耘谷能见到翰民，却是铁板钉钉的事情。想到很快就能够见到翰民，耘谷内心充满了甜蜜，眼泪都快要流出来了。

孙凯常和李泳济无奈，只好依女儿的心愿行事。四人回到河边船上，结清船租，接着商量继续行船的价钱，说服船老大再往上五六十里，到凤岗镇走一趟。船老大说，原本说好到此为止，还打算往前走？我有言在先，走河路不比走湖路，是逆流而行，眼下还有风，风停了怎么办？如果下水拉纤，那要另外加钱，不加钱也行，我们就抛锚等风，等风的时候，还得算点工钱。李泳济说，都好商量，师傅先开船吧。

船到凤岗镇，天已经黑了。李泳济打听到凤岗分站办公处，在上游五里地的河湾处一座磨坊里。四人匆匆赶到分站，发现也是人去楼空，也留了一位看门老头儿。老头儿耳背，交流起来费劲。孙凯常问老头儿，出了什么事？为什么全部撤了？人都到哪里去了？结果也是一问三不知。老头儿说，你们去上面的黄埠仓库去问问吧，知道黄埠仓库那个点不？黄埠镇也是一个江边码头，黄埠仓库是第九支部的战备仓库，离凤岗镇也是五六十里地。李泳济又准备去游说船老大，跟他们谈价钱。孙凯常说不要再沿途打听了,咱们给船老大一笔钱,直接把船开到裴村去。

　　船老大试图抵抗,但还是在金钱面前低了头。第二天一大早,帆船驶入了贵溪码头。船老大领着两个年轻船工下船去买米和蔬菜。孙凯常和李泳济也带着玛丽和耘谷上岸溜达。河岸边人迹稀少,没有码头应有的生机。不远处的河岸边集结了许多军人,他们正在挖战壕修工事。看到玛丽和耘谷两个年轻漂亮的姑娘,年轻军人都停下手中的工作,瞪着眼睛打量。孙凯常走近一位圆脸战士身边,递给他一支烟,说声辛苦了,问他修工事是不是要打仗了?圆脸战士说,是啊,是啊,长官让修,那一定是要打仗了,长官催得急,那一定是很快就要开打了,听说浙江那边已经打起来了。圆脸战士,把眼睛从玛丽和耘谷身上缓缓地挪到孙凯常身上,问你们是干什么的?跑到这里来干什么?孙凯常说,我们只是路过。圆脸战士说,哎哟,你们赶紧离开吧,这里就要成为战场了,鸟都不从这里过,只有我们156师在这里。你看那边,记者都来了,就知道有大仗要打。耘谷顺着圆脸战士指的地方看过去,不远处有一群人,围着一位军官,有的边问边记,有的忙着拍照。圆脸战士说,那个军官是他们的刘师长。记者在围着刘师长提问,说有没有信心把日军挡在这里?刘师长说,我们信心百倍,不仅因为这里地形险要,难攻易守,更重要的是,我们士气高昂,官兵一致表示要与日军决一死战,誓死保卫战区司令部的安全。耘谷发现,记者中的一位外国女子,好像是在江东海关大楼下面见过的那位女子,少雍二舅说过,那女子是他和苏佑民的校友,是一位战地记者。玛丽拉着耘谷往回走,耘谷说那个外国女记者很眼熟。玛丽说,你是没睡醒还是眼花啊？耘谷说，她长得真像二舅和苏先生的朋友贝蒂小姐。玛丽说，我还觉得她长得像南茜嬷嬷呢，外国女人不都是这个样子吗？外国女子发现耘谷和玛丽在盯着她看，微笑着朝这边挥了挥手，耘谷也朝她那边挥了挥手。耘谷又回头看了那女子一眼，脖子上挂着照相机、短夹克、菠萝裤、高帮皮靴，飒爽英姿的样子，心里很羡慕。

孙凯常和李泳济这才知道，总监部的基层支部和分站都撤退的原因。战区司令部也撤退了吗？兵站总监部还在那里吗？能不能见到蔡家兄弟？找到马约伯的可能性还有没有？关键在于，如果浙赣线已经失守，继续前行是不是安全？商量了半天，还是决定撤退为妙。玛丽依然是固执己见。孙凯常说，女儿啊，有些事情不是我们自己能够决定的，眼看着就要开战的架势，我们不要去冒险，等一阵，说不定就有转机呢。玛丽说不行不行，不找到马约伯决不罢休，说着就开始啼哭。耘谷想着见翰民，自然也要声援玛丽。

可怜两个父亲，改变不了两个女儿的哀求和坚定态度，只好决定继续往前赶路。船工们拎着货物回来了。船老大说，街上只有一家店卖东西，我说，你们的人都见鬼去了吧。他们说，日本人就要打过来了，你们还在街上逛荡，去见鬼的恐怕是你们吧。我看这阵势，怕是真的要打仗，我都不想往前走了。孙凯常说，是像要打仗的样子，这不是还没打吗？孙凯常给船老大递了两支香烟，他一支叼在嘴上，一支夹在耳朵上。孙凯常把剩下的大半包也干脆塞给了他。船老大本来是想开口要加钱的，增加一点"冒险费"也不是非分之想。这时候,船老大把那包哈德门香烟塞进上衣口袋,嘴巴里嘀咕了几声,欲言又止,大概是碍于情面,话没说出口,老大不情愿地吩咐年轻船工开船。

第二天清晨,帆船离开河流主干,驶入一条叫丰溪的支流,逆流行驶了七八里,上午抵达了第三战区司令部所在地皂头镇。跟翰民信中描述的完全不同,这里没有戒备森,见不到宪兵和汽车,小街静悄悄的,除了鸡鸣狗吠,几乎听不到人声。

父女四人走近一家杂货店,只见门口挂着一块木牌,上面用红漆写着"第三战区消费合作社第一分社"。孙凯常想找店主打听情况。女店主从里屋走出来打招呼。孙凯常一看惊呆了,这不是屯溪普惠茶庄的姚竹叶吗?几年不见,容貌依旧,但也明显能见到无情岁月的刻痕。她留着时髦的发型,锃亮的头发夸张地竖在前额,扭了半圈再往后倒,高耸的头发散出一股生发油气味,身边还跟着一个四五岁的男孩。

孙凯常按捺着激动情绪,轻声说,这不是姚竹叶吗,你怎么在这里呢?

姚竹叶惊叫起来,是孙先生!真没想到还能见到你啊!

孙凯常盯着姚竹叶的眼睛说,改开杂货店了?

姚竹叶眼里闪着光亮说,这不是我的店,我是替撤退的长官司令部看店呢。

孙凯常说,还卖"猴魁"和"瓜片"吗?

姚竹叶连声说,卖卖卖,卖啊,你快进来吧。

姚竹叶说着,泪花花在眼眶里打转,一边把孙凯常让进店里。

那年春天,孙凯常和董少雍离开屯溪不久,姚竹叶就跟舅舅一起,回到了广丰老家。有人上门提亲,母亲和舅舅就劝姚竹叶出嫁。姚竹叶不理会提亲的,没有心情,还总惦记着孙先生。母亲说,人家男方家境殷实,人才也好,你拒绝人家,是不是心里有人?那你告知妈妈和舅舅,把这边男方回了就是。他也要上门提亲,明媒正娶,名正言顺。否则,就不好把人家撂在一边。姚竹叶不便说什么,只好勉强答应,后来就嫁到了皂头镇。

姚竹叶把儿子拉到身边说,那时候,他还在我肚子里,他父亲就应征入伍上了战场,参加南昌保卫战,被日本鬼子的飞机炸死了,生不见人死不见尸。姚竹叶含泪诉说,孙凯常嘘唏不已。姚竹叶抹了一把眼泪,说,做梦也没想到,我还能见你一面,老天爷!你怎么突然出现在这里啊?孙凯常说,女儿玛丽的丈夫突然不见了,有人说他在战区司令部的医院里,我陪女儿来这里,找她的丈夫马医生。

姚竹叶说,这都是在过什么日子啊?!眨个眼丈夫就没了,转个身妻儿就不见了!你找部队上的人?来晚了,司令部搬走了,说走就走,没几天就搬了个干净。孙凯常问,搬到什么地方去了?姚竹叶说,那不知道,只是听说日本人的大部队要来,这边的部队就开始筑工事,那些不能打仗的,当官的、管仓库的、服装厂的、当护士的、没有力气的胆小男人,都跑了。日本人每天都派飞机来轰炸。

突然传来一个男子粗犷的声音:竹叶儿,竹叶儿,拿两包"三猫"烟来。姚竹叶连忙迎上去说:贾团长忙啊,忙得见不到人啊,贾团长什么时候走呢？贾团长说，等扫尾工作处理完就走，也就这两天吧。贾团长见站在店铺门前的人，不像是本地人，就用军人惯常的硬朗腔调说，都撤退了，你们还在这里干什么？赶紧离开吧。

孙凯常迎上去说，我们是来找人的，找亲戚，中央军校三分校的蔡鲛，兵站总监部的蔡鳇。贾团长说，哪来的三分校？总监部也不在这里，在裴村。耘谷这才想起，翰民信中分明写着，三哥蔡鳇的驻地在裴村。玛丽对孙凯常说，那我们就赶紧到裴村去啊！贾团长说，去那里干什么？都搬空了，总监部跟司令部一起转移到闽西山区去了。

尽管一路碰钉子，玛丽和耘谷依然抱有希望。此刻，面对人去楼空的小镇，失望的心情无以言表。好不容易得到马约伯的一点线索，突然间又说没就没了。玛丽再也忍不住，大声哭起来。耘谷也好像是被当头浇了一盆凉水，渴望见到翰民的热情被浇灭。她挽着玛丽姐的胳膊，让玛丽不要哭，自己的眼泪在心里流。

玛丽的哭声，勾起姚竹叶对死去丈夫的思念，于是她也跟着抹眼泪。贾团长点燃一支香烟，狠狠地吸了几口说，哭有什么用啊，又不能把日本鬼子哭走，也不能把你们丈夫儿子亲戚朋友哭出来，只有打，把日本鬼子打走，家人亲人恋人友人才能团圆。姚竹叶对贾团长说，你就让人家哭嘛，哭了心里会舒服些，哭了你们男人打仗才更有劲呢。贾团长朝姚竹叶瞪了一眼说，舒服？有劲？真是妇人之见！女人一哭，我们男人心里就乱糟糟的，劲也没有了，脚也不稳了，枪也打不准了。

贾团长转身对玛丽说，姑娘，不要哭，赶紧离开这里吧。贾团长说着，把手按在腰间的手枪上，抬眼望着远处，好像是在自言自语地说，司令部很快就要搬回来的，大部队很快就要杀回来的，我们一定能够打退日军的这次进攻。贾团长突然转过脸来问孙凯常，刚才说你们的亲戚是谁？蔡鲲？孙凯常说，没错，没错，总监部的蔡鲲。贾团长想了想，口气突然缓和起来。贾团长转身对玛丽和耘谷说，姑娘，先回家去吧，过两三个月再来，我保证你能在这里找到你们的亲人。

贾团长从竹叶儿手里接过香烟，叮嘱姚竹叶要小心，听到飞机轰隆隆的声音，要赶紧跑开躲起来。贾团长说完，突然立正，向父女四人行了个军礼，转身大踏步地离开了。

孙凯常跟竹叶彼此留了通信地址。竹叶从柜台里取出一包"猴魁"和一包"瓜片"送给孙凯常，两人依依不舍地道别。玛丽有些不耐烦，催促父亲赶紧离开这里。父女四人回到船上，船老大正在埋怨，说你们再不来，我们就要走了，你们没听见飞机大炮声吗？李泳济连声道歉。帆船原路返回了江东。尽管整整半个月一无所获，但父女四人却毫发无损地回到了家中。老太太不停地念着"阿弥陀佛"。董方均说，平安归来就好。

玛丽心情糟糕透了，不愿多说话，整天坐在那里发呆，像个闷葫芦。耘谷心情颓唐，还要去安抚玛丽表姐。耘谷对玛丽表姐说，等到秋天我们再去，现在我们有经验，不需要父亲的陪同，我们自己就行！耘谷的"再走裴村计划"，让玛丽愁眉舒展，两人约定到时候就单独行动，不再需要父亲的陪同。玛丽对乌斯说，儿子啊，你那狠心的父亲,也没有消息,也没有书信,不知躲到什么地方去了,我一定要找到他!等我和你耘谷姨一起去找他,把他抓回来,让他自己抽自己嘴巴,罚他三顿不许吃饭。

翰民和蔡鲠写给耘谷和晴媛的第二封信来了,在路上也走了一个多月。翰民信中说,他们第二天就要撤离裴村,向闽西山区转移,这次战略转移是暂时的,很快就会打回来的。耘谷这才知道,翰民和蔡鲠的书信走在前往江东途中的时候,正是自己和玛丽姐赶往裴村途中的时候。翰民和蔡鲠战略转移去远方,耘谷和玛丽长途跋涉去看他,结果扑了个空。这种失望和沮丧的感觉,只有耘谷自己知道。翰民信中还说,他一直在为玛丽表姐打听马约伯的事情。初步探明,第三战区兵站总监部卫生处新来的那位马医生,据说因医术十分高明,既是训练处的教官,又是附属医务所的医生。卫生处跟三哥的经理处是兄弟单位,经常有工作上的接触。三哥说:有一次到医务所去看病,就遇到了那位马医生,两个人聊着聊着,发现竟然是湖滨老乡,但马医生话不多,加上有人等着看病,不好多聊。翰民说,由此推断,这个马医生马教官,正是玛丽表姐的丈夫、乌斯的爸爸。翰民写道,自己从未见过马医生。一则因为战略转移时的混乱,自顾不暇,二则因为素不相识,不好唐突。翰民说,等有合适的机会,他会跟马医生见个面,探个虚实。

翰民这封迟到的书信,让玛丽心里的一块石头落地了,同时也更坚定了她秋后跟耘谷一起,再度走裴村的决心,如果战区司令部返回了裴村的话。晴媛说,翰民哥他们到底在哪里呢?把我都弄糊涂了。耘谷说：写这封信的时候，他们还在裴村。我和马丽姐出发去找他们的时候，他们正在往闽西转移。此刻他们还在闽西。估计很快就会迁返原地。晴媛说，那万一他们不迁返呢？玛丽说，那我就跟耘谷一起到闽西走一趟。

第六章

1

孙凯常知道,女儿玛丽在惦记着马约伯的消息,惦记着战区司令部机关的动向,于是不惜重金,从五楼史柯雷那里,购得一台二手收音机。家里人经常围着收音机听广播。在世界各大通讯社中,塔斯社的战况消息最为详尽,它开办的"呼声广播电台",还有汉语广播频道。塔斯社称,日寇的大部队兵分两路,东边从浙赣线的衢州金华西进,西边从南昌和抚州东逼,两边夹攻,守卫在抚河流域和浙赣铁路沿线的中国军队抵挡不住,只能暂时撤退。金华衢州和鹰潭上饶相继沦陷。第三战区司令部及其下属机关、医院、工厂、学校,事先已经全部撤退到了福建武夷山区,暂时驻扎在崇安、建阳、光泽一带。战区司令部驻地的皂头和裴村,已经被日本人占领,浙皖闽赣苏诸省之间的通道被日军打通。

塔斯社"呼声广播电台"的军事评论员评论道,战争进入胶着状态。野心勃勃的日本侵略军,为了与美国争夺太平洋的霸主地位,开始觊觎中国之外的其他地区。日寇以西太平洋沿岸为基地,开始向南太平洋和印度洋诸岛,以及南亚和东南亚国家,发起攻击。同时,对中国战场的战略战术也有所改变:不动则已,动则致命,比如,针对华北和晋察冀地区的夏季疯狂大扫荡,比如,针对浙西赣东之间区域的"浙赣会战",每次都采用来势汹汹、一招致命、速战速决的战法,企图通过短暂而强悍的震慑力,达到不战而屈人之兵的效果,以掩盖自身战线过长兵力不足的死穴。但是,让日寇没有想到的是,夏季大扫荡在华北和晋察冀地区,"浙赣战役"在第三战区,都遭到了中国军队的顽强且持久的抵抗。

玛丽和耘谷,更急切地关注着战事的进展,有空就守候在收音机边。玛丽还锁定塔斯社的"呼声广播电台",不允许别人换频道,听完新闻听音乐,听完音乐听评论。广播电台刚刚播完"浙赣会战"的新闻,紧接着就是军事评论节目。新闻节目主持人说:下面是塔斯社特聘战地评论员贝蒂小姐,从赣东北前线发来的评论。

收音机里传来贝蒂小姐的声音。贝蒂小姐评论道:第三战区司令部驻地皂头镇,并不是什么军事重镇,不过是一个临时指挥所而已,但它却像一根细小而坚硬的刺,插在四省交界处的肌肉中,拔则兴师动众,不拔又令人不适,日军最终决心拔掉这根"刺"。类似于皂头这种临时指挥所,随时随地都可以建。闽西武夷山区,就是新建的临时指挥所。那么日本人为什么不攻占闽西呢?因为从军事角度看,闽西同样不重要,甚至比赣东北更不重要。

贝蒂小姐继续评论道:我大胆预言,日本人很快就会从赣东浙西地区撤退,因为皂头和裴村,既不是大城市,也算不上战略要地,日军守在这里,只会自找麻烦,令原本就严重不足的兵力更加分散。太平洋战争已经爆发,美国和盟军对日宣战,停泊在太平洋上的大黄蜂号航母上的B-25轰炸机,随时都可以起飞。日本本土诸岛,每天都在遭受美军飞机轰炸的威胁。不久前,日军又在中途岛战役中惨遭失败,四艘航空母舰被击沉,这令日本侵略军信心丧尽,惊慌失措,顾头顾不了尾。因此,日军迅速从赣东北撤退,是必然的。……

玛丽说,广播里的那个人分析得真好,就是说话的腔调有些怪!耘谷说,人家是外国人嘛,你没听见广播里说吗?她是"塔斯社特聘战地评论员贝蒂小姐"。那不就是二舅和苏先生的朋友吗?而且我认为,我们在贵溪码头见到的那个外国女子,就是这个贝蒂小姐。玛丽说,真的吗?我怎么不记得这件事。耘谷说,你只记得马医生,其他什么人都不记得。玛丽说,瞎讲,我还记得我耘谷妹妹呢。不管她是谁吧,这个战地评论员贝蒂小姐的观点,我很赞同,我也认为日本鬼子马上就要滚蛋了!

酷热的初秋季节,塔斯社特聘战地评论员贝蒂小姐的预言应验了。孙玛丽小姐的预言也应验了。日寇果然从赣东和浙西战场撤退了。除了贝蒂小姐所说的那些理由之外,更重要的是,第三战区的官兵一开始就不打算放弃,誓与日寇决一死战!在战区司令部机关撤往闽西山区的同时,他们已经集结了战区4个集团军所属11个军的33个师,加上第九战区的增援部队3个军的8个师,还有皖浙赣闽苏5省地方保安部队,将7个师团的日本侵略军团团围住,主战场分布在南昌和抚州以东的信江流域、江南的浙赣线金华至鹰潭沿线地区、武夷山东北麓和怀玉山西南麓一带。中国军队与日本侵略军展开了长时间的拉锯战。日寇实在熬不住，加上他们摧毁我军机场和破坏浙赣铁路的预期战略目标已经达到，这才退却到抚河以西和金华以东。两边军队暂时处于对峙状态，各自守着"浙赣会战"之前的边界。

但日本侵略军越来越沉不住气，变得特别疯狂暴戾。他们似乎预感到自己末日将近，急着想报中途岛战役惨败的一箭之仇，誓与美军在太平洋上决一死战，于是，悍然发动"圣克鲁兹海战"。两百多架飞机(美日各100架)，六艘航空母舰(日军4艘，美军2艘)，在海上打成一团，双方伤亡损失惨重。可惜的是"大黄蜂号"航空母舰，这艘当时最先进的航空母舰，服役还不到两年，就遭遇日军鱼雷轰炸机自杀式袭击，"大黄蜂"遭受重创，最后被迫自沉于南太平洋。

日寇从赣东北撤退后，第三战区司令部及其下属机关立即着手准备回迁。三哥蔡鲲和兵站总监部，也将随大部队一起迁返原地，驻地依然是裴村。中央陆军军官学校第三分校的情况比较特殊，主要是机构庞大，人员众多。除管理机关和教职员工外，新报名注册的第十八期学员就有三千多，据说还要立即启动第十九期的招生工作。战争越来越酷烈，前线兵力也越来越匮乏，直接征来的兵士素质堪忧。增加军校的招生数量，缩短他们的学习周期，同时增加各种类型的短训班，将部分课程开设到战场上去，不失为一个权宜之策。其实，从第十七期开始已经这样做了，第十七期学员只学了一年，就赶上"浙赣会战"，学员们直接就奔赴前线，进了战壕,而且得到了前线官兵广泛好评。因此,第十八期要效仿,学制将缩短为一年半,甚至更短。

军校扩大招生和缩短学习周期势在必行,随之而来的问题是扩招之后教室和宿舍严重不足,要同时满足近万人学习工作生活用房的需求,三分校乃至第三战区,都面临巨大的压力,战区司令部这才决定分流,将第三分校一分为二:部分教官和政训总队学员,随司令部回迁上饶;第十八期学生总队和部分军事教官,以及即将招收的第十九期新生,全部到瑞金旧校址去复课。

蔡鲛和部分军事教官文化教官,将随战区司令部迁回赣东北,并开始筹备新开设的战术干部培训班,同时又接受战区司令部的新指令,为司令部下属职能部门开设的各种类型的干训团、集训队、培训班提供教官。三分校学生总队的部分教官,包括范仕运范先生,要带领第十八期新生,直接开拔到赣南瑞金。

蔡翰民和蔡鲤,正式成为中央陆军军官学校第十八期的新学员,即将随大部队一起前往瑞金。撤离闽西建阳前夕,翰民特地去了一趟卫生处,想亲眼见一见马约伯医生,结果还是没有见着。卫生处附属医院的医生说,马约伯医生离开了总监部卫生处,被派往某集团军的野战部队。马约伯是临危受命,到前线协助筹建遭日寇破坏的野战医院。翰民很沮丧,都怪自己懈怠,这么久都没有兑现自己给耘谷和玛丽表姐的承诺,留下一个大大的遗憾。翰民委托二哥和三哥,请他们继续关注马医生的消息,以便自己能及时通知耘谷和玛丽表姐。

部队开拔在即,跟二哥蔡鲛和三哥蔡鳇告别的日子终于要来了。蔡鲠依依不舍,有难以抑制的落泪冲动,但看看自己和翰民身上的军装,看看两个人肩上挂着的步枪,眼泪也跟着吓退了。二哥蔡鲛对蔡鲠和翰民说,分开一阵也好,不离开我和蔡鳇,你们两个就永远也长不大。要好好学习,战斗打仗的军事知识要学习,沉稳坚定的成熟性格也要学习。蔡鳇说,估计你们很快也要上前线了,多保重吧。蔡氏兄弟四人,忍泪话别,相互励志,愿为报效祖国而努力学习和工作。

九月一天清晨,太阳刚从山背爬上来。山区夏季早晨特有的清凉,夹杂着野草的青涩和野花的幽香,弥漫在空气之中。蔡家两个青年军官,翰民和蔡鲠,戴着钢盔,打着绑腿,扛着长枪,背着包袱,走在队伍中。他们正随中央陆军军官学校三分校的大部队,从闽西光泽县出发,朝赣南瑞金开拔。队伍穿越武夷山腹地,沿着这座南北向山脉的西麓南下,途经江西黎川、广昌、宁都,全程五百多里地,向瑞金城西南的武阳围进发。这是战时东南沿海通往西南大后方的重要通道,像一条沸腾的血管,奔涌着抗日青年的热血。看着道路两边的山水稻田,花草树木,翰民紧握枪把的手心直冒汗。

军校第十八期学生总队三个大队的学员,入驻武阳围及其周边的几个村庄。那是三分校原第十六期学生总队的驻地,教室和宿舍都是现成的。学员总队部办公室和教室,安顿在祥云寺,武阳围西北武平山东南麓半山腰,苍翠的松林中十几幢红砖碧瓦建筑,伴随着晨钟暮鼓,仿佛远离尘嚣。出操、上课、吃饭、睡觉,周而复始,也难免单调枯燥。每天的"三操四讲"安排得满满当当:早晨、上午、下午都有操练,中间夹着政治军事文化课,隔天晚上还有自修课。星期天或初一十五赶圩日,可以自由支配。政治课枯燥无味,尽是说教,诸如建国方略、三民主义、领袖言论之类的,只有范仕运教官的战争形势分析课广受欢迎,每每听完,同学们都群情激昂,摩拳擦掌,恨不得立即上战场去杀敌。军事课也很受欢迎,有战术、兵器、侦察、工事、格斗等内容。

外语、音乐、阅读等文化课程,是公共必修课。但男学员都设法逃课,只有女学员在顶着。文化课老师对男生不感兴趣,有女生听就行,便任由那些散漫的男生逃课。校方和学监则认为,纪律散漫,是军校的耻辱,必须严加整顿。蔡鲤曾经撞到了枪口上,上音乐课的时候,他一个人偷偷地带着弹弓上山去捕鸟,被大队长逮个正着,关了一天禁闭。出来后,还罚他上文化课的时候必须坐在前排,而且还要坐在女同学中间。

几百个女学员,来自分校的三个直属女子中队:战地医护中队、日语翻译中队、文艺宣传中队。除一般课程之外,还为她们增设了战地救护医学药学基础课、日本文化和日语交际劝降课、音乐舞蹈体操课。女学员是军校的稀罕物种,她们为枯燥的生活带来了惊喜,为寂静的山区带来了声色,只要她们一出现,山坡上的花草才有了颜色。

男生宿舍分散在从附近各个村庄租来的房屋里。三四十人一间,挨着两边墙壁长长的两排通铺,中间走道上是一排砖砌的小桌子,被子叠放得整整齐齐,摆放成一条线。如果被子叠得不像砖头那样四方笔直没有褶皱,就会挨批评,重则挨揍。每月有12元法币的生活费,其中9元交给总队后勤部门,用于饮食开销,剩下的3元零花钱发到学员手中。其实也没处花钱,武阳围上才有一个小卖部,出售烟酒茶、洋油盐巴,连纸笔都买不到。翰民和蔡鲤不抽烟不喝酒不饮茶,不知怎么花这3元钱。蔡鲤说,先攒着,等回家的时候,就有钱给晴媛买礼物了。翰民没说话,他不知道耘谷喜欢什么礼物,一时间没了主意。

武阳围正东的庙背村,是个大村庄,几百户人家都姓钟。村庄紧挨着绵水河边。绵水河从东北流向西南,在村东头突然拐弯,扭头朝东南流去,然后再折向西南,形成了一个巨大的弯道,像一双手臂一样,拥抱着庙背村。村东的树林里,掩藏着几幢青砖瓦房,飞檐斗角在树荫之中若隐若现。那都是庙背村的公屋,如今租给了军校当女学员的宿舍,医务一中队驻在钟姓祠堂,日语二中队驻在村议事堂,文艺三中队驻在河边的村小学里。

每天黄昏,学员们成群结队地到绵水河边去散步。男生们去看美景是借口,看美女是真的。从祥云寺和武阳围,通往东南方向的绵水河边,原本是一条荆棘丛生的小路,如今已经踩踏成一条宽阔平坦的大道,学员为它取名叫"抗倭大道"。附近的村民,纷纷在路边摆摊设点,做些小买卖。沿途的热闹景象,不亚于赶圩日。

山里的冬天来得早。空气中散发着河面飘过来的寒意。翰民和蔡鲤走在通往绵水河边"抗倭大道"上。翰民不喜欢嘈杂,总是要等人群快要散去的时候,才约着蔡鲤出门散步。远处群山的轮廓隐约可见,老乡家屋顶上飘出的袅袅炊烟,散发出浓烈的柴火气息,让翰民和蔡鲤想起自己的故乡湖滨尚蔡村。

远远见到十几个女生聚集在一起,看样子应该是文艺中队的,她们坐在河边麻石台阶上齐声歌唱:"……听吧,满耳是大众的嗟伤!看吧,一年年国土的沦丧!我们是要选择战还是降?我们要做主人去拼死在疆场,我们不愿做奴隶而青云直上!我们今天是桃李芬芳,明天是社会的栋梁;我们今天弦歌在一堂,明天要掀起民族自救的巨浪!……"她们合唱完之后,一个留着齐肩短发的女学员站起来,开始独唱:"云儿飘在海空,鱼儿藏在水中,早晨的太阳晒渔网,迎面吹过来大海风。"歌喉婉转悠扬。这不是耘谷的声音吗?!翰民一时间出现了幻听,仿佛河边坐着的就是耘谷。翰民被那深情多愁的声音所感动,不由得呆立在路边。

蔡鲤说,这个单唱的,不如前面合唱的好听,前面那个歌,听得人热血沸腾,后面这个歌,听得人意志消沉。翰民不同意蔡鲤的看法。翰民觉得,没有深情的勇敢,不过是匹夫之勇,不能算作大勇。蔡鲤长得个头比翰民还高,但想问题远不如翰民周全老到,心思也不够精细缜密,最近还特别喜欢争强好胜,翰民没有心思跟他争论。几位唱歌的女生,发现翰民和蔡鲤站在那里看着她们发呆,就冲他们哈哈大笑起来,一边起身往宿舍那边走去。翰民看着那位短发女生的背影,想起耘谷的歌声和笑容,惆怅而忧伤。

第二天傍晚,翰民和蔡鲤又到绵水河畔去散步,远远就听到河边传来女生们的歌声。独唱的还是那位短发女孩,跟昨天小调唱法的悠扬婉转不同,今天她那咏叹般的歌声,高亢而悲戚,如泣如诉:

那一天,敌人打到了我的村庄,
我便失去了我的田舍、家人和牛羊。
如今我徘徊在嘉陵江上,
我仿佛闻到故乡泥土的芳香,
一样的流水,一样的月亮,
我已失去了一切欢笑和梦想。
江水每夜呜咽地流过,
都仿佛流在我的心上。
我必须回到我的家乡,
为了那没有收割的菜花,
和那饿瘦了的羔羊。
我必须回去,从敌人的枪弹底下回去。
我必须回去,从敌人的刺刀丛里回去。
把我那打胜仗的刀枪,
放在我生长的地方。
……

歌声缓缓落下,女孩子们轮番过来拥抱独唱的短发女孩,接着便要结伴回宿舍。她们这才发现,站在路边的两个男生,眼里已经噙满泪水。短发女孩走过来,递给翰民和蔡鲠一条花手绢,转身朝自己的伙伴跑去。……

2

耘谷和玛丽表姐,原定要在秋季实施的"再走裴村计划"早就搁浅了。尽管玛丽想去寻找马约伯的冲动依然强烈,但因目标消失而无法行动,不知马约伯的野战医院究竟在什么地方,就连蔡家兄弟也不知道马约伯的去向,到裴村去有什么用?翰民和蔡鲤,去了更遥远的赣南山区瑞金,而且也是一去杳无音讯,如今他们人在何处,也不得而知。耘谷跟玛丽表姐向往的目标不再一致,因此也就无法统一行动。

玛丽表姐有一个大胆的想法,说要跟耘谷一起,先到裴村去碰碰运气,不行的话再陪耘谷一起到赣南瑞金走一趟。耘谷否定了玛丽表姐的方案。耘谷说,翰民和蔡鲤至今也没有来信,不知道他们到底在哪里,是在军校学习吗?听广播说,前线伤亡惨重,兵力严重不足,军校那些年轻的学生,没准就派往前线去了呢。耘谷提醒,要接受上次的教训,没有确切消息,不要轻举妄动,我们两人,像两只没头苍蝇到处乱碰,不但路途艰险,也给家人添乱。耘谷劝玛丽在家里安心等待,说不定就能等到转机。玛丽表姐一听,也有道理,便决定暂时放弃"再走裴村"的冒险计划。只是一看到小乌斯,玛丽就心疼、心酸、心烦。玛丽总是用哭来缓解自己的心情,哇哇地哭一场就好了,仿佛所有的委屈、烦恼、沮丧,都随着眼泪一起流走了。

耘谷的心里何尝不是焦急难耐!战争是残酷的,翰民他们在枪林弹雨里,子弹也没长眼睛!每每想到这些,耘谷夜不能寐,内心阵阵绞痛。自从跟翰民分别之后,一共收到翰民寄来的两封信,一封是随司令部撤离裴村时寄出的,一封是随军校三分校往赣南瑞金转移前夕寄的。每一封信,耘谷都不知读过多少遍,每一封信,耘谷都认真地写了回信,但都没有寄出,也无法寄出。那些熬夜写出的书信,不知写废了多少张纸,不知重新抄写了多少遍,最终也只剩薄薄的一页纸,千言万语浓缩成一声简单的问候,千叮咛万嘱咐只剩下一句简洁的祝福。其余的,都存放在心底,酿成夜半浓酽的泪水。

青涩而坚硬的银杏果实,在无声无息地生长。直到它变黄了,变软了,熟透了,跌落在街道两旁的林荫道上,散发出诱人的臭味,人们这才想起它的生长史,发现它成长的坚定顽强和永不停息的秘密。往年,耘谷都要跟姐妹们一起,到路边去拾捡银杏果,去掉又软又臭的金黄色果皮,用湿纸将淡黄色的果核层层包裹起来,再丢到火里去烧,紧裹着的湿纸烧成灰烬的时候,银杏果也熟了,口感像糯米糍粑,味道清香略带苦涩,是上好的零食,吃不完的还可以卖给中药铺。想起来,已有两年没有去拾捡银杏果实。埋在海关钟楼边草坪上的银杏种子怎么样了?耘谷想去窥探泥土中银杏种子的动静。玛丽表姐忙着上班。耘米最近也神出鬼没,除了睡觉就不见人。只有晴媛妹妹愿意陪她。

转眼秋去冬来。寒气袭人的黄昏。海关钟楼在夕阳映照下闪着光。钟楼下面的草坪,似乎很久无人打理修剪,露出衰败的样子。结缕草和狗牙根草枯黄的叶茎,在风中颤抖,只有马鞭草还紧贴在地面上,顽强地生长。那丛绿叶黄花粉蕊的野牛草,已不见踪影。耘谷半天都没找到种银杏的地方,急得双手四处乱抓乱扒。晴媛对耘谷说,春天再来吧,那时候银杏一定破土发芽了,找也不用找。耘谷说,不知那颗银杏果躲在什么地方,它还能发芽吗?也许它已经腐烂了呢。耘谷说着,伤心的泪水涌了出来。

突然,晴媛使劲地摇了摇耘谷的胳膊,示意耘谷往前看。耘谷抬头,只见两男两女,远远地朝钟楼方向走来,其中有孙云柯和钱小果一对,旁边竟然是耘米,还有一位紧挨耘米身边的陌生男子。四个人高声说笑着走过来。耘谷和晴媛,赶紧躲到钟楼的另一边。耘米身边那年轻男子,国字脸像刀切出来的,大眼大嘴大鼻,中分头发油光闪亮,黑色尖头皮鞋也擦得锃亮,香烟斜叼在嘴角上,亮着大嗓门儿说话,一副纨绔子弟派头。他们在街上招摇,不知又会惹出什么祸来。耘谷感到吃惊的是,耘米什么时候跟他们混到了一起?

耘米上次因翰民而跟耘谷赌气,尽管很快就和解了,但姐妹间似乎有了嫌隙,彼此间变得客气起来。尤其是这次耘谷跟玛丽出门回来后,耘谷越发觉得,耘米跟自己生分了,两个人话也少了。原来,耘米在跟外面的男人厮混。他们在恋爱吗?那个油头粉面的男子究竟是什么人?女孩子大了,谈情说爱也很正常,但耘米性情古怪,常常会做出让人匪夷所思的事情。耘谷决定先了解清楚情况,必要时还得请父母介入。

耘谷先跟玛丽表姐说起这件事,希望玛丽表姐先去问问云柯弟弟,跟耘米在一起的男子究竟是什么人。玛丽当晚就把弟弟云柯叫到房间里问话。她问云柯,是不是还跟那个扫帚星钱小果混在一起?耘米身边的那个花花公子是谁?

云柯对玛丽说,姐姐说话不要那么难听好不好?什么扫帚星?什么花花公子?你是什么难听就说什么。自从上次惹祸给姐姐带来麻烦后,我和钱小果都很后悔。人家钱小果现在也改邪归正了,不再穿着暴露了,也不再浓妆艳抹了,还经常帮家里干活。钱小果很想对姐姐表示歉意,说等有合适的机会,一定要亲自向姐姐道歉。人家本来就是良家女子,性格开放一点而已,我有什么理由不搭理她?

云柯继续对玛丽说,姐姐关心跟耘米在一起的那个男子是谁?人家不叫花花公子,人家有名有姓,叫熊渚杰。他就喜欢穿着打扮时尚一点而已,不要以貌取人嘛。关键是,耘米自己愿不愿跟他在一起,喜不喜欢他,这个很重要。姐姐跟马医生在一起,家里人也反对,是吧?姐姐并没有听家人的意见,坚持自己的选择,我觉得姐姐很勇敢啊。

玛丽说:闭嘴,不准说我的事,现在是我问你。

云柯说:人家熊渚杰,书香门第,也没有嫌弃咱们的商人家庭,你就知足吧。他父亲熊纪舒,毕业于中央大学历史系,江东师范学校前任校长,前两年当上了江东市副市长,分管教育文化卫生的熊副市长,这下放心了吧?

云柯说了许多,把玛丽说糊涂了。但凭女性的直觉,玛丽隐约感到有些不安,总觉得哪儿不对劲儿,但又想不清楚,说不明白。玛丽想了想,对云柯说,我只是关心耘米妹妹,你也要关心她,多站在耘米妹妹的角度想问题,不要只看人家的身份啊,家庭出身啊,那些都是外面的,要看他里面的,看他的心。

云柯说,姐姐,你真的不了解你弟弟啊。弟弟从来都不攀龙附凤,依附权贵。跟钱小果也是一见钟情,并不知她出身的贵贱。我本来就不认识熊渚杰,是耘米跟他认识之后,我和钱小果才跟他认识,因为他是耘米妹妹的朋友,我才跟他玩,明天耘米跟他分手,那我也就不认识他了,跟姐姐所说"外面的"没有关系。至于熊渚杰"里面的"心怎么样,那只有耘米才知道,我怎么看得见?

其实也不能说跟"外面的"完全没有关系。世上哪有无关的事物?不同的家庭出身、教育背景、家底厚薄,全部都会在相貌、气质、派头、打扮、表情上反映出来。你也许并不知道这些,但聪明的女孩只凭直觉,就能在瞬间给出判断,这种直觉能力,胜过许多推论计算和综合判断。对此,女孩子自己都不知不觉。耘米就是属于那种直觉能力超强的人。耘米之所以决定同意跟熊渚杰继续相处,正是凭直觉。耘米直觉此人非一般之人。倒不是他的穿着打扮时尚,而是他的气质和派头,一般人是演不出来的。熊渚杰走路的时候,大摇大摆,目不斜视,说话也中气十足,话不多但有力量。否则,他一声"放开她",横水街上那几个小流氓,怎么就乖乖地撒丫子跑了呢?熊渚杰身上那股子邪劲儿,说不上好坏,总之是具有强烈的诱惑力,令人着迷。

那是玛丽和耘谷跟父亲离家远行的时候,耘米感到百无聊赖,决定到滨江路尽头的横水街上去转一转。滨江路自北向南拐弯的地方,有一块小商贩云集的空地,那就是横水街的起点。横水街从这里向西南方向延伸，足足有四五百米，连接着新东区和旧西区，是两种市民文化冲突和交融的过渡地带。横水街是滨江路一带最不像新东区的地方。它更像老西区的街道，乱糟糟脏兮兮的街边，全是小买卖小摊贩，打牌赌博的、酗酒吸毒的、拉皮条的、买春的，无奇不有。董家的女孩子，从来就不会出现在这种地方。耘米是从云柯那里听说，横水街多么好玩。耘米本来想拉上晴媛一起。晴媛说，云柯说好的地方，自己一定不会去的。耘米说晴媛是偏见，云柯的话为什么就不能听呢？偏要到横水街去看看。

耘米刚刚踏上街市喧闹的横水街，就被几个小流氓盯上了。他们将耘米团团围住，说遇见仙女下凡，要耘米陪他们玩一玩。耘米一听急了，高声斥责他们。没想到几个小流氓听到叫骂声，越发兴奋起来，伸手拉扯耘米。无奈之下，耘米只有高声呼救。

两个男子一前一后从旁边的酒馆里出来。在前面开路的矮个子，就是阿五酒馆的老板阿五。大摇大摆走在后面的高个儿，就是熊渚杰。阿五说，谁敢在我门前乱喊乱叫？熊渚杰看到眼前这位怒目圆睁、娇眉倒竖的女子，心头一颤，便把阿五拉开，自己走到前面，冲着几个小流氓厉声喝道："放开她！"阿五也跟着吼道："放开她！"小流氓一见是阿五和熊渚杰，转眼作鸟兽散。熊渚杰正要过去跟耘米搭讪，看了耘米一眼，被耘米的美貌惊呆了，他避开耘米的目光，停在那里想了片刻，突然拉着阿五转身离开。阿五不解，但也没多问，跟着熊渚杰就走。对熊渚杰而言，这是罕见的例外，照往常，他早就下手了。熊渚杰是被耘米的眼神征服了，还是不想让耘米觉得这像自编自导自演的"英雄救美"滑稽剧？总之，熊渚杰做出了放弃的姿态。几个小流氓还在远处的胡同口探头探脑。耘米连忙喊住熊渚杰,说自己住在德茂公寓,好事做到底,求他把自己送回家。熊渚杰想,这貌美如花的女子,一看就不像江东本地人,果不其然,原来是德茂公寓的。熊渚杰答应送耘米回家。耘米在前,熊渚杰在后,两人沿滨江路朝西走。耘米沉浸在恐惧中,心里又气又急,一路上闭嘴无言。刚到德茂公寓门前,耘米头也不回,转身就往家里跑。

耘米的背影消失在公寓里,熊渚杰这才发现,两个人还没来得及交流,漂亮姑娘姓甚名谁,一概不知,只有她那双怒里含娇的眼睛,还印在心里。第二天一早,熊渚杰就守候在德茂公寓门前,希望能再次见到耘米。没想到,一连几天,连耘米的影子都没见着。越是见不着,越是见面心切,以至于把自己弄得神魂颠倒。熊渚杰锲而不舍,每天都在德茂公寓门前晃荡。坐在路边的钱德玄,看在眼里,嘴角上挂着微笑。熊渚杰瞪了钱德玄一眼,问他笑什么。钱德玄说,干等不如湿等。熊渚杰问,什么是湿等?钱德玄朝熊渚杰伸出右手,拇指和食指搓了搓。熊渚杰从皮夹中摸出一张10元面值的纸钞,塞给钱德玄,问什么是湿等?钱德玄说,恭喜你,我们很快就要成亲戚了,前些天你送回家的那个女子,是我侄女钱小果的亲戚。钱德玄再次伸出拇指和食指搓着。熊渚杰又摸出几张纸钞塞给钱德玄。钱德玄收下钞票,让熊渚杰给他一个联系方式,说保证让侄女把那个女孩送到熊渚杰手上。钱德玄拿了钱就得给人办事。不知钱德玄用了什么手段调动钱小果。总之,钱小果和孙云柯,李耘米和熊渚杰,四个人很快就玩到了一起。耘米发现,这个熊渚杰,不但出手大方,而且在江东左右逢源,如鱼得水,为人豪气,朋友也很多,渐渐被他迷住了。

玛丽把从云柯那里得知的情报通报给耘谷。耘谷一听,不敢怠慢,马上告诉了父母。大婉夫妇大吃一惊。李泳济说,什么副市长,不就是日伪政权的帮凶吗?那就是汉奸啊!大婉夫妇觉得事态严重,决定暂时不告知父亲和家里其他人,让耘谷赶紧去把耘米叫过来。耘谷说,耘米一大早就出门去了,一般都要到晚上才回家,等她回来再说吧。大婉说不行,你这就出门去把她找回来。耘谷只好让玛丽叫云柯带路,去找耘米。玛丽说,云柯也是一早就出门了,估计耘米也跟他在一起。

玛丽和耘谷一起出门,从城东跑到城西,该找的地方都找了,也不见耘米和云柯几个人的影子。下午近黄昏的时候,筋疲力尽的玛丽和灰心丧气的耘谷正打算鸣锣收兵回家,路过望江坊酒楼的时候,恰巧碰上耘米他们几个从里面出来。耘谷走过去,也不大搭理其他人,紧紧抓住耘米的手不放,生怕她消失了似的,一边命令耘米赶紧回家,说母亲找她有急事。云柯也跟钱小果告别,跟着玛丽回家了。

大婉见到耘米,强压住心里的怒火,申明利害,命令耘米必须当机立断,立即结束跟那个男子的关系,从此跟他不再有任何瓜葛。耘米觉得莫名其妙,争辩道,人家怎么了?素不相识,怎么得罪你们了?耘米说着,便想起了翰民和耘谷,不禁怒从中来,高声喊道,不要以为这个世界上只需要一种人,就是当兵的,其他都不是人!

事情早就惊动了外公董方均,他突然出现在耘米眼前,打断耘米的话,说这件事情没什么好商量的,不要讨价还价,也无须多作解释,必须无条件跟那男子一刀两断!

父亲李泳济也厉声对耘米说:是的,必须无条件断交,如若不从,后果自负!说完,摔门而去。李泳济很少对女儿生气,他突然发作,粗暴且不容争辩,让耘米措手不及。

耘米哭着转身往费婶那里跑。费婶不在自己屋里,费婶在厨房忙着晚餐。等到她忙得差不多,回到房间,发现耘米趴在床铺上哭。

费婶问:耘米怎么了?谁又欺负你了?又是你娘吧?

耘米说:这回是我娘加我爹,他们合伙欺负我!没有人喜欢我。

费婶劝道:你又瞎说了,怎么没人喜欢你?费婶就喜欢你。

耘米说:费婶不是也说过,费婶不能跟我一辈子,得找个人疼我爱我吗?

费婶说:是啊,要找啊,费婶也在帮你留意呢。

耘米说:可是,我已经找到了,我爹娘却要拆散我们。

费婶说:什么?找到了?你找到谁了?

耘米说:我找到了渚杰,不,是渚杰找到我。

费婶说:这个名字不好听,他爹是种地的吧?

耘米说:他爹是读书人,现在是江东的副市长。

费婶说:读书做官的人,儿子取名叫"猪姐",真不讲究。

耘米说:哎呀,不是,他姓熊,叫渚杰,江洲豪杰的意思嘛。

费婶说:江洲上的豪杰,小是小点,但也是豪杰啊,那你爹娘为什么反对?

耘米说:我爹娘说,他爹给日本人做事,就是汉奸,他就是汉奸的儿子。

费婶说:你又不是嫁给他爹。他自己做什么的?

耘米说:他什么都不做,天天在家里玩。

费婶说:他不做事,那他就是吃他爹的用他爹的。他爹给日本人做事,那他爹和他,都是在吃日本人的。这不行。

耘米说:如果他不吃他爹的,自己攒钱自己过,那就没事了吧?

费婶想了想说:自食其力,不靠别人,那应该就没事。

费婶的话让耘米有了希望。如果熊渚杰不跟他爹熊纪舒副市长生活在一起,那么,自己就有可能跟熊渚杰继续相处。也就是说,不是我李耘米跟熊渚杰一刀两断,而是让熊渚杰跟他父亲一刀两断,这是不是有些过分,有些无理,有些残酷?耘米自己也没想清楚,父母的严厉表情,又在眼前晃悠。

3

耘米把熊渚杰约到海关钟楼下,说要跟他分手。昨天还好好的,今天就要分手?熊渚杰感到既突兀又莫名其妙,不知自己做错了什么。耘米不说缘由,只说要分手。熊渚杰反复追问原因没有结果,便犯了犟,说,不告诉什么原因,坚决不分手!耘米也犯犟,说那也由不得你,不要再来约我,约我也不出来。说完,转身就回家去了。

熊渚杰不甘心无缘无故被耘米抛弃,每天都守候在德茂公寓门口,等待耘米出来,要她说个明白,一边花钱买通钱小果和孙云柯,让他们去游说耘米。孙云柯因为伙同钱小果为耘米和熊渚杰牵线搭桥,遭到母亲董二婉的斥责,不敢明目张胆插手此事。其实,用不着云柯传信,耘米也心知肚明,按照熊渚杰的性格,他一定会到公寓门前来守候。耘米从楼上偷偷地往下看,果然见到熊渚杰,一个人在街边来回徘徊,形单影只,连钱半仙对他都爱理不理。耘米于心不忍,但又害怕一见面又黏在一起脱不了身,便心神不宁地在屋子里转圈。耘谷见状,劝耘米勇敢面对,躲避不是办法,这样拖下去,还不准会生出什么事来,长痛不如短痛,尽快了断才最好。李耘米又把熊渚杰约到江堤上见面。

李耘米开门见山地说:你想过吗,日本人让你父亲做副市长,你父亲不就成了汉奸吗?

熊渚杰一听,松了一口气,原来问题不出在自己这边,而是出在自己的父亲身上,那就好办。熊渚杰咳嗽了一下说:我父亲是自找麻烦,有一次,在日本人张罗的各界代表欢迎会上,他做了一个发言,就被日本人相中了。我母亲说他,你吃亏就吃在喜欢出风头上,在家里整天破口大骂日本人,当面又肉麻地夸日本人,你不会闭住你那张嘴吗?这下好了,日本人信以为真了,你丢下师范校长逍遥日子不过,去当个没有实权的副市长,还经常要跟日本人打交道,整天提心吊胆,不知道什么时候会出差错。母亲说得没错,我父亲现在是骑虎难下,里外不是人,母亲说他口是心非,老百姓背后肯定也在骂他,日本人也未必喜欢他,只是在利用他而已。自己把自己放到火上烤。

李耘米说:日本人看中你父亲,让他当了副市长,你和你的家人都是直接受益者。你既不用工作,也不缺钱花,成天吃香喝辣,花天酒地,你就是在享日本人的福。

熊渚杰说:这个说法我不同意。日本人没有来之前,我父亲就是师范校长,花天酒地谈不上,吃香喝辣也没问题啊。我跟你一样,是在享父母的福,跟日本人有什么关系?

李耘米说:不不不,我父亲是自己做生意挣钱养家。我跟你不一样!

熊渚杰不知如何应对,沉默了半天才开口说:我父亲也知道跟日本人合作后果严重,但他别无选择,只能为自己找借口。按我父亲的说法,这么大一座城市,这么多人在这里生活,总得要有人管事,张三不管,李四也会管,好人不去管,就有坏人去管。

李耘米说:每个人都能为自己的行为找很多借口。关键要看别人怎么评价。我外公,我父亲和母亲,还有耘谷姐和玛丽姐,所有的人都说,这就是大节不保,难以宽恕!你父亲是做日本人的帮凶,你就间接成了帮凶的帮凶!

熊渚杰一时语塞,情急之下,头一甩转身就走,把耘米一个人丢在江堤上。熊渚杰回到家,耷拉着脑袋不说话,母亲问他什么事不开心,他也不搭理。父亲下班回来,熊渚杰突然问父亲,能不能不当那个副市长?熊纪舒瞪了儿子一眼说,你想当就当,不想当就不当?熊渚杰说,江东那么多人,为什么就你喜欢当?熊纪舒火了,高声说,我不出去做事,你吃什么?喝西北风去?你整天在外面鬼混。……

母亲连忙来劝架,她让熊纪舒少说几句,不要整天不着家,一回家就骂儿子。

熊纪舒对熊太太说:都是你,娇惯纵容,一味溺爱,把我的话当耳旁风。你不知道,你儿子现在是名声在外,有人告他在横水街一带,拉帮结伙,招降纳叛,操纵市场,严重影响社会治安。不是我顶着,政府早就查办了!

熊太太说:熊纪舒,你闭嘴,从你嘴巴里出来,我儿子都成什么人了?!

熊渚杰转身上楼,嘭的一声将门摔上。父亲骂熊渚杰在横水街一带"鬼混",算是戳到他的痛处,同时又让他感到委屈。因为熊渚杰最近不但没有鬼混,而且打算改邪归正,尤其是认识耘米之后,他一直用正人君子的标准要求自己。父亲所说的"危害治安",的确有些危言耸听。有些影响不好的事情,其实跟自己无关,都是阿五干的。

熊渚杰在小藤箱里塞了几件衣服,拎着箱子就要出门去。母亲赶紧拉住儿子的手,转身对熊纪舒说:你不是要搬走吗?你搬走,让我跟我儿在这里过,我们母子不要你管,我们各过各的!说着就开始抹眼泪。

熊纪舒见太太发作了,坐在一边低头不吱声。熊渚杰不想父母因他而吵架翻脸,劝母亲不必为他操心,说自己到横水街阿五酒馆里暂住一段时间。母亲让他等一下,拿来一沓钞票塞到他手上,说先出去散散心再回来。

熊渚杰住进了横水街的阿五酒馆。酒馆主人阿五,本名沈五全,横水街一霸,是个花见花谢、草见草枯的主儿。奇怪的是,从见到熊渚杰的第一眼开始,阿五在心里就跪下了,对熊渚杰是陪喝、陪玩、赔笑脸,心甘情愿为他服务,而且还体贴入微。男人与男人之间的友谊,也要讲缘分。横水街一带的人,想跟阿五混的人多了去,阿五没几个瞧得上的。在遇到陌生人熊渚杰的那一瞬间,阿五就服了,就认了。所以,阿五跟熊渚杰,就是有缘人。那时候,阿五根本就不知道这个熊渚杰,到底姓甚名谁,是何方神圣,纯粹是被熊渚杰那气质折服了。阿五笑着对身边的人说,你们看看他那个鸟样子,真的是"虎步龙行走四海,脸阔嘴大吃八方"啊!阿五身边的人都在偷偷地笑,说他供着个老祖宗,管吃管喝还管玩,可不就是"吃四方"的吗?!阿五后来才知道,熊渚杰是官宦子弟,江东市熊副市长的儿子,据说黑鹰队见他都得让三分。但人家阿五有骨气,不为权势所动,他依然如故,一如既往,不卑不亢地欣赏着、崇拜着、照顾着他的兄弟熊渚杰。

安顿了熊渚杰,阿五喜形于色。可是熊渚杰为什么不高兴呢?渚杰兄弟不高兴,我阿五凭什么高兴呢?阿五试探着打听,原来熊渚杰是在思念那位德茂公寓的小女子。这算什么事啊?值得你整天耷拉着脑袋吗?

熊渚杰说,因为父亲跟日本人合作,那小女子说这是失大节,罪不可恕。

阿五想了想说,哎呀,你还在娘肚子里的时候,你父亲在江东就是个人物吧？你这个做儿子的,管得着父亲的事吗？

熊渚杰说,人家不管这个,人家只说我就是熊纪舒的儿子,所以我在想,是不是要在《江东新报》上登个启事,说因家庭矛盾,本人跟熊纪舒脱离父子关系？

阿五一听就急了,瞪着眼睛说:兄弟,这我就要说你几句了。你这是不忠不孝,大逆不道！你为了一个小女子,就要跟亲生父亲脱离关系,你这也是罪不可恕！不行！我要让她来一趟,亲自问问她,到底是跟熊渚杰好,还是跟熊渚杰的父亲好。

阿五就派手下去给耘米送信,让耘米到横水街的阿五酒馆来一趟。耘米还在生熊渚杰的气。那天熊渚杰突然把她一个人丢在江堤上,黄昏时分行人稀少,耘米有些害怕,不知是怎么跑回家的。耘米当时就想,这样也好,就此了结,给家人父母一个交代。话虽如此,熊渚杰的影子和声音,时刻都伴随着她,挥之不去。耘米心里还是挂念着熊渚杰,挂念跟熊渚杰在一起的时候,那种放开、放肆、放纵的刺激感,还有安稳感。耘米心里盘算着,熊渚杰也该来找她了。果然,阿五的人来了,通过钱德玄和孙云柯将口信传给耘米。

耘米来到公寓门前,见到送信人,一听是去横水街,便怒从中来,提起横水街三个字她心里就发毛。她对跑腿儿送信的人说,你回去告诉他们,就说我李耘米绝不再踏上横水街半步。阿五一听,怒从中来,凭什么瞧不起我横水街啊！但阿五也无计可施,碍于熊渚杰的面子,不能动蛮动粗。阿五没奈何,只好屈尊,亲自到德茂公寓门前求见耘米。

阿五让钱半仙把孙云柯找出来,让孙云柯将一个礼盒转交给李耘米。云柯把一个青瓷彩粉百花纹盒装胭脂,一只景泰蓝磨光金珐琅首饰盒,还有几件小饰品,摆在耘米面前,哀求耘米表妹去见见那个阿五。生活在德茂公寓里的耘米,并不知道阿五是谁,只知道他是横水街那条脏兮兮的街道上的小老板。耘米不想站在大街边上接见阿五,她把阿五带到公寓东侧的英文招牌前面草坪上。耘米问阿五:我凭什么跟你走?

阿五说:妹妹,我是替渚杰兄弟来求你的,渚杰脸皮薄,不好意思来。渚杰有什么地方对不住你,我这里代他向你赔礼道歉,希望你给我个面子,到我阿五酒馆去坐一坐。

耘米有些恼火,不知道这个阿五跟熊渚杰到底是什么关系?熊渚杰自己为什么不来,让这个阿五掺和在中间干什么?

阿五接着说:……去喝盅茶,聊一聊,大家当面锣对面鼓,该说破的说破,该谅解的谅解,该磕头的磕头。离多聚少的乱世,两人相遇不容易,三生修得同船渡……

阿五说着,便举起双手朝耘米作了个揖。这个阿五,真不愧是一个江湖角色,能屈能伸,粗中有细,还能说会道。耘米发现,世上竟然有这种人,为别人的事情受过,替朋友磕头作揖。耘米被阿五感动了,便对他说:其实也没什么,我只是不喜欢横水街。

熊渚杰一直远远地跟着阿五。这时候,他突然从南面墙角后面走出来,出现在耘米的面前,问她不喜欢横水街的什么,哪个人?哪家店?都好办。

耘米见到熊渚杰,心扑通跳了几下,内心有一种隐秘的感动,她很想扑过去,拉着熊渚杰的手,就像前些日子一样。但她把那种感觉隐藏起来,把冲动也压抑下去,冷冷地对熊渚杰说:不是人,更不是店,我不习惯那里的气味。

熊渚杰说,刚走进横水街,气味是不好闻,时间长了也没什么。

阿五说,我可以让人去打扫,保证明天就不臭,而且还香。

耘米想了一下说,是跟臭气有关,但不是一般臭气,是一种很难说清楚的气味,那气味难闻得你想赶紧离开它。长时间避开,它也会慢慢地变淡,但它并没有完全离开你,它让你老是惦记着它,让你反复琢磨它到底是什么,从哪里散发出来的,慢慢地,它跟你不离不弃,还会让你上瘾。更可怕的是,只要闻到这那种气味,甚至想起那种气味,你就有一种想干坏事的冲动。

阿五听蒙了,那是什么鬼？横水街的确有腥臭味,下水道也经常堵塞,但我从来都没嗅到过这女子所说的那种气味。而且嗅着它就想干坏事？这也是前所未闻。无论如何,我今天就让人把横水街打扫一遍,整理一遍,冲洗一遍。

耘米闻出了卑贱的味道。那种味道,可能是自然物的污秽部分,而不是精华部分。但正是这种污秽的部分,比如粪便,比如垃圾,跟生长紧密相连。自然物的精华,比如香味,比如香水,是不会有生长能力的。这就好比熊渚杰,一点生存能力都没有,相反,阿五却生命力旺盛,就像一棵落地生根的蓬勃的野草。

过了几天,阿五派人悄悄地把耘米接到横水街。耘米一看,小街面貌焕然一新,好像是按照滨江路边的店铺风格重新布置了一遍,随处堆放的垃圾不见了,腥臭味也没有了,那种只有耘米能嗅出来的诱惑气息好像也没有了。于是横水街也不像横水街了,就像吃红烧猪肠的时候,吃不出臭味儿似的。

阿五站在酒馆门前的街边迎接耘米。耘米大摇大摆地上了三楼,被领进了一间雅座,熊渚杰正坐在里面恭候。对熊渚杰和阿五的精心安排,耘米的确感到有些受宠若惊,但她也提醒自己,不要小家子气,不要轻易表现出来。

耘米就像失而复得的宝贝一样,出现在熊渚杰面前。只见耘米目不斜视,款款走来。熊渚杰心里一阵狂跳,连忙站起来请耘米入座。耘米坐在那里不说话,眼里闪烁着光亮。熊渚杰一时还拿不准耘米想什么,既然答应见面,就是好征兆。熊渚杰让耘米放心,说他已经离家出走,跟父亲一刀两断,既不沾父亲的光,也不担父亲的罪,完全是个自由身。

李耘米冷言道,你不依附你父亲,是不是打算依附阿五?

熊渚杰赔笑说,你这是什么话?我谁都不依附,我要独立自主,"阿五酒馆"这个名字也要改,准备改作"五杰酒馆",你看怎么样?

李耘米说:为什么把你的名字放进酒馆的招牌里?

熊渚杰得意地说:我入股了啊,现在我也是股东,也是老板,也要做生意养活自己。

李耘米说:你当你的老板,跟我没关系。

熊渚杰说:有关系啊,我离家出走,都是为了你啊。

李耘米说:别别别,我可担当不起,你赶紧搬回去吧。

熊渚杰说:怎么可能再搬回去呢?知道的,说我为女人不惜跟父亲翻脸;不知道的,说我熊渚杰改邪归正,开始自食其力,自谋生计。

耘米想起费婶的话,便学着说:自食其力,不靠别人,倒是一件好事。

熊渚杰说:西门口的新店就要开张了,阿五让我在横水街店和西门口店任选一家,如果我选横水街店,他就到西门口去。

李耘米说:你当然要选横水街店啰,没有横水街店,就没有我们后来的事情嘛。

熊渚杰说:好,我选横水街,以后我就是横水街"五杰酒馆"的老板!

李耘米说:嗯,好,但你不要自满啊,要向我外公学习。

熊渚杰说:你外公住在德茂公寓,那一定是大老板啰。

李耘米说,德茂公寓算什么,不过是临时借住的地方,等赶走了日本人,外公就要带我们回镇江、回南京,还要到上海去做生意。熊渚杰一听,不知耘米家的深浅,只是感到有压力,不禁对耘米有几分仰视。此后,耘米经常瞒着家人,到横水街跟熊渚杰相会。只要耘米一出现,熊渚杰就把酒馆事务交给手下伙计,百事不问,弄得阿五有事还得两边跑。但阿五罩着熊渚杰,而且乐在其中。熊渚杰一门心思陪着耘米,走街串巷,吃喝玩乐。耘米也很受用,渐渐地两个人便形影不离,如胶似漆,连体婴儿似的。

第七章

1

熊渚杰跟耘米，正在房间里亲热，阿五突然推门进来，急匆匆的，在熊渚杰的耳边说了几句话，熊渚杰立刻就跟着出去了。一出门，阿五就对熊渚杰说，你母亲托人送信来，你父亲出事了，在市医院急救，你赶紧过去一趟。这边你不用操心，我会把李耘米送回家的。熊渚杰一听，转身叫住一辆三轮车，往西区的市医院飞奔而去。……

伪江东市副市长熊纪舒被刺身亡的消息，两天后就上了《江东新报》。没过几天，塔斯社"呼声广播电台"也播报了这条消息。据塔斯社报道，熊纪舒表面上是分管文化教育的副市长，实际上也在秘密地为日本人提供情报，甚至还有权调动黑鹰队。因此，国民党和共产党在江东组建的两支锄奸队，同时还有江湖上的抗日势力，都在伺机暗杀熊纪舒。塔斯社评论员说，这就是助纣为虐者的下场，这就是为虎作伥者应有的结局，那些心存侥幸或浑水摸鱼者，都应吸取教训。

坊间传闻,下班途中的熊纪舒,路过南湖边的一家卤味店,进店去为自己的太太买卤鸡胗。熊纪舒刚拿起包好的鸡胗,转身正要离开,三位一直在跟踪尾随的蒙面人冲进来,其中二人守住店门,一人反扣住熊纪舒的颈项,利刃往熊纪舒的脖子上一抹,颈动脉被割断,后死在市立医院。这件事情如巨石入水,让表面平静的江东波澜骤起。董方均一家,也通过广播电台得知了消息。大婉和泳济夫妇略略松了一口气。他们知道,自己并没有成功阻止耘米,耘米还在跟汉奸熊纪舒的儿子熊渚杰来往。大婉希望这一突发事件,能让耘米和熊渚杰的事情出现转机。

熊渚杰在忙着处理父亲的后事,还要陪伴惊魂未定的悲伤的母亲。熊渚杰表面上跟父亲一刀两断,但心里并没有跟父亲分离,毕竟血浓于水,断骨连筋。直到父亲去世,熊渚杰才猛地发现,其实他很爱他的父亲。熊渚杰觉得,父亲参与江东管理的这些年,没有功劳也有苦劳,没有苦劳也有疲劳。平时忙得上蹿下跳,饭都很少在家里吃,母亲大部分时间都是一人独处,想来令人悲伤。熊渚杰从来就反对父亲从政,正如母亲所说,父亲是被他那可怜的虚荣心害了,以至于鬼迷心窍,最后不顾大义,身败名裂!但是,父亲罪不至死啊!熊渚杰暗暗发誓,要找到凶手,一报杀父之仇。

熊渚杰开始跟黑鹰队的人频繁接触,想更深入地了解父亲被刺的相关信息。黑鹰队的人对熊渚杰说,实施暗杀行动的不是国民党的锄奸队,而是共产党的锄奸队。因为黑鹰队根据熊纪舒提供的情报,逮捕并处死了共产党江东地下组织的负责人苏佑民,所以才遭到了江东共产党锄奸队的暗杀。

　　熊纪舒身边围着几个包打听式的市井闲人,他们四处打探消息,报告给熊纪舒,并从中牟利。那些包打听,发现了潜伏在南华轮船公司的苏佑民的可疑形迹,认定他不是国民党的人就是共产党的人,总之,是黑鹰队感兴趣的人,是日本人欲除之而后快的人。熊纪舒得到情报后,通知黑鹰队去调查核实。黑鹰队直接把人逮捕关押起来。苏佑民被逮捕后,拒不承认黑鹰队的指控,说他们是捕风捉影,是栽赃邀功,是冤假错案。在审讯的严刑拷打过程中,黑鹰队被苏佑民的强硬态度所激怒,便下死手殴打,结果把苏佑民打死了。其实,黑鹰队根本就没有证实苏佑民的罪状和身份。等共产党锄奸队暗杀了熊纪舒,他们便把这两件事联系在一起,上报给日本人,说共产党锄奸队在为苏佑民报仇。日本人觉得证据不足,但他们还是命令黑鹰队,要不惜代价,捣毁共产党在江东的地下组织。

　　熊纪舒遇刺的那一天,熊渚杰突然不辞而别,而且一直没有回酒馆。耘米不知道发生了什么。后来阿五告诉耘米说,熊渚杰家里出事了,最近不会到酒馆里来,西门口的新酒馆开张在即,自己忙不过来,希望耘米能在横水街这边守着。耘米自然愿意,这些天她都是早出晚归,在横水街帮助熊渚杰打理生意。当耘米得知熊渚杰的父亲去世的消息,内心也是五味杂陈。熊渚杰这一下真的是跟他父亲彻底脱了干系,但他从此便再也没有父亲了!

　　熊纪舒遇刺后一个多月,熊渚杰才回到横水街五杰酒馆,脸上挂着悲伤和愤恨。看着形容憔悴的熊渚杰,耘米有些心疼,但又不知道怎么安慰他,就说让他安心在家陪母亲,这边酒馆的事情不用操心。熊渚杰眼睛里充满血丝,直愣愣地盯着耘米说,以后酒馆的事情就要你多操心了。我自己的杀父之仇一定要报,否则誓不为人。耘米内心隐隐地感到不安,熊渚杰心里埋下的这颗仇恨种子,得花多少心血去浇灌它啊!而且耘米预感到,以后熊渚杰也很难安心经商,也难安心生活,他的心被仇恨塞满。

目睹着预感不断成为现实,耘米的心里被悲哀塞满。熊渚杰经常在酒馆里接待黑鹰队的人。对于黑鹰队,耘米并不是很了解,只知道他们不好惹。当时,玛丽表姐的丈夫马约伯跟黑鹰队打架,打是打赢了,那也难免逃亡的命运,可见这黑鹰队的可怕之处。耘米私下里劝熊渚杰,远离黑鹰队那些是非之人。熊渚杰自然听不进耘米的劝告,因为熊渚杰有自己的诉求。他还不惜本钱地款待黑鹰队的人,因为队长刘莽承诺尽快破案,替他报杀父之仇。熊渚杰甚至还打算考虑刘莽的提议,加入黑鹰队,被母亲制止。母亲流着泪对熊渚杰说,为父亲报仇之事,心里想可以,千万不要轻举妄动,不要去冒险,什么也不要做,就这样安分守己地活着,陪妈妈终老,有条件的话,讨个媳妇,生个儿子给妈妈带,妈妈就心满意足,妈妈相信,这也是你父亲的心愿。熊渚杰迫于母亲的压力,暂时搁置了加入黑鹰队的计划,但跟黑鹰队还是保持着密切联系。

黑鹰队的刘莽,这个曾经被马约伯打断了几根肋骨的家伙,至今死不改悔,依然是凶神恶煞,十足的日本人和伪政权的恶犬。刘莽接到日本人摧毁共产党地下组织的指令后,立即命令黑鹰队开始行动。刘莽将那些以前跟随熊纪舒的市井包打听召集起来,组成一支秘密侦探队，代号"江猪"。为保密起见，江猪侦探队的队员，一律不得佩带枪支，纯粹的老百姓打扮，他们只负责搜集和传递情报，不得有任何作战行为。江猪侦探队逐个排查了跟苏佑民接触的人，其中就有德茂公寓的董少雍。

江猪侦探队有个包打听，名叫骆容生，原本是南华轮船公司的员工，也就是苏佑民的前同事，后被公司解雇，流落江湖，靠包打听混日子。骆容生提供情报说，他怀疑德茂公寓的董少雍，跟苏佑民是一伙的，也是共产党的人。骆容生说，他曾经多次见到董少雍跟那个苏佑民在一起。而且董家是做药材和医疗器械生意的。董少雍很可能是在跟苏佑民一起，为共产党的部队输送药材和军需物资。黑鹰队得到情报也有些犯难，当初抓苏佑民的证据本来就不足，现在又来一个董少雍。但他们也不能置之不理，还得开工干活，于是，就在德茂公寓门前布置了暗哨，日夜轮班盯在那里。德茂公寓里的董家人还蒙在鼓里。坐在公寓门前街边的钱德玄，知道董家人有危险，便告知钱小果和孙云柯。

董方均一听，立即召开家庭会议，发布紧急命令，近期非必要不离德茂，非必要不出公寓大门，只允许董炎九出门采购。玛丽暂时不要回家，晚上就住在慈恩医院，费婶也带乌斯跟玛丽住在慈恩堂。董方均对大家说，凡是惹过日本人或黑鹰队的，都得小心！董方均还特别叮嘱孙云柯，不许离开德茂公寓半步，以免被黑鹰队的人认出来。听到黑鹰队三个字，孙云柯条件反射地吓得发抖，他想暂时离家去躲一阵，唯一可选的去处，就是西门口青竹巷钱家。二婉和凯常夫妇对董方均说，云柯出门去避避风头，也许更安全。孙云柯连夜躲到了青竹巷钱小果家去了。董家的女孩子,吓得躲在屋子里不敢出来。只有耘米不听劝阻,趁董方均不注意,偷偷跑到横水街去会熊渚杰。

熊渚杰继续跟黑鹰队的人频繁接触,五杰酒馆成了黑鹰队一个临时办公点。几位在德茂公寓门前值勤的黑鹰队员,向刘莽汇报,说接连数日,德茂公寓都没有什么动静,除了那些进进出出的洋人,很少见到董家人出现,也不知道那个董少雍是否在德茂公寓里面,由于情况不明,只有干等死守,但终究不是办法,现在是六个人一天三班,成本太高,不如找个借口,进去搜查一下。刘莽想了想说,一般情况下,是不能搜查德茂公寓的,因为涉及洋行那些荷兰人和英国人,要搜查的话,还得请示日本人,很麻烦。刘莽希望他的弟兄们再坚持一阵,没准会有意外收获。刘莽心里想的是马约伯,希望他突然出现。

苏佑民被捕之后,董少雍试图营救,但没有成功。好兄弟、老同学苏佑民牺牲的消息传来,董少雍悲痛欲绝。董少雍决定更多地参与江东地下抵抗的活动。其实他一直在参与,只不过比较隐蔽而已,不进入组织的核心,更不是苏佑民领导的党组织成员。但在苏佑民的心目中,董少雍就是核心中的核心,什么事情都得跟他商量。苏佑民牺牲之后,董少雍决计告别书斋,积极行动,为兄弟佑民报仇。他开始进入地下抵抗力量的核心,并成功地策划组织了刺杀汉奸熊纪舒的行动。

江猪侦探队的狗腿子,嗅觉的确非常灵敏。他们觉察到董少雍的可疑之处,但并没有实质性的线索和证据,只知道董少雍跟苏佑民经常有接触。这让黑鹰队感到棘手。黑鹰队尽管还是那副狐假虎威的模样,但也不是完全没有忌惮。因为在队长刘莽的肋骨被马约伯打断之后,还出现过好几起对抗黑鹰队的血腥事件,包括这次暗杀熊纪舒的行动,都让黑鹰队胆战心惊,以至于他们不得不稍有收敛,不再那么嚣张,行事也小心谨慎起来。

黑鹰队的人,成日里在五杰酒馆喝酒打牌,吵闹不休。耘米不爱搭理他们,直到他们不断提及"德茂公寓"几个字,这才引起了耘米的警觉。黑鹰队还提到二舅董少雍的名字,耘米心里更是七上八下不安宁。温文尔雅的二舅,行为有些与众不同,还经常跟各种陌生人交往,给人神出鬼没的感觉,但二舅绝对是一介书生,沉思默想多于实践行动,他怎么会被黑鹰队盯上呢?耘米琢磨着,二舅一定是做了什么事情,让伪政权不安,让日本人恼火,这才进入了黑鹰队的视线。

耘米问熊渚杰,到底怎么回事,黑鹰队为什么会盯上德茂公寓?熊渚杰斩钉截铁地说,凡是有疑问的地方,黑鹰队和江猪队都不会放过的!耘米反问,德茂公寓有什么疑问?熊渚杰觉得自己的口气有些生硬,改用缓和的语气说,黑鹰队也许并没有明确的目标,你也可以理解为例行侦查。耘米说,我听到他们提到我二舅董少雍的名字啊!熊渚杰说,那有什么?每天从他们嘴里出来的名字多得很,几十个,上百个,但是,真正有危险的人的名字,他们是不会在公开场合说出来的,直到人被抓,才让别人知道。

听熊渚杰这么一解释,耘米又稍觉宽解,同时又感到背脊发凉。其实,熊渚杰也就那么一说,他心里也没底。他是在安慰耘米吗？熊渚杰把注意力转向耘米，突然有一种陌生的感觉。熊渚杰这才发现，因为全力以赴在处理父亲的后事，把耘米都忘了。当初为了耘米，他不惜跟父亲翻脸；为了耘米，他负气离家出走；为了耘米，他让阿五出面求和，还花钱请人把整条横水街打扫整理了一遍。眼看着耘米正远远地走过来，自己却突然离开她，甚至还把她忘了。但耘米走近的步子却没有停，而且越走越近，在悲伤的日子里，耘米一直在安慰自己，还在五杰酒馆值班。熊渚杰觉得似乎有些对不住耘米。

熊渚杰盼望着黑鹰队尽快破案，以报杀父之仇，以解心头之恨。但他又不希望这件事跟耘米有关。万一经过查实，事情真的跟耘米的二舅有关，那怎么办？熊渚杰不认识耘米的二舅，他眼前出现幻觉，一位戴眼镜的中年男子，手拿一把匕首，猛地刺向父亲，父亲应声倒地，口吐鲜血。想到这里，熊渚杰咬牙切齿地说，如果真的是他，我要将他碎尸万段！即使失去耘米，那也在所不惜！熊渚杰仿佛看到耘米跟自己决裂之后愤然离去的身影，心里掠过留恋、遗憾和伤心。熊渚杰的烦恼之上，又多了一层烦恼。

被内心煎熬折磨的熊渚杰，既希望黑鹰队有所收获，又希望他们尽快结束监视行动。总之，无论有结果还是无结果，都要快刀斩乱麻，不要磨洋工。刘莽早就不耐烦了，得知熊渚杰的想法，他立马宣布撤销德茂公寓监视点。熊渚杰有些突兀，觉得刘莽的决定很轻率，因为撤销的理由，仅仅是时间拖得太长，而不是确凿无疑地断定董少雍没有问题。刘莽说，时间有时候是最好的判官。再这样耗下去，黑鹰队的人受不了，你五杰酒馆也受不了，关键是日本人也受不了，追着我要结果，我也无法交差。

　　黑鹰队设在德茂公寓门前的监视点取消了。熊渚杰于心不甘，自己费了那么多的物力财力和心血，结果还是竹篮打水一场空。声名显赫的黑鹰队不过尔尔，但熊渚杰并不打算跟黑鹰队翻脸，他一边应酬着刘莽，一边另打主意。熊渚杰把阿五叫过来商量。阿五说，黑鹰队又懒又贪，其实并没有多大能耐。他们仗着有日本人的支持，又都是江东本地的人，帮他们搜集情报的江猪侦探队暗线也多，再加上他们心狠手辣的作风，给人一种错觉，以为他们能耐很大，其实也是一群草包。再说，江东城也就这么大，黑鹰队和江猪队里的一些人，早些年都是跟我混的，我现在也还可以调动他们，让他们给我传递情报。阿五让熊渚杰不要急于求成，说君子报仇十年不晚，要有耐心。

2

　　德茂公寓的警戒暂时解除了，但这并不意味着德茂公寓就安全了，黑鹰队和江猪队也没有完全放弃，再加上熊渚杰和阿五，也在惦记着它。不过从表面上看，熊渚杰对李耘米的态度，依旧是那么迷恋沉醉，好像并没有因为董少雍的原因而对耘米的热情有所减弱。倒是耘米对熊渚杰的态度有了变化，或许是因为他家庭变故而产生的同情心？或许是习惯成自然？耘米在家里待不住，每天都到横水街的五杰酒店去，帮助熊渚杰料理酒店事务。她一改往日的傲慢，好像有点离不开熊渚杰似的。

玛丽、费婶和乌斯,还有云柯,躲避在外的人,都陆续回了家。而一直隐藏在德茂公寓里的董少雍,却在准备离家出走。自从成功实施暗杀计划之后,董少雍隐身在德茂公寓,不敢有任何动静,中断了跟外界的一切联系,仿佛在这个世界上消失了。现在风头已过,到了该动一动的时候了,张弛有度、动静有常,适时而隐、伺机而动,符合自然之道,如若再不动一动,就有可能错失良机。而最安全的时机,就在事情出现转折的那个点上,所以董少雍决定出去避避风头。

黑鹰队的暗哨从德茂公寓门前撤离之后的第三天黄昏,董少雍乔装打扮,悄悄地离开德茂公寓。但一出门就遇上了盯梢的便衣,两个黑衣人尾随其后。董少雍故意沿着中山路朝西走去,走到街道拐弯处,迅速跳上一辆三轮车,绕着南湖堤岸兜了两圈,甩掉了盯梢者,然后再折向东,朝着滨江路的客运码头奔去,登上"中旭丸号"客轮的夜班船,顺流而下,到芜湖冰冻街179号的董米芜湖分店,投奔苏佑民的堂兄苏大前去了。

苏大前得知堂弟苏佑民牺牲的消息,痛哭了一场。苏大前伤心地说,有的人来到这个世界上,就是做一架造粪机器,比如自己;有的人来到这个世界上,从不计个人得失,就是来为别人做牺牲的,比如佑民。可怜的佑民弟弟,一心为别人活着,自己的事情从来都不放在心上,既没有成家立业,也没有个女人照顾他……

苏大前不说不打紧,一说就触动了董少雍内心的悲伤,便陪着苏大前一起流泪。苏佑民心中有一个恋人,就是金陵大学的校友、国际反战同盟的同志、著名的战地记者、美国友人贝蒂小姐。苏佑民性格内敛,不轻易透露自己的情绪和情感。据董少雍所知,佑民似乎并没有向贝蒂小姐表露过,只是把这个梦中情人悄悄地藏在心底。董少雍估计,贝蒂小姐还不知道佑民牺牲的消息。也不知这位在战火硝烟中穿梭的奇女子,如今身在何方,怎么把这个悲伤的消息传递给贝蒂小姐呢?董少雍和苏大前商量,要尽快把佑民牺牲的消息,通知给亲朋好友。苏大前负责通知屯溪老家的亲友。董少雍负责给大学的同学和同事写信,或许消息很快就能间接地传到贝蒂小姐那里。

德茂公寓恢复了往日的宁静。董少雍离开家出去避风头,董方均心里感到踏实。老太太朱彦娇想到两个儿子一个都不在身边,经常独自黯然神伤。大婉和二婉安慰老太太,说不是还有我们吗?不是还有孙子和外孙吗?再说,少雍也不是去了别的地方,是去了我外婆家那边嘛。老太太一听笑起来,老太太的老家就在芜湖下面的南陵县,那也是少雍媳妇浣梅的老家。老太太对大婉和二婉说,少雍不在家,你们更要多关心浣梅。

大婉管家,要照顾到方方面面,好几个小家庭组成的四世同堂的大家庭,杂事纷繁,关照年长父母的起居饮食,惦记孩子们的头疼脑热,给炎九和费婶派活儿,有时候也会顾此失彼,难免疏漏。二婉相对清闲一点,陪二嫂浣梅的时间多一些,加上两个人年龄接近,有许多共同话题。二婉回老太太话说,二嫂的身体实在是令人担忧,时好时坏,打摆子似的,大夫也来过几次,开的还是那几味药。大夫叮嘱,以调养为主,要保持好心情,吃好睡好是第一要义,否则什么药都不管用。话虽如此,做起来不容易啊。少雍走后的这些日子，二嫂的情绪更不好，失眠症更重了，人也更虚弱了。

老太太让二婉抽空多陪陪浣梅，可以邀她出门去散散心，不要老是一个人闷在屋里。二婉说，每天黄昏都到江边林荫道上散步，自己有事的话，晴媛就会去陪妈妈散心。老太太夸晴媛懂事。说这话的时候，老太太想起了二婉家的玛丽和云柯，特别是大婉家的耘米，不知如何是好，只有长吁短叹。

阿五特地从西门口店赶到横水街来找熊渚杰。阿五避开耘米，把熊渚杰拉到酒店门口说话。阿五对熊渚杰说，前些日子，董少雍一直没有动静，那是在跟黑鹰队熬时光。等到黑鹰队一撤离，董少雍立马就出动了。那天黄昏，他突然出现在德茂公寓门口，蒙面遮脸，行为怪异，我安排的暗探立即就跟了上去。没想到董少雍跑得飞快，一晃就不见了。暗探追踪了一段时间，没有结果，董少雍消失得无影无踪，估计已经逃离江东。

熊渚杰转身走进店里，决定试探一下耘米。熊渚杰对耘米说，前些日子弄得大家都很紧张，关键是把你们家也搞得鸡犬不宁，阿五过来提醒我，说现在风头已过，应该请你父母或者二舅他们吃个饭，喝杯酒。父母长辈的态度依然很明确，反对耘米跟熊渚杰交往。耘米迟疑了一下说，家里人惊魂未定，二舅又出远门了，据说是到下面的县里，去收购粮食和棉花去了，等一阵再说吧。

熊渚杰把耘米的话告诉阿五。阿五又派了几位包打听出去侦查，他们回来报告说，董家外出收购的人，从来都是两个女婿，而不是董少雍，这次为什么例外，也是个疑问，还需要继续侦查。熊渚杰心里的疑团，暂时搁置在那里。他实在是不愿意耘米和她的家庭，跟这件事情扯上关系。阿五说，不把这件事情查他个水落石出，这个疑问就会永远折磨你，耘米也会受冤屈，咱们不急，慢慢地继续查。

隆冬季节寒气逼人。朱浣梅外出散步偶感风寒，回家就咳嗽发烧，接着便卧床不起。晴媛搬到妈妈屋里来陪伴，发现妈妈茶饭不思，彻夜不眠，而且低烧不止，吓得跑到外婆和婉姑面前号哭。老太太急了，吩咐大婉二婉，赶紧把浣梅送到慈恩医院去。孙凯常写信通知董少雍速速返家。等到董少雍赶回江东的时候，病床上的浣梅已经奄奄一息，呼吸微弱，形销骨立。医生说朱浣梅的身体欠债太多，极端虚弱，免疫力低下，只需要一点外力，就足以把她击垮。医生的意思很明显，就是已无回天之力。公元1943年1月28日午夜，润州富商董方均的二儿媳妇，董少雍之妻，董晴媛、董晴帆、董伟民之母朱浣梅，病逝于教会江东慈恩医院，享年43岁。朱浣梅安眠于距离老家丹徒辛丰镇董村千里之遥的江东东郊公墓。

处理完爱妻朱浣梅的后事，董少雍变得忙碌起来。他请大婉和二婉多操心家事，自己决定彻底告别书斋，接替佑民，全身心投入到抗日事业之中去。为了不打扰父母，董少雍主动要求去看守店铺，他住进了南湖边的董氏商行。那里成了一个接头和集会的秘密据点。董少雍召集锄奸队开会商量，把下一个暗杀目标，指向日本人的鹰犬、黑鹰队队长刘莽，杀一杀日本走狗的威风，否则还不知道有多少无辜好人遭殃。锄奸队一边派人调查黑鹰队的活动轨迹，一边制订刺杀刘莽的行动方案，等待合适的时机。

自从锄奸队刺杀了伪江东市副市长熊纪舒之后，黑鹰队的行为变得更诡秘谨慎,神出鬼没。唯有每周日放假,队长刘莽和黑鹰队的人,晚上必定要到横水街的五杰酒馆喝酒。熊渚杰并非心甘情愿款待他们,但想到为父复仇之事可能还需要他们的帮助,这才依然把黑鹰队当作座上宾。刘莽也知趣,每次都只带上几个亲信。熊渚杰的接待规模小了,但接待成本并没有降低,除了管酒菜鱼肉,还在三楼腾出两间屋子,刘莽一间,其他几个一间。每当他们喝醉了,或者有其他活动,就在酒店里过夜。

这一天,正好是周日。黄昏时分,刘莽带着六个黑鹰队员,早早地来到五杰酒馆。熊渚杰照例是好吃好喝地接待。只见刘莽低头喝酒不说话,像是有心事。见刘莽阴沉着脸,其他几位黑鹰队的也不敢吱声,只顾不断地为刘莽斟酒。突然,刘莽举拳狠狠地捶在桌上,酒杯被震翻,酒浆洒了一桌。原来,就在上午,刘莽被日本宪兵队叫去狠狠地羞辱了一顿,同时警告他,如果再不将江东地下抵抗组织破获,就要撤掉他黑鹰队队长的职务。刘莽扛着巨大的压力,满腹委屈无处诉说。自己担着千夫所指的恶名,为日本人卖命,非但得不到他们的体恤和褒奖,反而得到张嘴就骂、抬脚就踢的待遇。刘莽一手端着酒杯,一手抚摸着曾经被打断肋骨的胸口,话到嘴边又咽了回去,他不想在下属面前露怯,只有低头一个劲儿地喝闷酒,越喝越苦恼。

晚上八九点钟,横水街上的小店都打烊了。五杰酒店的招牌还在暗夜里闪闪发光。董少雍亲自带领一群锄奸队员,黑布蒙面,冲进五杰酒馆,直奔三楼刘莽的包间。几个黑鹰队的人正喝得不亦乐乎,东倒西歪,大呼小叫。锄奸队举枪便射。刘莽和他的几个手下，枪都来不及摸出来，当即就倒在血泊中。埋伏在附近的包打听骆容生，眼看着一群蒙面人闯进了五杰酒馆，接着就听到屋里传来激烈的枪声，不一会儿，那群蒙面人又冲了出来，沿着中山路朝西撤退。骆容生便悄悄地尾随着他们，一直跟到南湖西路智华寺门前的香樟树下，看着他们除去蒙面黑布，发现德茂公寓的董少雍也在其中。骆容生跟任何组织和个人，都保持若即若离的关系，谁出钱多就为谁干活。最近，他同时听命于日本人和阿五。因此，就在阿五得到情报的同时，日本人也得到了情报。

骆容生在阿五面前说得天花乱坠，仿佛他的情报可以终结所有案件。阿五不完全相信骆容生，他让骆容生有一份证据说一分话，只说自己耳闻目睹的，不要胡乱推论，更不许添油加醋。骆容生这才说，他跟踪那些刺杀刘莽的蒙面人，一直追到智华寺门前才停下来，发现其中有德茂公寓的董少雍，肯定是董少雍，不会有错，因为自己在南华轮船公司上班时就见过他。至于其他，都是自己的推测。骆容生说完，领了报酬转身就离开了。

骆容生又跑到日本人那里去卖情报，说刺杀刘莽的人，还有刺杀熊纪舒的人，应该就是同一伙人，德茂公寓的董少雍，可能是主谋。日本人每天都收到许多五花八门的需要支付费用的情报，多数都是子虚乌有。日本人对骆容生那些带有"应该""可能"的情报，持怀疑态度，但又不得不重视，因为黑鹰队队长刘莽，还有几位骨干队员遇刺身亡是真的。问题在于，刺杀熊纪舒和刘莽这件事，不过是中国人自相残杀，没有直接牵涉到日本人，于是命令伪江东市警察局处理这件事。

江东警方跟黑鹰队面和心不和,因为刘莽直接跟日本人打交道,不把警方放在眼里,故此警方也不想插手刘莽的事。直到第二天上午,警方为了应付日本人,才开始封锁出城的交通要道,然后派员包围德茂公寓,将董方均的家翻了个底朝天,自然没有搜出什么结果。因为董少雍根本就没有回家,而是直奔南湖边董氏商行附近的智华寺,在那里解散队伍,并约定近期不聚会,不行动,静观其变,伺机而动。董少雍的锄奸队就此散去,不知所终。警方逼着董方均交人。董方均说,儿子跟自己吵架,半个月前就赌气离家出走,家人也不知道他现在何方。警方命令董方均,一有消息立刻报告,否则全家性命难保。

　　熊渚杰发现,对自己而言,骆容生的情报并没有太大的价值。就算董少雍的确参与了暗杀黑鹰队和刘莽,那也跟父亲的案子没有必然关系。董家跟黑鹰队有宿怨,耘米说过,黑鹰队至今还在追杀她表姐孙玛丽的丈夫马约伯。但熊渚杰转念一想,骆容生的推断也不是完全没有道理:董少雍跟苏佑民是好朋友,父亲让刘莽逮捕并打死了苏佑民,董少雍为苏佑民报仇而刺杀了父亲,刘莽接到了破案的命令,董少雍他们干脆将刘莽杀死。……想到这里,熊渚杰觉得,耘米的二舅董少雍,就是自己的杀父仇人!

　　几天之后,骆容生的推断得到了证实。警方的通缉令,突然贴遍了江东的大街小巷。通缉对象正是以董少雍为首的锄奸队。董少雍成了暗杀副市长熊纪舒和黑鹰队队长刘莽的主犯。这是官方的正式结论,用不着纠结,用不着怀疑,熊渚杰必须面对这个事实。警方正在全力以赴追捕董少雍,扬言提供有效线索者,将有重赏。

于是,伪政府警方、私人侦探、江湖骗子、流氓地痞,还有熊渚杰和阿五,都在寻找董少雍。德茂公寓的门前,出现许许多多身份不明的人:公务在身的、想发财的、瞧热闹的。

德茂公寓大门紧闭。董家人如惊弓之鸟,乱成一团。南湖边的董氏商行被迫停业。李泳济和孙凯常两连襟,奉董方均之命,连夜潜伏到乡下的粮棉油收购点去了,一边伺机打探少雍的下落,也为接待逃亡的董少雍做准备。家里只剩下老人、女眷和孩子,躲在公寓里面瑟瑟发抖。只有炎九和费婶还在忙出忙进。

塔斯社"呼声广播电台"正在播报新闻。说美国英国中国的总统,在一起开了会,要合伙对付日本人。董方均叼着烟斗,靠在躺椅上思绪万千,既有家庭遭遇变故的危殆感,也有内心愿望部分实现的宽慰感。他早就觉得,小儿子董少雍行为诡秘,还以为那不过是文人的怪癖,没想到这个儿子还是一个胸怀大义之人,关键是他竟然还是一个实践家,把内心的正义化为了义举,为江东除去了两大祸害。董方均本以为,只有老友蔡豪生一家在抗日前线浴血奋战,自己全家无异于苟且偷生,没想到,如今自己的家庭也成了抗日前线。这事应该让豪生知道啊,也不知老蔡他如今身在何方!

接下来警方会有什么动作?会不会随便抓人?少雍他如今藏身何处?董方均从嘴里取出烟斗,长叹一口气。老太太见董方均一会儿面带微笑,一会儿愁容满面,以为老头子吓出什么毛病来了,便伸手在董方均的额头上探了探说,老头子,你可要好好的,可千万不要出什么事啊,全家老少都指望着你呢!董方均瞪了朱彦娇一眼，缓缓地把她的手拨开，咳嗽了几声，将烟斗又叼到嘴里。

广播电台的时事评论员说，今年对于中国、日本和世界，都是一个关键的年份，反法西斯主义的正义之战，形势大好，战况正在逆转，远征军和盟军在缅北滇西捷报频传，日寇顾头顾不了尾，就像秋后的蚂蚱乱蹦跶，各地的地下抵抗运动也风起云涌。评论员还举了江东日本鹰犬黑鹰队被剿灭的例子，盛赞各地锄奸队的义举。董方均自言自语地说，少雍他们的事迹上广播电台了！他心里感到自豪且慰藉。

话虽如此，那在一线跟日本人和伪政权浴血奋战的人，毕竟是自己的亲生骨肉，生死契阔，命悬一线。加上老太太又成天哭诉，说晴媛姐弟命苦，刚没了母亲，现在父亲又遭遇凶险。董方均一想也是，国家遭劫，董家遭劫，命中劫数何时尽啊？！自己还身负着一家老小安危的重任，怎敢懈怠！董方均气急之下，旧疾复发，病倒在床。

3

德茂公寓近期气氛更加怪异，既为董少雍的逃亡而忧心忡忡，又为董少雍成了抗日英雄而庆幸。得知董少雍就是两起暗杀事件的策划组织和实施者，玛丽第一个拍手叫好，她哭着对儿子乌斯说，宝贝儿啊，那个把你爸爸赶跑了的坏人，那个千刀万剐的黑鹰队队长，已经被你的舅公杀死了！你爸爸也应该知道这边发生的事情了，他再也用不着躲藏了，他可以大摇大摆地回家来了。小乌斯用呜呜呜的喊叫回应着母亲玛丽。

耘米第一反应就是,二舅不但深明大义,还是一个勇于实践的英雄,同时也为他自己的好友苏佑民报了仇,还解除了玛丽表姐的后顾之忧。但耘米也犯了难,不知道如何面对熊渚杰,不知如何处理跟他的关系。耘米知道,熊渚杰要报杀父之仇的决心坚定,但熊渚杰对自己好,也是真的。两个人的关系也是历经波折,好不容易刚走到一起,转眼间就得分离!那一夜,耘米罕见地失眠了。耘米想了一整夜,觉得无论如何都要见熊渚杰一面,把两个人的事情,好歹做个了断。

世事难料,祸福相依。熊渚杰万万没想到,熊家和董家,没有成为亲家,竟然成了仇家,一夜之间风云突变,恋人变成了仇人,好友转化为寇仇,佳偶蜕变为怨偶,实在是喜剧开场,悲剧扫尾。更让人心烦的是,董少雍和锄奸队音讯全无,杀父之仇欲报无门。黑鹰队受到重创,名存实亡。江猪队一盘散沙,全是骗子。这一切都好像是某种征兆,令人心绪难安。但无论如何,当务之急,还是要报杀父之仇,否则,有何颜面混迹江湖!

阿五跟熊渚杰不一样,他不想何以如此,他想怎么行动。阿五说,要先把李耘米控制在手里。万一德茂公寓的人都跑光了,你到哪里去找人?

熊渚杰沉吟了一阵,觉得阿五说得有理。他正在琢磨,怎么才能将李耘米控制住,李耘米却自己送上门来了。

李耘米让孙云柯和钱小果陪着她,来到横水街五杰酒馆,轻车熟路地上了三楼,发现熊渚杰正在跟阿五商量事,旁边围着一群小伙计。

李耘米上前跟他们打招呼。熊渚杰故意说,你是谁,我不认识你!

说话的时候,熊渚杰把脸扭向另一边,朝着窗外的街景望去。

阿五想稳住李耘米,让李耘米先坐下来喝茶,慢慢聊。

李耘米说,熊渚杰,你转过脸来看着我,看看是不是认识我,然后再说话。

阿五说,认识认识,你们怎么能说不认识就不认识呢?

熊渚杰说,看就看,怕你不成! 熊渚杰转过脸来,恶狠狠地盯着李耘米。

李耘米的眼神,似乎在告诉熊渚杰,他们曾经相识、相知、相爱!

熊渚杰眼里冒着火,他提醒自己,不要心软,眼前这个人就是自己的仇家,不可饶恕!

李耘米看着熊渚杰眼睛里逼出来的仇恨,便说,你到底想怎样?

熊渚杰脸憋得通红,铆足了劲儿说,我想杀了你!

阿五对熊渚杰说,渚杰,不要说赌气的话,有事好商量。

李耘米凑近熊渚杰说,来啊,杀了我啊,正好,我也不想活了!

熊渚杰紧握着拳头,气势汹汹地说,你不要过分,你不要逼我!

孙云柯怕熊渚杰真的出手打耘米,就冲上去想把他们两个隔开。

熊渚杰一见孙云柯扑上来,黑鹰队刘莽的话突然在耳边响起:

打人不要用巴掌打脸,那样既难看,又无效,要用手背打,狠狠地迎面抽过去。

说时迟那时快,熊渚杰举起手,用坚硬的手背,对准孙云柯的脸,使尽全力狠狠地甩了过去。只听到孙云柯号叫一声,蹲在地上捂住脸,牙齿嘴巴都在出血。

钱小果见状,火冒三丈,野性大发,立即扑上去,在熊渚杰的脸上狠狠抓了一把,熊渚杰的脸上顿时出现了几道长长的血痕。

熊渚杰火了,朝阿五一摆头。阿五又对自己手下小兄弟一摆头,那一群人立马就扑了上去,把孙云柯和钱小果团团围住,踹倒在地,打得鼻青脸肿。

李耘米对熊渚杰高声喊叫,让他叫他手下那些混蛋赶紧住手!

熊渚杰看得兴起,指着孙云柯对手下说,给我往死里打。只听见孙云柯嗷嗷地乱叫。

李耘米一边冲过去护住钱小果,一边对熊渚杰说,我要跟你恩断义绝,一刀两断!

熊渚杰手下那些伙计,原本就认识李耘米,不敢贸然伤及她,都在看熊渚杰和阿五的眼色行事。熊渚杰正在犹豫不决。阿五朝手下一位光头汉使了个眼色,光头汉会意,冲过去用力将李耘米从钱小果身边拉开,接着一脚把李耘米踹倒在地。

李耘米还在叫骂,说熊渚杰是狗改不了吃屎,永远只知道使用下三烂手段。

熊渚杰诡笑着说,这还只是个开头,接下来,将会有更多下三烂的手段,要让你们董家人不得安宁,生不如死。

两个人脸皮已经撕破,面子保不住了,索性把话说透,说个痛快。李耘米说,你父亲熊纪舒,卖身投靠,认贼作父,罪不可恕,他就是活该!有其父必有其子,你也一样,跟黑鹰队和流氓地痞搅和在一起,绝没有好下场!

李耘米惹怒了阿五。忍了很久的阿五,知道熊渚杰犹豫不决的性格,决定亲自代熊渚杰出手。只见阿五突然冲过来,一巴掌将李耘米打得趴在地上,又在李耘米腰间和后背,狠狠地踹了几脚,接着用力踩在李耘米的右肩胛上。只见耘米的右脸,紧紧贴着地面,既不能动弹,又难以发声。

对于阿五的暴行,熊渚杰装作没有看见。他走近窗户,背靠着齐腰高的窗台,看了趴在地上的李耘米一眼,内心里突然涌起一股隐秘的快感。此刻,在熊渚杰眼里,李耘米不再是令人着迷的美女,不再尊贵、优雅、高不可攀,而是一个贱如草芥的猎物,生死都掌握在自己和阿五手上。如果这时候李耘米向他求饶,他会感到很满足的,他也可以让阿五放过李耘米,他甚至还可以考虑,不再迁怒于董家的其他人,只杀董少雍报仇。

李耘米从熊渚杰邪恶的眼神里,看到了肮脏,看到了恐怖,看到了绝望。什么"两人相遇不容易,三生修得同船渡",都见鬼去吧,唯有玉石俱焚,才是正确的选择!

李耘米突然猛地爬起,朝窗户奔去,紧紧抱住熊渚杰,高喊着"去死吧",接着便往楼下纵身一跃,从三楼摔到了街上。

阿五和几个手下,还有孙云柯和钱小果,都飞快地扑向一楼街边。李耘米和熊渚杰倒在血泊中。熊渚杰仰面朝天,后脑勺磕在地上,还在流血,人已经昏迷。李耘米俯身朝下,摔在一旁,身子还在抽搐。阿五叫来三轮车,把熊渚杰送往市立医院。孙云柯和钱小果则把李耘米送往了慈恩医院。孙云柯又开始自责,觉得还是怪自己无能,一点武术都不懂,否则也不至于出现这样的悲剧。他决定找个机会去习武。

　　熊渚杰昏迷了一周才醒过来,留下严重的"记忆错乱"后遗症,时而清醒时而糊涂。他会把不同的时间和空间里发生的事情,错误地拼贴在一起,或者把一个人的身份安在另一个人身上。他会冲着送药的护士喊叫,说:"李耘米,好狠的心,你有种,你胆大!"他还抱着来看望他的阿五,声泪俱下地说:"父亲,你去哪儿了?怎么才来啊,我还以为你被李耘米杀死了呢。是我错怪了李耘米吧?"在母亲的怀里,熊渚杰的记忆勉强被唤醒,可是转瞬之间,她又抱住母亲说:"耘米,我错怪了你!"

　　母亲抱着熊渚杰,哭着对他说:"我当初就阻止你去报仇,你固执己见,表面温和内里执拗的性格,就是遗传了你父亲,怪只怪我自己,没有坚持到底,习惯了让步。现在好了,你没有了父亲,母亲又在你的脑子里消失了,你还有什么啊!"

　　阿五见昔日的好兄弟转眼间成了废人,痛心疾首。事情发生在自己的地盘上,事故还跟自己有直接的关系。如果自己不自作主张采用强硬的手段,而是按照熊渚杰那种模棱两可的、犹豫不决的风格行事,李耘米也不至于做出那么决绝的事情。如今两败俱伤。看着丧失记忆的熊渚杰,看着失去依靠的熊母,阿五深深地自责;想起在自己地盘上近期发生的几起事故,阿五颜面丧尽。接下来,阿五不但要安抚和照顾兄弟阿杰的母亲,还要重拾自己在横水街一带的威严!

耘米在慈恩医院接受治疗。老太太让大家暂时瞒着卧病在床的董方均。大婉也没办法通知李泳济,自己一个人扛着。玛丽和耘谷和晴媛轮流值班,日夜守候在耘米身边。耘米摔断了腰椎骨,复位之后需要进一步留在医院里观察,待病情稳定之后,制定康复计划,然后再决定什么时候能回家休养。

费婶赶到医院,抱住耘米不放,说,傻闺女,你真傻啊,不值得,谁也比不上我耘米金贵!当时听说那个人名字叫"猪姐",我就有不好的预感,我为什么不阻止你啊!都怪我不好,我害了你。费婶说着就哭起来,还要求留下来照顾耘米。

大婉说,费婶还是回家去吧,那边更需要你,老爷子还躺在床上呢。这边交给我们,你就放心吧。大婉觉得自己对耘米关心不够,心里愧疚,决计留下来照顾耘米。耘谷说,有玛丽姐和自己几个就够了,我们姐妹几个在一起更自在些,所以妈妈也不需要留在这里,有空过来看看妹妹就行。大婉看着耘米,耘米轻轻地点头。

耘谷看着卧床的妹妹,抚摸着耘米俊俏的脸,心里说不出的悲伤,眼泪情不自禁地流下来。耘米看着姐姐,忍住眼泪,缓缓地扭过脸去。耘谷心里在发问,为什么?为什么会发生这种事情?真的是命中注定有此一劫?耘米爱翰民,翰民却不爱耘米。熊渚杰爱耘米,耘米却不爱熊渚杰。等到耘米说服自己,跟熊渚杰走到一起,命运又将他们俩拆散。耘谷跟翰民天各一方,音信全无,却心心相印,内心被幸福感塞满。耘米天天跟熊渚杰在一起,却冤家路窄,生死相见,性命相搏。这是为什么?!

耘谷盯着耘米,眼神哀怜而迷乱,是心疼?或是绝望?还是愧疚?抑或惧怕?命运是不是要把花样年华的妹妹毁掉?不不不,我一定要帮助耘米,帮她从疾病中走出来,帮她从悲伤和绝望中走出来,帮她从厄运中走出来。如果翰民出现在她身边,能够帮助耘米摆脱痛苦和迷惘,我一定要让翰民出现在她身边!

耘谷越想越糊涂,越想越不知所措,以至于左额突然一阵剧烈刺痛,她连忙跑到厕所里呕吐起来,一边吐一边哭。玛丽连忙赶过去帮助耘谷。耘谷呕吐了一阵,疼痛和恶心感稍稍缓解了一些,在玛丽的搀扶下回到了耘米的病床边。

看到满面泪痕的耘谷姐姐,耘米再也忍不住,抱住耘谷号啕大哭起来,说自己该死,不但不能帮助大家,还让家人和姐姐操心。耘米说,等自己的病好了,一定要改,一定要放弃自己的古怪想法,多帮助家人,多帮助兄弟姐妹,再也不会总是想到自己。

耘谷破涕为笑,对耘米说,不是的,不是这样,耘米,你一定要尽快好起来,等你身体好转了,姐姐一定会让你尽情地任性撒娇,让你随便发脾气,再也不跟你攀比,谁阻止你,姐姐就跟他们急。

正好走进来的南茜嬷嬷,看着这个场景,不知什么意思,只有直摇头,姐妹俩刚刚还在啼哭,转眼间又笑起来。玛丽在一旁也跟着笑起来,说,知道的,说你们姐妹情深,不知道的,说你们两个神经病。

耘米年轻,加上保罗医生的精心治疗,还有玛丽表姐的细心护理,她身体康复得快,一个多月后,保罗医生就允许耘米回家去休养,把病床搬到家里去,说自己会定期上门为耘米检查。那天清早,大婉领着费婶和炎九叔,还有晴媛姐弟,云柯云樟兄弟,一起到慈恩医院去接耘米。玛丽和耘谷早早地收拾好在等候。钱小果也来了。大婉本来雇了人来抬担架,云柯和云樟却主动要求由他们来抬。云柯云樟兄弟俩抬前头,炎九叔抬后头,费婶跟随炎九身边,伸手护着耘米,一行人步行着朝德茂公寓走去。

在公寓门前摆摊的钱德玄,留意观察躺在担架上的耘米,俊俏的脸有些苍白,眉间那两道纵纹还在。几年前,自己还在德茂公寓门前做算命测字的买卖,就发现这姑娘眉宇间的褶皱,当时隐隐有不祥之感。钱德玄突然觉得,自己盯着耘米那有褶皱的眉间,而不是微微上翘的漂亮的小下巴,也没什么道理,纯属偶然。而且这种观察视角和想法,本身就不是好征兆,它或许变成了某种消息,影响事物的运程和走向。钱德玄心里咯噔一下,连忙喊了一声侄女钱小果,招手让她过来。钱小果不想搭理钱德玄,假装没听见。大婉觉得,钱德玄说话还算中听,就停下来,问他有什么事。钱德玄从装货的木箱里,拿出一朵红丝绢扎的玫瑰花,让大婉转交给耘米,说耘米的气色很好,好运正在远远来临。大婉接过花朵,连忙去摸钱包付款。钱德玄说,这是送给你家姑娘的,祝她早日康复!大婉感动得连声道谢。

耘米摔伤了。董方均卧病在床。董少雍出逃后一直没有确切的消息。往日家里热烈的气氛顿时降到了零度。喜欢哭泣吵闹的玛丽,已经不再是众人关注的中心,耘米,当然也包括小乌斯,变成了众人瞩目的中心。老太太见到躺卧在担架上的孙女,老泪纵横,说这是咱们董家前世了造孽啊！老太太让费婶专门为耘米腾出一间屋子，屋里放置两张床，吩咐派人轮流值班，陪着耘米，管理她的起居饮食，陪着她康复锻炼。耘谷说，不必轮流值班，照顾妹妹的事情，交给自己就行了。费婶说，还是大家一起来吧，白天你们兄弟姐妹抽空陪护，晚上我来陪耘米。大婉说，大家都关爱耘米，耘米安心养伤就好。

这一天，保罗医生来到德茂公寓，登门为耘米检查身体。玛丽表姐背着印有红色十字架的牛皮药箱，紧随其后。玛丽表姐那平常在家里愁眉苦脸的样子不见了，严肃表情跟她的白大褂很般配。玛丽站在保罗医生身边递送器械，见保罗医生皱一下眉头，转身走到一旁，用英文对玛丽说，恢复不理想，怀疑脊髓神经有损伤，腿部有残废风险。

玛丽一听，就哭起来。保罗医生连忙制止，让玛丽不要声张。影响病人情绪，对康复不利。玛丽一听，赶紧收住哭声。保罗医生说，再观察一段时间，但康复过程必须更专业，病人要么搬回慈恩医院，要么让玛丽专门留在家里陪护。

玛丽跟大婉商量。大婉拒绝把耘米再次抬到医院里去的方案，决定把玛丽留在家里，为耘米做更规范更专业的康复。大婉怕影响耘米的情绪，反复叮嘱玛丽注意保密，也不要让老太太和费婶知道，也不要告诉耘谷晴媛她们。

玛丽担心耘米的腿残废，忧心忡忡，又不敢随便对人说，经常偷偷地哭泣。面对耘米、费婶和老太太，玛丽又强装笑容，似笑非笑的样子。玛丽行为怪诞，已经不能吸引家人的目光，她只好一个人躲在一旁想心思,有时候还自言自语,自问自答——

耘米妹妹啊,你的腰椎和双腿不会有事吧?

上帝保佑!保罗医生能把耘米治好的,保罗医生的医术也很好。

马约伯,你把玛丽忘了吗?你不想见你的儿子乌斯吗?

玛丽?儿子?乌斯?马约伯我什么都不记得了。

马约伯啊,你躲在什么地方?你是无法见我,还是不想见我?

马约伯没有躲,马约伯什么也没想,马约伯死了。

玛丽为自己设计的对白而笑,为自己设计的对白而哭。老太太心情不好,见到玛丽表情古怪,心里更不痛快,对着大婉和二婉埋怨,说家里阴气太重,泳济和凯常他们何时能回来啊!其实,家里的男丁也不少,除老头子,有云柯、云樟、乌斯,还有炎九叔。只是老太太自己底气不足,才有那种阴气充斥的感觉。老太太还对云柯几个男孩子说,少出门,多在家里待着,最好围在耘米身边,男孩子身上的阳刚之气,对耘米姐姐身体恢复有好处。这个理由让男孩子无法反驳,只好天天憋在家里不敢出门。

李泳济、孙凯常、董少雍三个男人都不在家,老弱病残,女眷孩童,每天都是一大堆事情摆在面前,需要大婉拿主意。主事的大婉也犯愁,连个能商量的人都没有。李泳济他们外出避祸两个多月了,少雍也杳无音讯。大婉急得也想哭,但她却不能哭,也无权哭,除了死扛,没有别的选择,唯有夜半时分,独自躲在被窝里流泪。

第八章

1

李泳济和孙凯常突然回到家里,这让董家人突兀而惊喜。董大婉对李泳济说,如果你再不回来,我会疯掉的,少雍和你们离开之后,家里又出了许多事,父亲病倒在床,耘米摔成重伤,再加上一堆不省心的人,我眼看着就撑不住了。泳济内心的歉意无法表达,只是轻轻地对大婉说了一声,你受苦了!接着便去向岳父和岳母请安,接着去探望女儿耘米。大婉悄悄对泳济说,耘米怪可怜的,事已至此,责备无益,你安慰安慰她就行了。李泳济不情愿地嗯了一声。两人走进耘米的卧室。身心都受到伤害的耘米,最渴望的,与其说是治疗,不如说是爱。不能说母亲和耘谷还有其他兄弟姐妹不爱她,只是总觉得缺少什么。对,缺少拥抱,那种充满爱意的、紧紧相拥的、融为一体的拥抱。耘米想起了亲爱的费婶,费婶的拥抱,就是充满爱意的、真挚的、没有疑问的、令人心暖的。妈妈和耘谷也拥抱自己,但似乎有一层无形薄纱隔在中间。在记忆之中,父亲好像从来都没有拥抱过耘米,现在耘米卧病在床,父亲应该破例了吧?耘米渴望父亲拥抱她一下。但父亲没有,而是坐在床边,隔着空气,嘘寒问暖,就像看望生病的邻居,眼神背后还隐藏着一丝难以觉察的不满或责备。这一刻,耘米又心生恨意,但她还是给了父亲一个微笑。

董方均从卧床上爬起来,走到客厅,高声说话,又在太师椅上坐下来,微笑着盯着两位女婿细细地端详,仿佛要把他们刻在自己的眼珠上,令他们再也不会消失。让两位女婿出门避难,知道他们不久就会回来,但没想到这么快就回来了。唯一遗憾的,就是二儿子少雍还没回来,不知泳济和凯常有没有少雍的消息。

泳济对岳父说,他和凯常在下面兵站的那段时间,经常托总监部各分部的朋友打探少雍的下落,有消息说,少雍跑到苏北那边去了,至于更详细的消息,暂时还没听到。

董方均说,少雍跑到江北去了?不是扬州吧?淮安还是盐城?李泳济说,有人在阜宁见到他,也有人在盱眙见到他,消息很多,说法不一。董方均兴致勃勃,说自己年轻的时候经常去江北,说江北好啊,跟我们丹徒隔江相望,只是越往北越穷,生意不好做。董方均想了想,说少雍还不如干脆回南京,到乡下秦庄去找大雍,在那里等我们撤离江东回老家去。李泳济说,回老家去,那也是指日可待的事。孙凯常说,是的,是的,战争局势正在发生重大变化,我估计,我们不久就有可能回老家了。

听到"回老家"三个字,董方均激动得一口痰涌了上来,他涨红着脸,嘟呼嘟呼咳了半天,才慢慢地平静下来,对两个女婿说:是该

"回老家"了,免费住在豪生兄的屋子里,也够久的了,唉,也不知我的豪生兄,如今身在何处啊!

孙凯常心想,这还用问吗,蔡豪生不在重庆还能在哪里?孙凯常不懂,已过古稀之年的岳父的这个"身在何处"之问,含义很是复杂,在"重庆"还是在"南都"?在"病房"还是在"客厅"?在"阴间"还是在"阳间"?到底问的是什么,董方均自己也许都不是很清楚。从道理上说,应该是问吉不问凶,但潜意识里的想法,就很难说了,想表达自己对老友的牵挂惦念,那是没有疑问的。在这乱世凶险之中,自己还侥幸活着,亲人老友都活着,那就要千恩万谢菩萨保佑了。董方均暗暗发誓,一定要好好活着,活到日本鬼子滚出中国!一激动,他又咳嗽起来。

费婶见老爷情绪好,只是咳得厉害,便煮了一碗冰糖雪梨汤送过来。老太太接过深棕色烫金漆器托盘上的汤碗,正要去喂老头子,董方均端起青花瓷汤碗,调羹也不用,三下五除二把汤汁喝了。老太太说,这个汤是润肺止咳的,你不要这样牛饮,要慢慢地喝,让汤汁流过你的喉咙,润到你的肺,才能治疗咳嗽哮喘。董方均说,我没有咳嗽,你走开吧,我的咳嗽就好了。老太太笑起来,一边知趣地离开,一边嘲笑董方均,你让我走开?我是听到你咳嗽才过来的,我这就走,待会儿你可不要哀求我。董方均此刻不想搭理老伴,只想继续跟女婿高谈阔论。但看着老太太蹒跚的步履,想起这个为自己生儿育女,风雨同行,相随终生的老伴侣,心里也不禁感慨良多。

董家的女人,无论老少,都得男人欢心。老太太终生得董方均的欢心，大婉和二婉也都是丈夫的掌上明珠。耘谷晴媛又何尝不是。只有耘米是个例外。其实，耘米的古怪也是表象，真正交心了，穿透了那层将她裹起来的外壳，耘米也很可爱，耘米就像一匹难驯的烈马，一般人没有那种能耐和力量驯服她。得男人欢心的女人有一种直觉能力，用不着琢磨猜测，凭直觉就知道男人的心思，男人尾巴一翘，就知道他们要拉什么屎。男人不喜欢婆婆妈妈，不喜欢没有什么结果的事情，也就是不喜欢那些维持现状的事情。男人的一生，无时无刻不在求变，身体、财富、人生、社会、历史，统统都像变魔术一样变化：大小、多少、上下、高低。其实男人只喜欢两件事：要么增加，要么减少；要么扎根泥土、务实劳作，要么凌空高蹈、玄想务虚。务实的：耕田种地、造屋起舍、造机器、做生意，结果都是试图让这个世界增加点什么。务虚的：谈天说地、论道究理，最后往往会因为"道"和"理"的冲突而争端骤起，进而舞刀弄枪，杀人放火，结果都是让这个世界在减少。除了增多或减少之外，其他事情都很难让他们兴奋起来，很难让他们激动起来。耕田种地或战斗肉搏，还有谈玄论虚或坐而论道，好像是男人的两项主要游戏。在他们身上，经常能见到耕作和战斗时的肉体激情，以及谈天说地时思维和语言的激情。

客厅里只剩下三个男人。董方均清了清嗓子说，凯常认为"战争局势有变化"泳济也说"回老家指日可待"，我对这个很有兴趣。我从广播里也听到了类似的消息，说日本鬼子快不行了，说德国鬼子也快不行了，听了很高兴，不知真假。我想，是不是他们心里这么想，就这么说，把愿望当事实？人都这样，有时候把虚的说成实的,把假的当成真的。可是,有些事情,你不信它,你不去说它,你放弃了,屈服了,认栽了,那么,它就真的永远不会成为现实。你如果信它,不停地说它,结果,愿望就真的会变成现实。

泳济说,凯常知道得更多,让凯常跟岳父大人说说。孙凯常接过董方均的话头,说父亲的话有道理,有哲理。不过,广播里所说的,应该是真的。日本人在南太平洋战场,德国人在苏俄战场,都吃了大亏,他们的确是已经扛不住了。一边是军国主义野心膨胀,胃口越来越大,战线越拉越长。另一边是全世界的人都联合起来,美国人、苏联人、英国人、法国人、中国人都联合起来,合作抵抗日本鬼子和德国鬼子。眼看着日本鬼子顾此失彼,占了印度洋,输了太平洋,打了马来西亚,丢了缅北滇西。臭名昭著的汪精卫的伪南京政府,想在国人和世界面前挽回面子,抢在英美法等国预备交还公共租界之前,把我们多个城市的管理权,从日本人手里接管过来了,其中就包括上海、杭州、苏州、汉口、天津等地。尽管日本人也不会轻易撒手,但表面上是中国人在管。这样,我们是不是就可以回老家了?就算我们暂时不能回南京,也可以回苏州,或者去上海啊。

董方均说,果真是这样的话,那就真是阿弥陀佛,我们漂泊在外的日子就到头了。我们是不是也应该开始着手准备了?这不只是搬个家的事情,还有生意、客户、货源变化、市场前景,都得考虑,特别是,我们将来在哪里安顿下来,什么地方对发展业务更有利,更适合我们,都要好好合计合计。

老太太领着费姊过来斟茶。大婉和二婉随后也跟了进来。

董方均说,正好,除了少雍,大家都在,我们商量商量。这些年,我董记商行生意不景气,不能跟在南京的时候相比,但积蓄还有一些,足够我们在任何一座城市安家落户。假如战争结束之后,我们搬回去的话,打算落在什么地方,南京?镇江?苏州?上海?大家都说说自己的想法吧。

孙凯常主张回南京,毕竟是首都,事业和朋友都在那里,父亲的生意也有根基,再者离老家丹徒又近,所以,回南京顺理成章。

孙凯常是南京土著。二婉以为,凯常就是想回自己的老家。当初嫁给孙凯常的时候,说好是上门女婿,凯常跟二婉依然生活在董家,董方均开明,说孩子姓董姓孙你们自己决定。生活在同一城市,二婉不能禁止凯常回家看望家人,还得经常陪着一起去。其实二婉不想跟凯常回孙家去应酬,还得跟那边的老人打交道,繁文缛节令人心烦。想到这些,二婉瞪了凯常一眼,说,让爹定吧,爹到哪里我们也到哪里。

董方均不急着表态,看着其他几位,想听听他们的意见。

老太太说,要问我,那我就说回丹徒老家,倒也干脆,叶落归根,地熟人熟,什么都熟悉,离开老家,过着三天一变的日子,让人担惊受怕心不安。

董方均对老太太说,你呀,一辈子就只知道两个地方,先是南陵,后来就是丹徒。

大婉说,老家自然好,只是生意做不开,当时就因为这个,爹才搬到了南京嘛。

董方均说,南京真是个好地方啊,东朝大海,西接荆楚,六朝金粉,十里秦淮,我年轻时的梦想之都,我中年时的事业所在。按理就是应该返回南京。但是,经过这次变故,让我对它有了看法,有了疑问,总觉得它风水不好,运气不佳,仔细琢磨,历朝历代都如此,太过安逸奢靡,经不起一点变故。这次异族入侵,它又首当其冲。南京古城,如今真的是血雨腥风,冤魂遍野啊!我想起多年前离开的时候,一家人如惊弓之鸟,似丧家之犬。幸亏我豪生兄出手相助,否则还不知漂泊何方,后果不堪设想,现在想来,也令人心惊心痛啊!我们真的打算回到南京去吗?

李泳济接过话头说,父亲的话有道理,一提到南京,我就想起当年的惨状,连夜登船逃离时的情景历历在目,想来都心惊肉跳。我自己倒也还好,能经受得住,只是老人和孩子受不了那个刺激。所以我在想,不如搬到新的地方去安家落户。李泳济停下来想了想,接着说,比如上海,也是可以考虑的。

大婉以为泳济会提议到他老家苏州去,没想到他竟然提议去上海。其实上海也是大婉心里的首选。论商机,论开放文明程度和自由程度,上海跟其他地方就是不一样,这对孩子们将来的成长也有好处。大婉看了看父亲的表情,好像没有什么反应,便试探着说,爹,上海好啊,你会不会考虑去上海啊?

董方均沉吟半晌,缓缓地说,上海当然很好,有资本,有市场,有商机,也热闹,年轻人都喜欢。我老了,不习惯,人挤人,闹哄哄,不要说住下来,就是想到它,我的偏头痛都要发作,里面好像有个小人儿在乱抓似的。唉,年轻的时候在东京,比上海还要吵闹,我也不怕,现在不行,真的老了。

大婉感到惊喜,因为她从父亲的话里面,听到的不是拒绝,而是有点自我贬低,更多的是犹豫不决,甚至还有些神往的意思。

大婉说,爹,不要总说自己老了的话,爹正当年呢。上海的确很吵闹,乱糟糟的,不要说年纪大的人,就是年轻人,也未必能够适应。相比之下,苏州就要安静得多。要是我们在上海打拼,爹爹在苏州掌舵,董记商行总部就设在苏州,上海南京各设一个分部,周末我们就到苏州来向爹爹汇报请教,那样的话,也可以说是两全其美啊。

二婉的心思还在南京,便提问说,南京和丹徒老家的产业怎么办?

大婉回答二婉:我说了,爹和总部设在苏州,南京是第一分部,上海是第二分部。南京的可以交给大雍和少雍去管,上海的可以交给我和二婉去管,当然还有泳济和凯常参与。南京分部主管原来的老市场和老客户。上海分部可以将重点放在开拓新市场。

这些设计,好像是经过深思熟虑似的,其实是大婉即兴想到的。可见大婉是一个思路清晰并且有急智的人,即兴应对能力远超丈夫泳济。

董方均频频点头,微笑着说,苏州也是个好地方啊,江南的风水宝地啊!没有苏州的上海,就是个暴发户;没有上海的苏州,就是个老古董。"苏无常"地区,从来都让人心生好感,尤其是苏州。但好感归好感,还并不足以成为我落户苏州的全部理由。我也正在犹豫不决,没想到,大婉跟我想到了一起,还把我没想清楚的事情想清楚了。看来,让大婉整天在家里管些鸡毛蒜皮小事,是屈才啊。

　　二婉插话道，家里的事情繁杂琐碎，没有头绪，也需要管理才能，不是随便谁都能管得好的，只有王熙凤有这种才能。大婉就是我们家的凤姐呢。

　　大婉笑道，二婉啊，你是在夸我还是在骂我？

　　老太太对大婉说，爹在夸你，二婉哪里敢骂你？那样的话，二婉岂不是同时得罪了两个人吗。二婉不会那么傻吧？

　　二婉说，我本来不傻，但跟大婉一比，就显出我傻。其实不是我真傻，是大婉真强，太强了，不但能主内，主外也一点问题都没有。

　　老太太转过脸对董方均说，男主外女主内，向来如此，女子可不要到外面去抛头露面。

　　董方均说，这不是在夸你女儿能干嘛，并没有真的让她去抛头露面的意思，她在背后给泳济当个贤内助，那也很好啊。

　　泳济说，谁助谁还不一定呢。上海可不比内地，那是一个开放的地方，男人女人，本地人外地人，中国人外国人，谁有本事谁唱戏。在那个中外文化交汇之地，我又不会洋文，只会说苏州话，想起来心里就有些发怵。我还是适合苏州。

　　董方均想了想说，东洋文我是会一些，现在也忘光了，西洋文就数凯常了。不过泳济也不必在乎这个，我想，上海滩那些江湖人物，商海角色，未必就都精通洋文，否则为什么要培养那么多的译员呢？今天这事，暂时就讨论到这里，我心里有数。等到哪一天，我们真的要搬家的时候，再作打算。

2

耘米的伤情,恢复得比预想的要好,她已经能靠别人搀扶着去上厕所了。南茜嬷嬷从保罗医生那里得知情况,便到德茂公寓探望耘米,顺便过来劝玛丽回去上班。南茜嬷嬷说,前一阵她为保罗医生聘了一位助手,保罗医生不习惯,两人合作不默契。保罗医生坚持要辞退那位护士,让南茜嬷嬷过来把玛丽请回去。

老太太和大婉商量着,觉得玛丽还是去医院上班比较好,否则整天在家胡思乱想,自怨自艾,家人也难得安宁。二婉和凯常也主张玛丽去上班,那样她的心情可能会好一些。大婉问玛丽的意思,玛丽说她倒是想去上班,只是没人照看乌斯。自从耘米养伤在家,费婶和其他人都经常要帮忙照顾耘米,乌斯一直由玛丽自己带,如果玛丽去上班,谁来照料乌斯?大婉又去跟父亲商量。董方均说,那就请保姆来带嘛,让二婉多操些心管理就是了。

玛丽又回到慈恩医院,做保罗医生的助手。保罗医生比玛丽大两岁,看上去好像比玛丽要小一些,络腮胡子掩盖不了他那张娃娃脸。保罗医生最擅长的专业是外科,比如开膛破肚的手术。至于跌打损伤的伤科,尽管他也能对付,但还是不能跟马约伯比。马约伯自己懂武术,正骨疗伤更内行。马约伯性子缓,遇事深思熟虑而后行,显得很稳重,但也可以说是优柔寡断,首鼠两端。不过,一旦决定了,那他也是义无反顾,牛都拉不转头的。当马约伯犹豫不决、瞻前顾后、磨磨叽叽的时候,玛丽恨不能跟他分手。当马约伯突然斩钉截铁、孤注一掷的时候,玛丽又觉得他有气派,可依赖。

保罗医生不一样,对任何事情,他都立刻做出反应,态度明朗,毫不含糊,但也显得有些急躁,特别是当意见不被接纳,或者行动受挫的时候,就容易闹脾气,孩子似的。这种性格跟玛丽倒是有几分相似。玛丽和保罗整天叽叽喳喳聊个没完,工作的时候配合默契效率高,但也难免有冲突,吵架拌嘴也是常有的事,好在转眼之间,他们又和好了。两个性格相近的人在一起,处久了就像兄妹。但南茜已经察觉到,玛丽好像对保罗有点意思,保罗看上去却浑然不知。

保罗医生跟玛丽议论病人的病情。保罗医生说,前些日子被市立医院请过去会诊,是一位脑震荡后遗症患者的记忆错乱,市立医院根据保罗医生的提议,采用了最时髦的"聊天记忆恢复法",已经初见成效。玛丽懒洋洋地听着,压根儿没有想到保罗医生讲的案例是熊渚杰。保罗希望玛丽对他的话反应热烈一些,不要只听不说。玛丽应付着保罗,问那位失忆症患者后来怎么样了?保罗说,后来,市立医院又请他去过几回,会诊检查治疗效果,保罗医生问主治医生刘大夫,患者的记忆恢复得怎么样,患者本人却抢着回答说,"我已经完全恢复了。"接着他开始演说,一会儿中日战争,一会儿酒店生意,一会儿婚姻爱情,他讲遥远过去的事情很清晰,讲近期身边的事情却很混乱,病人还把他的主治医生刘大夫称作"刘队长"。最可笑的是,他竟然说自己的记忆,已经恢复了71%。玛丽这才笑起来,说那个病人怎么那么自信,竟然将病情好转程度的百分比,精确到了个位数!那个失忆症患者也太专业了吧?比你这个专家还要精确。凡是喜欢把话说得很严谨的人,都是自以为是!玛丽表面上在说那位病人,不屑的口气却是冲着保罗的。

保罗医生哈哈大笑起来,说玛丽的判断有误,因为她没有学过《医学心理学》,说自己在大学里学过《临床心理学》课程。保罗说,对于处于弱势地位的患者而言,医疗带来的二次创伤,往往导致他们的不自信,医生既是二次创伤的实施者,又是病体康复的治疗者。因此,病人对医生既信任又怀疑,既有依赖又想摆脱。有的病人身上,信任和依赖占上风,他们就会对医生彻底臣服。另一类病人身上,怀疑和摆脱占了上风,他们就试图压倒医生的权威,至少也想平起平坐,在医生面前显示自己的思维能力和判断力。比如,这位脑震荡后遗症患者,他不是"自以为是"或者"过于自信",而恰恰是在掩饰他的不自信,所以他才会将百分比精确到个位数,以显示自己的科学性,我还见过一位患者,认为他自己的病情好转了82.5%呢,哈哈哈哈……

保罗一个人说了半天,玛丽还是爱听不听的样子。保罗追问玛丽,你为什么不说话?我说得不对吗?保罗越问,玛丽越不搭理。其实,玛丽是希望保罗转移话题,不要总是说些跟两个人无关的话题。保罗却以为玛丽聊累了,劝她回房间休息一下。玛丽几乎要被保罗那种父兄般的体贴激怒。有时候,玛丽一连两天不跟保罗说话,保罗也无所谓,照样忙得不亦乐乎,还对南茜说,玛丽不开心,别惹她。

玛丽每周都要陪保罗医生出诊,到德茂公寓去为耘米检查身体。耘米已经能够挂着拐杖缓慢地行走。保罗很高兴,好像耘米是他制造的一件艺术品,盯着看不够。身材高大的保罗医生,弯腰搀扶着耘米缓慢地行走,还柔声地提醒耘米:慢点,慢点,左右变换重心,腰椎不要太用力。耘米在保罗医生的帮助下,不仅腰部和腿部获得了自信,她的内心也获得了自信。这种自信,通过耘米红润的脸颊显示出来,进而通过耘米闪光的眼神传递出来。那是保罗喜欢的光亮,保罗的眼睛被那种光亮所吸引。渐渐地,耘米可以丢开拐杖,扶着墙壁慢慢地移动。耘米不知道怎样才能表达自己对保罗医生的谢意,只知道对保罗医生的目光,报以同样的执着和专注。

玛丽对保罗,其实并没有什么非分之想,她多次在想象中见到保罗向她求欢,遭到她义正词严的拒绝,发现自己心里装着的还是儿子乌斯,还有失踪的马约伯。或许因为孤独无靠和软弱,甚至虚荣心的缘故?玛丽希望保罗关注她,爱护她,惦记她,所以才会经常心怀未能满足的醋意。玛丽也注意到了保罗看耘米的眼神异样,知道保罗被耘米迷住了。这是女子特有的才能,就像自己当初迷住了马约伯一样。

保罗医生每一次处理完耘米的康复程序之后,还在没话找话地聊着。玛丽就会提醒他赶紧回医院去,那边有病人在等候。保罗医生跟着玛丽往回走,但心还在德茂公寓。保罗医生对玛丽说,耘米的腰椎和腿部,到了恢复的最后阶段,十分关键,需要在医生的指导下增加锻炼时间。保罗医生决定把出诊的时间改为每周两次。玛丽就对保罗医生说,耘米的康复理疗,只有你能帮她,我也插不上手,你去德茂公寓出诊,就用不着我再跟着了,你自己去吧。

保罗医生说,好的,好的,我们分头行动,工作效率更高。

保罗医生进了德茂公寓,常常是流连忘返,乐不思蜀。他全力以赴帮助耘米恢复,还跟德茂公寓的人交上了朋友,特别是跟耘米的爸爸妈妈聊得不亦乐乎。保罗医生说,他不喜欢镇江,在上海的日子也很孤独,直到应聘江东慈恩医院之后,才过上充实而幸福的日子,保罗医生说他很喜欢江东。李泳济私下里对大婉说,保罗医生年轻有为,医术高明,关键是医德很好。大婉说,保罗很懂礼貌,中国话说得好,交流起来没有障碍。李泳济说,过一阵,等耘米再好一些,我们要请保罗医生吃个饭,表示谢意。

耘米终于丢开了拐杖,也用不着扶着墙壁,就可以自由地走动了,只是很久没有自主行走,有些不习惯,生怕用力过猛飞起来了,因此她极力将重心向下压,步履蹒跚的样子,其实恨不得飞起来。大婉和泳济高兴得不知所措,不想远离,不敢靠近,围着耘米兜圈。老太太不停地念着阿弥陀佛,说耘米遭此一劫,是好运降临的转折点。费婶抱着耘米,眼泪止不住哗啦哗啦流。董方均让泳济去望江坊订一个大包间,全家人要好好庆贺一番,吩咐把保罗医生和南茜嬷嬷两个恩人叫上,就说是为他们设的答谢宴。

董方均决定大摆筵席,不只是因为耘米的康复,还有别的原因,其中主要的因素,还是战争局势出现了转机,侵略者的运势开始由盛转衰。据说江东日本驻军也只留下少数,大部分都撤了。老话说"否极泰来",的确是这样,时间往往是最好的判官。老话还说"潜龙勿用",该静的时候就要静,"见龙在田"就是要为"动"做准备了。董方均体内的气血活跃起来,突然要大婉和二婉,陪着他到大门口去看看。两个女儿一边一个，拥着董方均，来到德茂公寓的大门口。董方均站在公寓圆弧形的台阶上，朝路边的钱德玄挥了挥手，然后朝东北的大江方向望去。董方均仿佛看到儿子少雍，正在北边某个地方的大路上，昂首挺胸地朝着自己的方向走来。董方均内心被喜悦塞满了。

深秋黄昏，落日照得路边的银杏树叶闪着金光。董家人簇拥着董方均夫妇，沿着滨江路朝望江坊走去。大婉二婉陪伴着父母走在前面，李泳济和孙凯常紧随其后。大婉让耘谷陪着耘米，坐在一辆黄包车上，吩咐车夫推车跟着大家一起走就行。炎九叔打前站去了，费婶和玛丽牵着乌斯在路旁边走边玩。最后面跟着一群年轻人：晴媛、晴帆、伟民、云柯、云樟、耘禾。街上行人稀疏，偶尔也能见到伪警署的警员在街上巡逻，往日的肃杀之气消散了不少，倒显出几分寂静。望江坊里坐着的都是中国人，没有见到穿军装的日本人，大家的心情似乎安详平和了不少。

泳济和大婉，留在大门口候客，等候保罗医生和南茜嬷嬷。其余一行十几人，在望江坊酒楼经理秦启泰的引领下，进了二楼的雅座。秦启泰早就从李泳济那里得知，名商董方均老先生，是自己的老板储金盛的上司蔡豪生的老友，所以安排得格外用心。他吩咐将临江的"东篱"和"采菊"两厅之间的隔挡屏风撤除，变成一个大间，就叫"东篱厅"，摆下两大一小三张红木八仙桌，安顿董家的20位客人。

大婉和泳济领着客人南茜和保罗来了，董方均连忙起身让座。主桌北向主位，坐着保罗和南茜，正对着的南向陪客席位，坐着董方均夫妇。耘米和泳济父女俩,挨着保罗坐在左手东向席位;二婉和凯常夫妇,挨着南茜坐在右手西向席位。另一桌则随意安坐,大婉坐主位,董家的孩子紧挨着婉姑,晴媛和晴帆在左首,伟民在右首。再往右边是玛丽和费婶,她们中间夹着小乌斯,大婉正对着的是炎九叔。耘谷领着弟弟耘禾,还有云柯云樟兄弟,四个年轻人坐在小八仙桌上。

酒楼经理秦启泰过来跟董方均寒暄,说最近酒楼平安,生意回暖,不像从前那么混乱不堪,董老先生来得是时候。董方均看了看窗外奔涌而平缓的江水说,是啊,你这里本来就是风水宝地,怎能任人把它弄成凶险是非之地!从今往后,你的生意也会越来越好的。秦启泰拱手作揖,说托福托福,预祝老先生吃好喝好,说着就示意侍者上菜。

董方均特别向保罗和南茜,介绍了几道江东名菜,一道是"清蒸河豚",一道是"红烧白鳗",还有一道是"银鱼羹汤",都是时令河鲜,却不是一般的河鲜,是从海洋洄游而来的河鲜。董方均起身将河豚肉分给保罗和南茜。董方均说,河豚是一种有剧毒的鱼类,但你们可以放心吃,因为毒素主要在内脏和血液中。经过厨师专业清理和精心烹饪的河豚,不但没有毒,而且味道异常鲜美。保罗和南茜一听"剧毒"二字,吓得不敢动筷子,在董方均的带领下,他们才壮着胆开始吃。保罗一边吃一边竖起大拇指,称赞河豚的味道鲜美。董方均指着银鱼羹汤,请保罗和南茜品尝。保罗按照侍者的提示,先喝一小盅绿茶,再喝一口羹汤。董方均问味道如何?保罗品味之后如实相告,说什么味道都没有。董方均说,无味就对了,保罗先生很诚实,如果说这道菜的味道如何鲜如何香,那就假了。这种羹汤,精选上等干银鱼,浸泡后清水煮熟,调入少量藕粉羹,使之微黏而不稠。它的营养价值,自然不必多言。我们只说它的味道,它"无味",但"无味"中包含着"有味",舌头和口腔能从那种"无味"中创造出无限滋味。这是我们东方的生活哲学。保罗很好奇,又喝了一口银鱼羹汤,舌头和口腔却怎么也找不到董方均所说的那种"无限滋味"。保罗停箸沉思,不得其解,直到一块肥美的沾满酱汁的白色鳗鱼,来到他的面前。

酒过三巡,董方均示意侍者离开,让孙凯常将包间的门关上,然后缓缓起立,举起酒杯开始祝酒。董方均说,这第一杯酒,献给在前线浴血奋战的抗日将士,同时祝我中华时来运转,国运昌盛,男士们干杯,女士们随意。说着,董方均轻轻地"吱"的一声把酒干了,接着是李泳济和孙凯常等喝烧酒的人,干杯发出轻轻的"吱"声。保罗不懂得怎样才能发出那种"吱"的一声,他发出来的却是"咕"的一声,脖子一仰,直接把酒倒进了喉咙深处,像平时喝白兰地一样。站在保罗医生左边的耘米,仰头看了看保罗的举动,"噗"的一声笑出来了,笑得保罗脸上通红。

董方均再将酒杯斟满,举杯对座位上首的保罗和南茜说,这第二杯酒,是敬给国际友人保罗先生和南茜女士的,感谢你们二人,对耘米的关照和护理,让耘米得以重获健康,重拾生活的信念,你们仁心仁术,功莫大焉!同时我也在想,强盗入侵,国难当头,有这么多的国际友人在相帮相助,我们并不孤单。

董方均接着举杯对着耘米说,这第三杯酒,是给耘米的,祝贺耘米身体康复，这不仅是耘米之幸、董家之幸，也是国家之幸，从此我的家国，否极泰来，流落在外的少雍，也会平安无事！来，大家一起干杯！旁边两张桌子上的年轻人，也被董方均的祝酒词感动，报以热烈的经久不息的掌声。

保罗和南茜被这热烈的气氛所感染。南茜甚至喝得有些过量，脸颊通红。保罗没事，他喝得高兴，正在兴头上，一杯又一杯自斟自饮。保罗只觉得神奇，董方均所说的话中，有感谢，有祝福，有励志，还有希望，他把一次普通的聚餐和吃喝变成了一个仪式，日常生活突然有了神圣感。这让保罗想起了自己小时候，跟父母在镇上教堂里领圣餐的仪式，吃倒在其次，主要是要有仪式感。保罗医生侧过脸去，看了耘米一眼。她正在用手绢轻轻地拭着嘴唇，表情那么平静，脸颊上却泛着闪光的红润。她将激动和兴奋的情绪隐藏压抑起来，转化为脸颊上红润的颜色。

3

五楼洋行的史柯雷不喜欢串门，每天都守着收音机，关注着外界的动态：战争局势、经济走向、石油价格、道路交通、国际航道。最近史柯雷一反常态，喜欢四处走动，还主动到三楼董家的客厅来聊天。董方均连忙吩咐费婶上茶。史柯雷说自己是来告别的。孙凯常笑着说，告别的话你已经说过好多次，我发现你不是真的要走，你是在表达想回家的愿望。史柯雷说，哈哈哈哈，孙先生，这次我是真的要走了。孙凯常说，上次你也是这么说的。董方均说，唉，太平洋上不太平，都是身不由己啊。史柯雷说，他过几天就要去上海，已经订好上海到香港的船票，从香港搭乘邮轮去英国。董方均说，如果真能回家，那真是太好了，不过，我们倒希望史柯雷先生不要走，多一个聊天的朋友。史柯雷说，等战争结束之后还会回来的，远东火油市场空间大前景好，公司不会轻易放弃，公司还有几位留守人员，有事可以跟他们联系。董方均说，祝史柯雷先生一路顺利，盼望史柯雷先生早日归来！如果那时候我们不在这里，就寄信到我老家，有人会转给我。说着，给了史柯雷一个地址：江苏镇江丹徒辛丰镇董村董方均。想到多年的难友将要分别，大家彼此还有几分恋恋不舍。

南湖边的董氏商行重新开业，李泳济和孙凯常又忙碌起来，他们一边开始恢复江东的业务，一边尝试着跟苏浙沪那边的老客户恢复联络，为董氏商行返回江南做准备。李耘米对孙云柯说，赶紧去看看钱小果吧，再不去看她，就要跟别人跑了，那时候我们可担不起这个责任。经历了黑鹰队骚扰和阿五酒馆被揍的风波，钱小果受到惊吓，变得心灰意懒，什么事都提不起劲，包括见到孙云柯，也没有什么热情。族叔钱德玄劝钱小果，最好不要出门，尤其是不要出现在德茂公寓那个是非凶险之地。父亲钱德才也说，自己惯坏了女儿，让她肆无忌惮，疯疯癫癫，到处惹祸，现在没事不准她出门，非出门不可，也必须说明理由，要见孙云柯的话，也只能在自己家里见。玛丽照常到慈恩医院去上班，紧随着保罗左右当助手。保罗医生却经常往德茂公寓跑，帮助李耘米做四肢康复运动。董方均和两个女婿，密切关注战争局势变化，心早就飞到江南去了。

董方均吩咐大婉和二婉，要开始安排孩子们的功课，不要等到各类学校开始招生的时候再着手准备，那就晚了。

董家的所有动静，都在阿五的掌握之中。阿五派到德茂公寓盯梢的人回来报告说，李耘米已经基本康复，走路都不用拐杖了，前些日子，他们全家还在望江坊酒楼设宴庆贺。阿五想到自己兄弟熊渚杰的处境，心里愤愤不平。尽管经过治疗，熊渚杰的四肢完好无损，但脑颅的损伤恐怕永远都难以恢复。说起遥远的往事，熊渚杰头头是道，跟正常人无异；说起眼前的事，熊渚杰好像也头头是道，但全是错误的，严重的时候连人都不认识，一会儿把母亲叫耘米，一会儿称阿五做刘莽队长，还叫主治大夫刘医生做父亲，想起都令人心痛。李耘米的舅舅刺杀了熊渚杰的父亲，李耘米非但没有愧疚，反而还登门挑衅，这才酿成悲剧。阿五想，不能就这样便宜了李耘米，一定要找个合适的机会，再给她一点颜色瞧瞧，一则为兄弟熊渚杰抱不平，一则在江湖上为自己挽回一点面子。

派出去打探消息的探子回来报告，每天黄昏，李耘米都由她的姐姐李耘谷和几个表姐妹陪着，在滨江路上散步，问阿五，是不是就在滨江路上下手？阿五说，光天化日，欺负几个女子，能挽回什么面子？何况那李耘米也遭一劫，大难不死，自己当时对李耘米下手，也是迫不得已，怪只怪熊渚杰优柔寡断。阿五让手下人盯着点，看看有没有男子在她身边？探子回报，原来有几个男子，偶尔会陪李耘米散步，比如她的父亲李泳济、表哥孙云柯、弟弟李耘禾，见得最多的是一个外国男子。最近，其他男子好像都消失了，只有那个外国男子常随左右，据说他是慈恩医院的医生。阿五说，好啊,正合我意啊,动一动外国人头上的毛,动静更大。出门前阿五对手下说,用拳脚教训教训就行,不到万不得已不要动家伙。

接连两三天,阿五亲自到滨江路上守候,终于等到外国男子陪着李耘米出现在海关钟楼附近。阿五定睛一看,大吃一惊,那外国男子,竟然是经常到市立医院为熊渚杰会诊的外国医生。这怎么下手啊?阿五再仔细观察,发现外国男子和李耘米的关系,不像医生和病人的关系,倒像是情人关系。自己的兄弟熊渚杰,脑子还处于半昏迷状态,她李耘米就开始谈情说爱了?阿五怒从胆边生,带着兄弟就冲上去了。

阿五对李耘米说,还认识我吗?这么快就跟男人好上了?

李耘米愣了一下,讽刺道,认识啊,打女人的好汉,怎么不认识!

阿五说,那好,我今天就专打男人!说着,手一挥,几个喽啰朝保罗扑了过去。

身材高大的保罗,在大学读书的时候,就参加过拳击训练班,尽管不专业,只是兴趣而已,但架势还是有的。见几个又瘦又矮龇牙咧嘴的人扑了上来,保罗摆出拳击的架势,对准他们又是直拳又是勾拳,架势很吓人。一个留着中分头的喽啰不知厉害,直接扑上来,正好遇上了保罗的勾拳,右边耳朵嗡的一声,当场倒在地上。其他喽啰吓得不敢近身。阿五见状急了,扑过去一把抱住高大的保罗。喽啰们也一窝蜂扑了上去,把保罗扑倒在地。保罗脱不了身,只能抱着阿五在地上打滚。旁边的喽啰瞅准空子,抬脚朝保罗身上猛踢,踢得保罗和阿五同时哇哇大叫。两个人只好喊停,松开手站起来。保罗怒目圆睁,后退了几步,又朝他们摆开了拳击运动员的架势,嘴里还哇哇地叫喊,汉语中夹杂着英语,来啊,come on! 过来啊,come on! 看谁还敢过来找死!

以往,面对这种情形,阿五早就让手下舞刀弄棒冲上去了。今天的阿五不敢,他忌惮保罗是熊渚杰的会诊医生,没有办法采用极端手段,更不敢动家伙,但仅仅靠拳击这种肉搏方式,自己这边并没有多少胜算。阿五想,吓唬威慑李耘米的效果已经有了,此刻撤退也正是时候。但保罗还在挑衅,右手直指阿五,食指一勾一勾的,像招呼小狗似的,简直是奇耻大辱!如果就这样撤走,在江湖上只能遭人耻笑,看着围观人群期待的眼神,阿五进退两难。

耘米看出了阿五的心思,正在犹豫不决,觉得正是鸣锣收兵的好机会,就拉着保罗的手要回家去。保罗觉得,自己无缘无故被一群人摔在地上打滚,而且是当着耘米的面,受到了侮辱,加上格斗情绪刚刚上来,于是迈着方步,举着拳头,径直冲小个子阿五走过来。

刚刚被保罗击倒在地的那个中分头喽啰,见状不妙,伸手到腰间去摸家伙,被阿五制止了。阿五个子小志气不小。他脱下对襟褂,往中分头喽啰手上一扔,迎着保罗就上去了。为了避免被保罗的拳头击中,阿五一闪身横向贴近了保罗,要跟保罗摔跤纠缠。保罗也有所准备,趁阿五立足未稳,拦腰抱起他举过头,将阿五往地上一摔。眼看着阿五就要被摔扁在地,只见他身子像皮球一样弹起,瞬间又贴近了保罗。保罗大吃一惊,再次举起阿五往地上摔,这一次阿五被重重地摔在路边的草地上,龇牙咧嘴出不了声,半天也不能动弹。保罗又冲留中分头的喽啰勾了勾食指,吓得那中分头直往后缩。突然间,只见阿五猛地一滚,滚到了保罗的胯下,举拳冲着保罗的胯下猛地一击。保罗一声惨叫,双手捂住裆部,倒在地上。

阿五忍着浑身疼痛,挣扎着爬起,还要跟保罗继续较量。保罗觉得,这小个子看来不好惹,倒不是他有什么力量,而是他身上有股不怕失败、锲而不舍、勇往直前、冒死拼搏的倔强劲儿。保罗举手做了一个暂停的手势,问阿五,为什么要这样死缠烂打?

阿五说:死缠烂打本来没面子,非英雄所为。但我不是为自己的面子在搏斗,我是在为我的弟兄们的面子在搏斗,所以,死缠烂打也在所不惜。

保罗说:我们素不相识,我知道你是冲着李耘米来的,你为什么要跟一个受伤后正在康复之中的女子过不去?这也是英雄所为吗?

阿五说:不是我跟她过不去,是她跟我的兄弟过不去。我的兄弟因为她而受伤躺在医院,尚未康复,她却已经跟男人勾搭上了。我为我的兄弟打抱不平。

耘米对阿五说:你说话不要那么难听,保罗是我的医生,她在帮助我康复。

阿五生气地说:我兄弟还没康复呢!

保罗问李耘米:他总是提他的兄弟,到底是什么大人物?

耘米说:不是什么大人物,是一个还在治疗之中的病人。

保罗说:病人?跟我和慈恩医院有关吗?

耘米说:跟你没有关系,他们是冲我来的。

保罗说:那也是冲我来的,无非是想把你从我身边抢走。

耘米说:不是抢走我,是想毁掉我,他的兄弟得不到,别人也别想得到。

保罗说:他的兄弟真行,有这么忠诚的弟兄,我倒想见识一下。

耘米说:他兄弟就是躺在市医院的那个失忆症患者,你参与过他的会诊。

保罗说:失忆症患者?想起来了,我正在跟那边的主治医生商量新的治疗方案。

眼看着偷鸡不成蚀把米,阿五决定不再死扛,他抬手低头作揖,对保罗医生说,医生在上,我兄弟熊渚杰根本不知道这件事,都是我自作主张,主要是看到李耘米跟医生你好上了,我要为兄弟熊渚杰抱不平,就打算吓唬吓唬李耘米,没想到惊动了保罗医生,实在不是自己的本意,希望保罗医生大人不记小人过,不要因为这件事影响了我兄弟熊渚杰的治疗。阿五说着,伸手抓住身边中分头喽啰的肩膀,用力往地上一按,中分头会意,便往地上一跪,对着保罗医生和李耘米连磕了三个响头,求他们开恩,继续为熊渚杰治疗。

保罗医生很纳闷,这个叫阿五的倔强的小个子,未经他的兄弟允许,就要出面为他的兄弟打抱不平,现在他又担心因为跟医生打架,医生会改变主意,不给他的兄弟治病。更让人不解的是,这个阿五,他自己做错了事,却不承担责任,不磕头,让他的部下替他来下跪磕头,真是令人匪夷所思。那么,他下次还可以继续犯错,反正有他的部下为他担责。

这让保罗非常生气,他不接纳阿五这种古怪的道歉。保罗说,不要在这里讨论治病的事情,这不是医院。我们的格斗还没完,继续吧,come on！谁敢来？

阿五很为难,群殴和单挑都不行,舞刀弄棒也不行,怎么办？他又伸手抓住中分头的肩膀往地上按,中分头和其他喽啰纷纷跪拜在保罗医生面前。保罗医生一看这情形,更是气不打一处来,他让阿五手下人赶紧起身,说,你们再不站起来,我就不为你的兄弟治疗。阿五只好让喽啰们站起来。

保罗再一次摆开拳击格斗的架势,招手让阿五过来。阿五的双脚,像长在地上似的,一动也不动。双方正在僵持着,传来一阵警笛声。巡警远远见到有聚众闹事的,吹着哨子赶过来,将保罗和阿五双方分开,说再在公共场所斗殴闹事,就抓到警察局去拘留。阿五点头称是,趁机朝手下一挥手,喽啰们簇拥着阿五转眼间消失了。

耘米笑着对保罗说,还是身材高大好,站在那里不打,就已经赢了三分。只有那些打不赢的人,才会采用扭抱在一起的方法,那样的话谁也不会赢,只能同归于尽。耘米想起当时自己对付熊渚杰和阿五,用的就是弱者自卫的极端手段,结果是两败俱伤。

耘米靠在保罗身边说,有你在,他们就再也不敢来伤害我了。耘米问保罗能不能经常来陪自己。

保罗搂住耘米的肩膀说,只要耘米愿意,我每天黄昏都可以来陪耘米散步。

耘米问保罗为什么？

保罗说，因为我爱耘米。

耘米问保罗，你会不会一遇见年轻漂亮的女病人就爱上？

保罗想了想说，不会。

耘米问保罗，你还会不会再去市医院为熊渚杰会诊？

保罗说，会诊当然是要去的。保罗说，那个失忆症患者，是自己近期的一桩心病。因为自己提议的"聊天记忆恢复法"，是一种有争议的方法。刚开始的时候好像有效，其实也很难说那不是一种假象。因为即使不用这种方法，病人或许也能恢复部分记忆。现在，病人那种跟时间相关的理性记忆恢复得不错，但跟空间相关的感官刺激式的记忆和辨识功能，依然没有得到很好的恢复，不能在事物与事物之间建立逻辑关联，这很麻烦，目前还没有什么有效的方法。想起这些，保罗心里充满烦恼。

耘米说，要是熊渚杰的病情没有好转，阿五他们会不会认为，是你记他们的仇而不用心治疗呢？保罗领教过阿五的奇怪思维，特别是容易迁怒，因此，误解的可能性是有的。保罗说，我没有办法左右别人的想法，但我会对病人尽心尽力。

第九章

1

　　军官学校第三分校政治教官范仕运开设的"战争局势和国际政治"系列时事讲座，深受学员的欢迎，让大家对当前战争的形势和走向有了清楚的认识，而不至于道听途说甚至盲目猜疑。范仕运的课，也是翰民最喜欢的课程。每到这时候，翰民总是聚精会神地听讲，做笔记，还要不时地用胳膊碰一碰坐在身旁的蔡鲤，让他不要打瞌睡。蔡鲤更喜欢军事科目课程，尤其是战术训练的实践课程，但一听理论课，他就昏昏欲睡。

　　太平洋战争爆发，是抗日战争中的一个重要分水岭。战争由此分为前后两段。开战初期是日寇占优势，东线从太平洋和华东向西进犯，西线从印度洋和东南亚向东逼近，两条战线东西夹击，中国军队只有招架之功，没有还手之力，以至于国民政府机关也一路西窜，狼狈不堪。美国向日寇宣战之后，中国和国际反法西斯主义联盟开始扭转局面，日寇的东西夹击战略布局遭到瓦解，太平洋上的优势被美国航母和空军夺得；西线战场的优势被中美英等国组成的盟军夺得。战争局势的逆转，为重庆政府和西南大后方，以及中国共产党领导的敌后抗日根据地，获得了喘息和反攻的机会。

　　日寇一直在挣扎，他们首先想到的是，保卫中南部太平洋航线的安全，试图打击美国太平洋上的航空母舰编队，阻止前往日本本土实施轰炸任务的美军轰炸机。美日两军在中南部太平洋上的厮杀搏斗，表面上看好像是两败俱伤，实际是美军在太平洋上占优势，致使日寇的南亚战略失败。日寇转而将目标对准中国西南部抗战大后方，试图阻止盟军从东南亚和缅北滇西将大部队和重型战备物资运往中国大陆，为攻打后方重庆做战略布局。中美英共同签署的《开罗宣言》，既是反法西斯战斗宣言，也是粉碎日寇攻占大西南战略的宣言，战争局势从此发生了根本性逆转。缅北和滇西战场，顿时成了国际瞩目的焦点，中国最精锐的部队和装备，都集中到了西线战场。

　　蔡鲤和蔡翰民在军校第三分校学习了一年多。蔡翰民朝思暮想的，就是尽快上战场去杀敌。在军校学习期间，尽管形式上像个军人，实际上也跟普通老百姓差不多，有些学员生活越来越讲究，理想越来越淡薄，贪恋享乐，放任自流，在市场赶圩时跟老乡发生冲突，有些学员甚至违反校规，偷偷跟女生中队的学员谈恋爱。蔡鲤也多少受到一些不良的影响，整天想着要给晴媛写信，盼望晴媛回信。翰民不再想着给耘谷写信的事，还经常提醒蔡鲤，让他记住来这里学习的初衷。蔡鲤不再好意思经常谈论晴媛和耘谷，跟着翰民把精力都用在读书和军训上。

前线部队急需补员,第18期跟前面两期一样,也要提前毕业。同学们都在考虑毕业后的去向,服从命令自然是大原则,但个人选项还是有的:第三战区司令部及其下属职能部门急需工作人员,新组建的各类干训团培训班急需青年教官,西部战线第二期中国远征军正在大批量招募优秀青年军人,第三战区所属集团军一线部队也急需补员。蔡翰民是第18期的优秀学员,总成绩排名前三,军事理论科目成绩排名第一。蔡鲠总成绩也名列前茅,战术科目成绩尤为优秀。兄弟俩都有条件在现有岗位里随意选择。翰民和蔡鲠在范仕运教官的战争形势分析课上听到第一期远征军在前线舍生忘死的事迹,在原始丛林遭遇的艰难险阻,内心震撼,深受感动。他们把二哥蔡鲛和三哥蔡鳇的精心安排置之脑后,在毕业去向摸底调查表上,他们两个人都填写了"远征军"。他们渴望到最艰苦、最危险、最酷烈的滇西缅北战场去杀敌。接下来的日子,兄弟俩跟其他同学一样,整天摩拳擦掌,期待着奔赴抗战前线的日子。

　　这一阵,前线部队和后方机关的代表,各路人马云集瑞金武阳围,他们都是奔第三分校第18期毕业生而来的。祥云寺的第三分校接待处住满了客人,着装五花八门,声音南腔北调。蔡鲠和蔡翰民注意到两位青年军官,年纪稍长一些的,戴着美式大盖帽,腰间挂着柯尔特M1911型手枪,黑色马靴擦得锃亮;稍年轻一点的,头戴着M1型新式钢盔,背着一支便携式汤普森冲锋枪,两个人形影不离。翰民和蔡鲠,被两位青年军官的风度迷住了。据说他们是远征军派来招募青年军官的,令蔡家兄弟肃然起敬。远征军果然要招人了!蔡鲠激动之情难以言表。他按照两位远征军军官的打扮，想象自己全副美式装备的样子，内心满是喜悦自豪之情，参加远征军的决心更加坚定。

二哥蔡鲛委托到第三分校公干的同事带口信，说他和三哥蔡鳇可能会过来参加两个弟弟的毕业典礼。想到很快就能见到二哥和三哥，翰民和蔡鲤欣喜万分，激动得夜不能寐。终于熬到了毕业典礼前夕，蔡鲛和蔡鳇果然出现在武阳围。蔡鲛来参加第18期学员的毕业典礼，顺便帮助第三战区教育训练处招募人才。兵站总监部采购官蔡鳇，则是借着收购秋粮的机会，陪蔡鲛来看望两位弟弟。兄弟久别重逢，倍感温馨亲切，蔡鲛和翰民一直喋喋不休，仿佛内心积压着千言万语要倾吐。真的是昔日离别方寸乱，重逢酒盏浅复深！蔡鲤和翰民每天都紧随蔡鲛和蔡鳇左右，形影不离，像两个贴身保镖。兄弟四人十分抢眼，成了三分校的一道风景。

晚饭之后，大家照例要到绵水河边去散步。夕阳的余晖染黄了路旁的树叶。祥云寺和武阳围通往庙背村边绵水河的"抗倭大道"上，情形一如往日，军校的教官和学员三五成群地在散步。临近毕业，人群中出现了许多陌生面孔，有来自野战部队的，也有来自机关后勤的。两位远征军的军官也走在人群之中，格外引人注目，学员们纷纷议论，不知道他们是什么来历。他们穿过庙背村近旁，往绵水河畔走去。他们的出现，让正在歌唱嬉戏的文艺中队女学员突然停止所有动作，时间仿佛凝固了，女兵们像是竖在河岸上的群雕。年纪稍长的军官朝女兵们挥手致意，女兵们惊慌失措，前面的往后面躲，后面的再往后面躲，顿时乱作一团。

两位军官缓步走到绵水河边，再折返回祥云寺的大路，正好跟蔡鲤和翰民兄弟四人迎面相遇。蔡鲛和蔡鳇与他们互敬军礼，翰民和蔡鲤也学着朝对方行礼。蔡鲛走过去跟两位军官握手寒暄，称他们"周少校""刘上尉"。周少校皮肤黝黑，抬头纹又粗又深，看上去有几分沧桑感，近距离细看，年纪并不大，表情中还透露出几分稚嫩。刘上尉更年轻，上唇的胡须都毛茸茸的，他极力摆出老成的样子。站在旁边立正的蔡鲤，心一直在狂跳。蔡鲤早就想找机会跟两位来自缅北滇西前线的英雄军官打招呼，可是事到临头，他却手足无措，张口结舌，什么话也没说出来。

蔡家兄弟跟周少校和刘上尉客气几句后道别，继续往河边走去。蔡鲛和蔡鳇在前面边走边聊，夸远征军好样的，是中国人的骄傲、日本人的克星。蔡鲤趁机抓住翰民的衣袖，轻轻拽了一下，两人故意放慢脚步，跟两位哥哥保持一段距离。翰民和蔡鲤早就想把自己要投奔远征军的想法告诉两位哥哥，却一直没有合适的机会，尤其是忌惮二哥，不知道他心里到底怎么想的，怕他不留余地断然拒绝。

蔡鲤埋怨道，二哥为什么不能把我们介绍给周少校和刘上尉呢？

翰民说，是啊，那样的话，我就会顺嘴把这件事情说出来，当着那两位军官的面，哥哥即使有别的想法，也不便说出口。

蔡鲤说，我觉得，两位哥哥没有理由反对我们参加远征军啊。

翰民说，三哥还好，就怕二哥。

蔡鲤说，我们用不着遮遮掩掩，迟说不如早说，干脆告诉他们吧。

兄弟四人走到绵水河滨,又顺着有树林的那一段河岸,走了两个来回,然后折返到大路上来。夜幕低垂,散步的人像影子一样移动。翰民和蔡鲤加快脚步追上两位哥哥。

蔡鲛点燃一支香烟,狠狠地吸了一口,吐出的烟雾从鼻孔和牙缝里挤出来。

蔡鲛说,这才决定告诉我啊?我早就看过你们的毕业去向摸底调查表,报名要参加远征军的有两千多人。而远征军这次来招募青年军官的名额,只有100多个,你们二人能不能进入前100人名单,还是未知数。不过,你们选择到最艰苦最危险的地方去,精神可嘉,没有辜负我对你们的期望!

蔡鲤说,100多个名额?那够多的了。我和翰民哥都是优秀毕业生,成绩名列前茅,二哥不用担心,我们有胜算。

蔡鲛说,想参加远征军的人太多了。我们在会上也讨论过这件事。周上校的意思是,军官学校的学员是珍贵人才,是稀缺资源,为培养他们,国家也下了血本,远征军不可能把他们招去当普通士兵用。远征军在三分校只招收100多名青年军官,剩下的留给别的急需人才的部队和机关。远征军还急需大批训练有素的青年士兵,只能从别的渠道获得。周少校说,为了尽快从两千名优秀毕业生中选出100多人,考虑采用简单有效的测试方法,主要测试项目就是格斗力、忍耐力、负重力。

翰民说,不会只比赛打架吧?!蔡鲛说,我特意到运动场上去观察了一下,身体孔武有力、忍耐力超强的学员,不在少数,尤其是北方来的学员。你们两个南方人,身高、体格和耐力都不占优势。

蔡鲤说，那我们也不怕，也要去拼一拼。蔡鲛说，万一不成呢？你们没有考虑过别的去向吗？翰民说，我们暂时还没有其他想法。

蔡鲛说，有没有想过去第三战区司令部？有没有想过到新开办的教导五团任职？各大战区都新成立了青年教导团，专门为中国远征军培训年轻的兵士，招收有理想有文化的知识青年，采用短训形式，实行美国"履带式"训练法，从单兵作战，到群体协作，再到战术训练，半年为一个训练周期，成熟一批送走一批，直接送往滇西和缅北战场。为了向远征军及时输送兵员，各大战区新建的教导团都急需青年教官，尤其急需的是军事战术科目优秀的教官。你们觉得，教导团是不是远征军的有机组成部分？

蔡鳇说，你们毕业生都跑到远征军去了，谁给远征军输送军粮和其他军需物资啊？我们兵站总监部也急需年轻的军需官呢。你们不要都跑到前线去嘛，后方的服务也要人嘛。当军需官为远征军送军粮，也是远征军的一个有机组成部分啊。翰民说，二位哥哥说得都很有道理，但再怎么说，那也不是打仗啊，也不是在战场上杀敌啊，跟手刃鬼子、枪杀侵略者不可同日而语。蔡鲤说，照二位哥哥的说法，在全民抗战的背景下，全国上下、各行各业谁都可以往远征军身上扯，谁都是远征军，怎么可能？就连你们这些老资格的军人，也跟远征军有差别。你们就没有美式装备，你们就没有汤姆逊冲锋枪和柯尔特手枪。

翰民说，我和蔡鲤都想跟两位哥哥一样，先到野战部队火线中去锻炼锻炼。一开始就到机关去，讲讲课，开开会，还是很憋屈的。蔡鳇说，我和蔡鲛，还有大哥蔡鲲，当时匆匆上了战场，两眼一抹黑,不了解情况,以为参军就等于打仗,后来才知道,除了上战场打仗之外,还有那么多的重要工作,意义也不比打仗小。比如后勤军需,比如培训军人。蔡鲛说,是啊是啊,全国一盘棋嘛,有正面战场,有敌后武装;有的开枪射击,有的运送枪炮;有人负伤,有人疗伤。蔡鲤笑道,为远征军培训士兵的军事教官,倒有点意思,周少校和刘上尉见到我,是不是也得喊一声老师啊?

蔡鲛说,有意思的何止教导五团军事教官这件事,有意思的事情多得很!在第三战区司令部所在地那一带,有那么多机关和职能部门,还有医院学校和工厂。那里每天都在紧张工作着的十几万军人,谁的工作没有意思?大家都去西部远征军,谁在内地战斗?

两天后,在周少校和刘上尉的主持下,两千多报名要参加远征军的青年军官,排队在操场上做体能测试,竞争那100多个名额。身高不低于175厘米是硬指标,蔡鲤在第一关身高测量的时候就被刷下来了。翰民身高刚好合要求,在定时定量负重短跑环节也勉强过关,但到搏击环节,翰民接二连三遭遇到北方兵,被几位北方大个子击倒在地,最终淘汰出局。翰民错失良机,他痛恨自己力量不足,但现实是残酷的,任何埋怨都无济于事。

面对两个垂头丧气的弟弟,蔡鲛安慰他们,说拿破仑来也不一定会赢,人的才能是多方面的,而且差异很大。有人体力强,有人智力高,有人力量不足但耐力十足,有人爆发力强持久力弱。每个人都有自己的价值,关键是要找到自己合适的位置。人尽其才、物尽其用才是合理的。远征军招募100多人,在你们这些头脑灵敏的优秀学员中选,用体能测试做标准也有合理性,至少选人的时候快速高效。但落选者中,同样有大量优秀人才,其他岗位同样需要他们。我们第三战区司令部不需要优秀人才吗?我们新建的第五教导团不需要优秀人才吗?兵站总监部不需要优秀人才吗?第三战区第五教导团就需要。你们不要三心二意,赶紧决定,否则,我就要选其他人了。

翰民和蔡鲠私下里商量,两个人意见有分歧。翰民坚持要去野战部队。蔡鲠则认为两位哥哥的想法也有道理,他愿意到第五教导团当军事教员。对于翰民的选择,蔡鲛不好再说什么,不要说堂弟翰民,就是胞弟蔡鲠,也不好强逼他服从自己的意志。翰民找到某集团军的招募官,要求到野战部队一线去战斗。蔡翰民被直接分配到了某集团军下属的衢州机场守备连,任见习少尉。接到命令,蔡翰民立即就前去报到。

2

浙西衢州机场守备连是一个加强连,除了常规编制100多人之外,还增加了一个高射炮排,一个重机枪班,一个无线电通信班。现任连长唐温升少校是四川人,喜欢吹牛,还喜欢攀高枝儿,自称唐式遵司令的远房侄子。实际上他跟唐式遵八竿子打不着,唐温升是剑阁唐河镇人,唐式遵是眉山人。唐温升大烟成瘾,嗜酒如命,脾气又暴躁,动辄打骂部下,人送外号"唐瘟神"。第一次浙赣会战时,身为营长的唐温升正在玉山机场执行守备任务,整天喝得醉醺醺,日本人午夜进攻机场的时候,他还在醉梦之中,听到枪炮声,慌不择路地撤退,全营作鸟兽散,把玉山机场拱手让给了日本人。日本鬼子撤退后,军事法庭要处决唐温升,唐温升哇哇大哭,高声喊冤,声称他是唐式遵司令的侄子。案子报到唐式遵那里。唐式遵刚好得到政府嘉奖,心情正好,听说唐温升不喝酒的时候在战场上还是勇猛的,又是唐姓本家,于是建议给唐温升一个戴罪立功的机会,降级使用,但必须戒酒。唐温升少校,被派往衢州机场,任守备连连长。上级让他立下军令状:机场失守,罪加一等,严惩不贷!唐温升不敢怠慢,酒也不敢公开喝,只要见到部下,就厉声吼叫:"机场失守,罪加一等,严惩不贷!"还要求部下跟着他一起喊,以免懈怠。

唐温升平生最讨厌读书,用他自己的话说,看到白纸黑字就头晕。书籍令人生厌,书生自然也令人生厌,所以见到蔡翰民他就皱眉头。既然团部文书亲自把蔡翰民送过来,估计多少有些来头,唐温升不好拒绝,心里却不接受。他问蔡翰民,除了读书还会干什么?蔡翰民说,开枪开炮,驾驶军车,工兵通信,都学过一点。唐温升说,学过一点有屁用!我们这里是真刀真枪地干。你先去学站岗吧。

蔡翰民被直接分配到了下面的保安排。少尉排长廖有力,梅县客家人,抓壮丁的时候替人顶包来的。他为人谨小慎微,不敢越雷池一步,很适合站岗放哨这个岗位。廖有力按照惯例,让睡在通铺最里面的廖细田下士和廖木根上士往外移一格,腾出里面那个铺位给蔡翰民。里面铺位挨着墙壁,又暗又潮,如果再有新兵来,才可能往外移一格。晚饭过后,蔡翰民把自己的行装整理好,准备躺下休息,廖有力过来通知他去值班,说不要一来就想睡大觉。蔡翰民报到的当晚就上了岗。夏末秋初,浙西最炎热的季节,穿着军装,戴着钢盔,立正站在机场大门的入口,纹丝不动几小时,汗水将衣服浸透了。

日复一日地站岗放哨,绕着机场周边铁丝网外的小路巡逻。偶尔也会响起防空警报,这时候,只有高射炮排的人进入阵地,蔡翰民只能躲进防空工事,连高射炮的边都挨不着,更不要说面对面与敌人战斗。蔡翰民原本是想到最前线的战壕里,没想到,还是像在军校时一样,整天站岗放哨巡逻。蔡翰民有些后悔了。早知如此,当初还不如和蔡鲤一起到第五教导团去当教官呢。翰民心里有疙瘩,加上一直难以融进新环境,气不顺,说起话来就冲,对人也没什么好脸色。班长廖有力看在眼里记在心上,觉得军校分来的蔡翰民自以为是,瞧不起自己这些普通士兵,便唆使手下人找碴,要教训教训蔡翰民。

睡在隔壁铺位的廖细田下士和廖木根上士,两个都是廖有力的同村族弟,三人一起被抓壮丁来的。廖细田十六七岁,长着一张娃娃脸,上唇的胡须毛茸茸的,老实巴交的样子,还总想装老成,其实一点主见都没有,单独一人就害怕,整天跟在廖有力或者廖木根的屁股后面,特别是对廖有力言听计从。廖细田按照廖有力的吩咐,故意跟蔡翰民套近乎。睡觉前两人躺在铺位上闲扯。廖细田问蔡翰民,守备连的生活怎么样?蔡翰民说,整天站在那里像木头一样,没有什么意思,恨不得立刻离开这里,离开那个凶神恶煞的唐瘟神。廖细田记在心里，第二天就到廖有力那里打小报告，说蔡翰民军心涣散，辱骂长官，还想当逃兵。廖有力把蔡翰民叫过去，严厉教训他，说他对守卫机场的意义认识不足，需要检讨。廖有力把长官训话的内容，跟蔡翰民重复了一遍，说机场是东部战线的命根子，是盟军战机轰炸日本本土的中转站，守住了机场，就守住了东线战场，就是对西线战场和远征军的最大支持。

对于廖有力鹦鹉学舌的那些大道理，蔡翰民不想听，甚至有些厌恶。关键是廖有力竟然提到西线战场和远征军，触动了蔡翰民内心的伤痛。想起在三分校操场上被东北大汉击倒在地的往事，蔡翰民感到屈辱，只恨自己力量不够，没有胜出，否则，也不至于跟廖有力廖细田这种孬货为伍。廖有力见蔡翰民一副爱搭不理的样子，火气腾地上来了，跟着客家土话也冒出来了，他龇着一口黄牙，提高嗓门厉声问蔡翰民，我跟你说话，你冇听见吗？蔡翰民戏仿廖有力，用同样严厉的土话腔调说：冇听见！弄得廖有力很窘迫。廖有力看了一眼旁边的廖细田，涨红着脸对蔡翰民说，你不是想当逃兵吗？有种你逃啊，军法处置！

蔡翰民忍无可忍，突然蹿到小个子廖有力身边，逼近他的脸，怒目以对，狠狠地对廖有力说，谁说我想当逃兵？你造我的谣，当心我揍死你！说着，猛地将廖有力往后一推。廖有力接连往后退了好几步，被身后的廖细田和廖木根挡住了。

面对发怒书生蔡翰民，廖有力不敢硬来，只好暂时撤退。明的不行就来暗的，廖有力撺掇廖细田一起，经常到唐温升面前打蔡翰民的小报告。唐温升认为蔡翰民不服从命令，难以管教，在集中训话的时候,特别强调下级服从上级的重要性,助长了廖有力的威风。廖有力想方设法整蔡翰民,专门安排蔡翰民值晚上10点到早晨6点的班。白天换班之后,蔡翰民正要入睡,廖有力又通知大家一起去打扫卫生,说怕上级来检查。蔡翰民被廖有力折腾得心烦意乱,晕头转向。廖有力还用挑衅的口吻对蔡翰民说,怎么了?不愿干是不是?不愿干可以离开这里啊,要不要我把你退回给唐连长?蔡翰民心里憋屈,有一种虎落平阳遭犬欺的感觉,满肚子的冤屈无处诉说,患上严重的失眠症。

这天早晨,换岗归来的蔡翰民刚要躺下睡觉,被廖有力叫起来,说有人拉肚子请假,让蔡翰民去顶班。蔡翰民忍气吞声去站岗,眼皮却不听使唤,站在那里打瞌睡。前来查岗的廖有力见状,跑去向唐温升报告。唐温升早就看蔡翰民不顺眼,便赶到值班现场,抓了个现行。唐温升冲着蔡翰民厉声吼叫起来:"机场失守,罪加一等,严惩不贷!"蔡翰民被唐温升的吼叫惊醒,忘记了按规定要跟着唐温升高声喊出那句话,站在那里发愣,唐温升怒不可遏,抬脚就朝蔡翰民的左腿踢去,说:"怎么站岗的?立正!"换岗后,蔡翰民没有睡觉,被唐温升叫到办公室训话。

唐温升说,站岗的时候竟然敢打瞌睡!该睡觉的时候干什么去了?做贼去了吗?蔡翰民想说,因为睡觉的时候在站岗,所以站岗的时候才会睡觉,但他忍住没说。唐温升见蔡翰民不吱声,提高嗓门说,你睡得倒舒服,坏人混进机场搞破坏,影响盟军飞机起飞和降落,我剥你的皮、抽你的筋都没有用!蔡翰民下意识将脸皮绷紧,紧咬着腮帮子,弄得唐温升火冒三丈。唐温升冲着蔡翰民大声喊,你整天阴沉着脸,我欠你的吗?你想整点差错出来害我是不是?想让我去坐牢吗?想让人砍我的头吗?我早就看出你居心叵测!我就不信治不了你!

唐温升缴了蔡翰民的枪,把他关进一间小黑屋闭门思过。蔡翰民脑子还在嗡嗡作响,不知道唐温升和廖有力到底在想什么,自己到底哪里得罪了他们?当初踌躇满志,盼望着上战场去杀敌,没想到敌人没遇见,遇见一群无赖小人。蔡翰民想不通,只是感到委屈。仔细检讨到机场守备连来的这些日子,自己除了因没能上战场杀敌而心情沮丧之外,似乎并没有什么过错。难道心情不好也是罪状?蔡翰民怎么也想不到,是因为自己有文化而开罪于唐温升和廖有力。蔡翰民还在想外在原因,认为他们是因为没有仗打,闲得无聊,每天除站岗放哨外,剩下的时间就是吃吃喝喝,钩心斗角。如果打仗,就不会有那么多闲心看别人的表情、琢磨别人的心思。蔡翰民想,要是有仗打就好了,是死是活来个痛快,免得温水煮青蛙熬着,人熬得一点斗志没有了,从来没有参加过战斗,算什么军人!

俗话说心想事成。蔡翰民心里想的,很快就变成了现实,战火随即就烧到机场。前往日本本土实施轰炸任务的美军轰炸机经常在机场降落,飞机要加油,飞行员要休息。军方高层甚至在跟美军商量,如果把充足的炸弹和油料运到机场来,美军轰炸机就无须返回太平洋上的航空母舰。那样的话,浙西赣东皖南一带的小型机场,就成了一个个离日本本土最近的地上"航母"群了。日本人急了,机场成了他们的眼中钉肉中刺。他们决计占领或摧毁这些机场。于是,他们派出一个师团外加一个装甲旅团的兵力,气势汹汹地从杭州出发,再一次扑向浙西赣东一带。战区司令部得到情报,派出多个团的兵力增援,每个机场增派了一个团的兵力防守,其他几个团布防在浙赣铁路沿线。

战事突然爆发,最害怕的是廖有力,他说,他一听到枪炮声,腿肚子就抽筋,他说自己擅长的是站岗放哨,而不擅长开枪开炮。最高兴的是蔡翰民,终于可以打仗杀敌了,终于可以理直气壮地说自己是军人了!最心烦意乱的就是唐温升,他一边念叨着"机场失守,罪加一等,严惩不贷",一边急不可耐地找增援部队的刘团长,说来了这么多增援部队,说明日本鬼子的大部队就要来了,他们肯定是来抢夺机场的,守住了好说,万一机场失守,落到了日本人手里,那算谁的?算你们增援部队的,还是算守备连的?

增援团团长刘大刚不好批评唐温升,只是对他说,作为一个军人,面对敌情没有大无畏的精神,而是胡思乱想推责任,那是不合格的!说着,他让警卫员把唐温升请出去了。需要戴罪立功的唐温升,想着步步逼近的日寇大部队,想着机场失守之后自己可能遭到军法处置,焦躁不安,哆嗦着的右手在手枪的枪把上不停抚摸着,拿捏着,他突然大喊起来:"机场失守,罪加一等,严惩不贷!要跟机场共存亡,唐某人大不了一死!"

当天晚上,唐温升把珍藏的老家四川烧酒拿出来犒劳大家。他不停地举杯敬酒,鼓励大家一醉方休。蔡翰民不善饮酒,三杯下肚就脸红脖子粗,但想着即将奔赴战场杀敌,他兴奋得肆无忌惮,开怀畅饮起来,喝得他四肢飘然,眼冒金星,转眼一看,廖细田已经喝醉了,双腿打战,舌头打卷,嘴巴里吐出难懂的方言,举着酒杯过来给蔡翰民敬酒,接着扑倒在蔡翰民身上。唐温升哈哈大笑,蹲在被扑倒的蔡翰民身边,说喝酒不是读书,我替你喝吧,说着连干了三杯。唐温升一边喝一边高喊:"机场失守,罪加一等,严惩不贷!"廖有力也跟着喊叫起来。唐温升眼看着就要倒地,廖有力冲过去抱住他说,连长不能倒,连长不能倒!接着,两个人拥抱在一起,醉倒在桌子底下。

　　第二天一早,守备连的人全部集中到机场外围的公路边,挖战壕修工事。唐温升一边指挥,一边骂娘,说不修工事那只能等死,接着又说,修工事有屁用,人家坦克装甲车过来就碾得粉碎。廖有力和廖细田晕头转向,不知道唐温升哪些话该听,哪些话不该听。蔡翰民不听唐温升那些疯癫话,只顾低头挖坑培土堆沙袋。

　　日寇的战术跟美军差不多,先是派轰炸机地毯式轰炸,接着用大炮或者迫击炮再轰炸一遍,然后是坦克装甲车开道,后面跟着步兵。日寇空军的飞机一天连续两次到机场轰炸,尽管被高射炮排打得仓皇逃离,但机场跑道也被炸得坑坑洼洼,不修理无法使用。最可怕的是日军的坦克,不慌不忙往前推进,刀枪不入、不可一世的样子。守备连没有反坦克武器,要阻止坦克,除非将炸药包塞到坦克履带下面引爆,或者人爬上坦克往里面扔手榴弹。但这两种方式都是自杀式攻击,都意味着要有人去牺牲。

　　日军都打到机场门口来了,说明增援大部队也守不住。唐温升连连喊叫,完了完了,机场失守,罪加一等,严惩不贷!唐温升派廖有力去打探消息,廖有力回来说,刘团长带领部队,已经撤退到

15里外县城北边的子午山上去了。廖有力说,看样子只有我们还在这里死扛,迟早顶不住的,赶紧撤吧。唐温升狠狠抽了廖有力一个嘴巴子,歇斯底里喊叫起来,廖有力,你这个胆小鬼,平时就知絮絮叨叨婆娘样,打起仗来就"撤撤撤"!你要把机场让给日本人吗?你要让机场失守,让我罪加一等,让我军法处置,让我去死吗?!

坦克还在朝着机场门口的工事碾过来。坦克背后日寇在疯狂地扫射。廖细田站起来,想把手榴弹扔得更远一些。他刚起身还没站稳,就被一串子弹击中,倒在战壕边,鲜血从廖细田的胸口喷涌而出。廖木根把机枪一扔,哭喊着廖细田的名字,扑过来帮他包扎。廖细田睁开眼睛说,不要告诉我父母,让他们找不到我,找,找不到……没说完就死了。廖木根抓住廖细田的肩膀使劲地摇晃,也没有摇醒廖细田。蔡翰民拿过机枪,朝着坦克猛扫,但无济于事,坦克还在朝前碾压。唐温升急了,抱着炸药包就要往前冲。蔡翰民丢下机枪,猛扑过去,将唐温升扑倒在战壕里。蔡翰民抓起三颗手榴弹,一起朝坦克扔过去,轰隆一声,硝烟散去,坦克还在缓缓地碾压过来。

唐温升知道,守备连的火力挡不住日军的坦克群,机场失守已成定局,等待他的将是罪加一等,军法处置,严惩不贷!坦克离工事越来越近,唐温升抱住一个大炸药包,站起来高声喊叫,我日你个先人板板,老子跟你拼了!接着一滚,在坦克边上引爆炸药,将坦克炸停。蔡翰民高喊着唐连长的名字,但已经晚了,唐连长跟炸药一起烟消云散了。蔡翰民怒火中烧,准备冲过去爬上另一辆坦克,往坦克肚子里扔炸弹,刚站起身来,就被一串子弹撂倒在地,右肩胛挨近胸部的地方,被子弹射穿。廖有力过来的时候,廖细田已经死了,他一边用客家土话哭喊着廖细田的名字,一边跟廖木根一起,架住蔡翰民往后撤退。机关枪的子弹呼啸着,从耳边和头顶上掠过,廖有力抱住蔡翰民就往地上倒,廖有力的右边整张脸在地面上剐蹭,几道深深的血痕在渗血。枪声一停歇,廖有力又架起蔡翰民奔跑起来。

守备连全部撤退到了县城附近的子午山,跟大部队会合到了一起。第二天,副师长孟浩九奉命前来督战,还带着一个反坦克连和一个工兵连。孟浩九副师长将几个团的兵力重新整合,再一次扑向机场。有了反坦克炮,日军的坦克也没那么嚣张了。廖有力领着孟浩九的部队往机场猛攻,很快就将机场夺了回来。上级命令孟浩九,必须在一周之内将衢州机场的跑道修好,准备足够的油料,以便美国空军轰炸机起降。

机场守备连连长唐温升少校牺牲了,他履行了戴罪立功的诺言,他再也不用担心罪加一等,再也用不着接受军法处置。想起唐温升少校恶狠狠地骂人和不畏死伤地战斗的样子,想起廖有力渗血的右脸,还有廖细田稚嫩的娃娃脸,蔡翰民心里在流血。

蔡翰民右肩胛的窟窿还在流血,疼痛让整条胳膊乃至右半边身体无法动弹。从死亡边缘侥幸回来的蔡翰民,跟十几名受重伤的战友一起,被送往某集团军的野战医院。

野战医院地处怀玉山腹地,条件简陋。半昏迷状态的蔡翰民直接被推上了简易的手术台,迷糊中听到有人在说话。男的说,再在伤口四周打一些麻醉药。女的说,是。稍远处传来另一个女声:

请马医生结束后,马上到隔壁手术室来会诊。

马医生?是玛丽表姐的马医生吗?蒙眬中,翰民好像见到了他臆想中的马约伯。

蔡翰民熟知马约伯的名字,但两人从来都没见过面。第二天上午到病房来查房的,正是野战医院二等军医正医务主任马医生,也就是蔡翰民一直在寻找的马约伯。马医生跟蔡翰民想象中的样子差不多,儒雅稳重且有力,给人以安全感,适合任性的玛丽表姐。翰民心里涌出一股亲切感。当蔡翰民向马医生提起江东和德茂公寓的时候,马约伯并没有显示出应有的惊喜和诧异,反而很平静的样子。

马约伯跳江逃亡一事,已经过去多年。这期间,马约伯经历了太多的变故:返乡后发妻亡故,遭马家塆族人的驱逐,上怀玉山落草为寇,投身抗战部队,协助组建野战医院。跟玛丽的分离,不过是这些年遭遇的诸多变故中的一项而已。马约伯让跟在他身后的那位年轻的女护士离开,自己跟翰民聊起来。

蔡翰民说,马医生啊,你叫我好找!翰民说,玛丽表姐是多么思念你啊,从前是天天啼哭,现在是天天发愣。翰民说,玛丽表姐的儿子叫乌斯,跟你长得一个样儿。乌斯很可爱,见男子就笑,见女人就哭,除了他妈妈。

马约伯哈哈大笑起来,说见男人就笑,见女人就哭,的确是家族的遗传基因,自己小时候就这样。乌斯这个名字也不错!马约伯又说,翰民所言,他都能想象得到,自己也经常想起玛丽,还有未曾谋面的孩子。马约伯不禁感叹,如今自己每天接触到的都是伤残痛苦和生离死别,尽管有时候想起玛丽,愧疚之情难以言表,但置身于这兵荒马乱的时代,置身于硝烟弥漫的战场,每天都在跟死神搏斗,儿女情长也被悲伤和死亡冲淡了。如今,玛丽的心情估计也慢慢地平静下来了,最好是不打搅她。

马约伯让蔡翰民不要把两人相遇的消息告诉玛丽,说自己以后会找机会处理这件事,愿上帝保佑玛丽和乌斯,愿母子二人健康平安。

聊着聊着,翰民也被马约伯忧世伤生的情绪所感染。此前他还在想,等伤势好转,去向明确之后,再给耘谷写信。此刻,面对满脸愁苦和悲戚的马约伯,翰民顿觉,乱世之中儿女情长的奢侈,倒不如孑然一身来得轻松,死活都不在话下。想到故乡的父母,想到江东的耘谷,他突然觉得自己会变成贪生怕死之辈。

马约伯说,蔡翰民的右肩胛被达姆开花弹击中,里面可能还有弹片没有完全清除,还得做一次大手术。而且位置接近前胸和肺部,很危险,为了保险起见,建议转院到手术条件更好的第三战区重伤医院。蔡翰民离开野战医院转院去河口的时候,马约伯前来送行,将一笔钱交给蔡翰民,说找一个合适的时机,转交给玛丽,但不要说是我给的。马约伯又再一次叮嘱蔡翰民,不要将自己的行踪告诉玛丽。

蔡鲛、蔡鳇、蔡鲤三人赶到河口镇重伤医院看望蔡翰民。兄弟四人,劫后聚首,格外亲切。在聊天的时候,翰民叮嘱蔡鲤,不要把他受伤的消息写信告诉父母,也不要告诉江东的耘谷她们,说他们永远也不会理解自己的。蔡鲛希望翰民伤愈之后到教导团来做事。翰民抚摸着缠满绷带的右肩胛，只想着如何为自己和同胞复仇，如何为唐温升连长和廖细田兄弟复仇。翰民绷着坚毅而冰冷的脸说，如果我没有什么后遗症，那我一定是要重返前线，重回战壕，直到把日本鬼子赶出中国！

3

　　想来翰民他们也应该毕业了，不知分配到了什么地方，耘谷一直在盼着翰民的来信，然而却没有，倒是晴媛收到了蔡鲤的信。蔡鲤告诉晴媛，自己毕业之后，成了第三战区教导五团的军事教官。此前，蔡家兄弟服务处所频繁变动，把晴媛的脑子都弄晕了，今天这里，明天那里，一会儿江西，一会儿福建，这一下弄清楚了，他们兄弟现在都在一个地方，服务处所相隔不远。蔡鲤说他经常能见到二哥和三哥，只是不能经常见到翰民哥，因为他坚持要上前线，据说直接下到了连队。耘谷为翰民的选择而担忧，同时也为他的选择而自豪，遗憾的是，消息并不是来自翰民，而是由晴媛转述的。耘谷有些失落，但转念一想，人家在战壕里浴血奋战，哪有工夫写信？哪有心思儿女情长？

　　前些日子，耘谷还忙着陪伴耘米，最近耘米不需要耘谷陪伴了，因为有保罗医生在她身边。耘谷一直同情耘米。当初耘米迷恋翰民的时候，翰民委婉地拒绝了耘米，令耘米伤心不已。后来耘米又遇上了熊渚杰，没想到成了孽缘，自己还摔成重伤。作为姐姐，耘谷是尽职尽责地照顾着耘米，不仅为了她肉身的康复，还安慰着耘米的心。其实耘米从小生命力就十分顽强,不像耘谷总是病恹恹的。耘米不轻易生病,即使病了,也能很快康复,最神奇的是耘米的皮肤,貌似娇嫩,实则生命力顽强,生长力惊人。手指被刀划伤流血,不用上药,消消毒,第二天就开始愈合。接二连三的打击,没有让耘米垮掉,转眼间她又恢复如初,充满活力。最近她时来运转,跟保罗医生热恋起来。

晚上睡觉之前,姐妹俩背靠床头架聊天。两张单人床并排摆着,中间隔着一个红漆床头柜。柜子上那个实木小相框还在,里面夹着兄妹五人在江边的合影。旁边一个大号玻璃相框更抢眼,里面夹着耘米跟保罗的合影,耘米的长发紧贴着保罗微笑的脸。耘米端起相框,盯着保罗看了一阵,像是在对耘谷说话,又像是在自言自语:保罗傻子,傻子保罗,你那么认真为熊渚杰会诊治疗,你还说想跑一趟上海,去查医学资料,你一心只盯着病人的病,病人是谁好像不重要,你真是个大傻子!

保罗医生真的要去上海吗?耘谷替耘米担忧。

耘米说,保罗打算去,但被我阻止了。我对保罗说,熊渚杰的病是慢性病,失忆症的恢复需要时间,用不着那么急,等仗打完了再去不迟。保罗却很着急,他说他的"聊天记忆恢复法"已经失效,市立医院的医生看他的目光都变了,大概以为他是个骗子,所以他必须立即寻找新的医疗方案。保罗还说,他恨不得变成一只鸟,立即飞到上海去,我说好啊,你要是变成了鸟,我就不拦你,你想飞到哪儿去都行。……唉,人要是能变成一只鸟就好了,从楼上往下跳也就不会摔伤。……

耘谷还在琢磨耘米的话，发现耘米那边半天没动静，抬头一看，她已经睡着了。刚刚还在骂保罗傻子，这会儿已经见周公去了。耘谷摇了摇头，爬起来走到耘米床边，将耘米手中的镜框轻轻抽出来，摆回床头柜上。耘谷又拿起小相框，看着兄妹五人的合影，尽管翰民和自己中间隔着耘米，但耘谷依然觉得，翰民跟自己在一起，内心涌起一股暖流。耘谷想起跟翰民分别时的情景，如今转眼三年过去了，其间还有过一次陪玛丽姐前往裴村的"千里寻亲"，却没有见到翰民。翰民啊，你只在梦里出现吗？

夜深人静，耘米在呼呼大睡。只有内心安宁幸福的人，才能睡得那么沉，那么香，郁郁寡欢的耘谷却难以成眠。想起在前线的翰民，消息全无，耘谷翻来覆去睡不着，思前想后魂难安，直到凌晨，都在半梦半醒之中，既不是醒着，也没睡安生。

早晨起床，耘谷不停地咳嗽，像是染上风寒。大婉说糟糕，呼吸道又要发炎了，可千万不要发热啊！大婉赶紧叫费婶熬了一碗红糖老姜汤，让耘谷趁热喝下去，然后催促耘谷到被窝里去捂着，捂出汗来就好了。

二婉拿着几片消炎药过来看耘谷，说是国外最先进的药，消炎效果好，是五楼洋行史柯雷临走时给孙凯常留下的。大婉吩咐耘谷把药片服下，让她躺下休息，安排费婶陪着，自己和二婉到客厅去聊天。

大婉说，原来以为男孩子淘气，没想到女孩子更让人操心。你看看我们家，耘米把全家人都折腾得七荤八素，事情刚刚平息，耘谷又来了。

二婉说，女孩子都这样，过一阵就好了，我们家的云柯，还不是让人操心，整天跟那个钱小果混在一起，游手好闲，不务正业，把云樟都带坏了，我也在犯愁呢，云柯和云樟他们正是读书的年龄，却没有书读，能让他们做什么呢？

大婉说，是啊，家教毕竟是家教，代替不了学校。我也跟父亲商量过。父亲说，孩子们上学是当务之急，用什么方法，怎么花钱，他都赞成，就是不赞成去上市里的中学，说那是奴化教育，还强迫学日语。

二婉送来的药，果然比老姜汤见效快，到傍晚，耘谷的嗓子就不疼了。吃过晚饭，晴媛就邀耘谷出门去散步。大婉说，刚好一点又出去吹风。

老太太说，让她们出去走走也好，多穿一件衣服就是了。

姐妹俩沿着江边的林荫道朝东走去。路过海关钟楼的时候，耘谷又想起那颗埋在草地上的不知所终的银杏树果子，不禁黯然神伤。

晴媛见状连忙说：耘谷姐，我又收到蔡鲗的信，有好消息……

晴媛从口袋里摸出信，将其中的一段念给耘谷听："我从二哥蔡鲛那里得知内部消息，沦陷区失学失业青年招致训练委员会第三战区分会，正在筹办一所战时中学，面向整个战区范围内的沦陷区市县招收学员，费用全部由国家和第三战区包干，我觉得这个机会很难得，你们有骨气，拒绝去伪政权的学堂上学，你们都是失学青年，完全可以来投考战时中学。至于招生条款中'原则上招收无家可归者'，二哥说，那是可以商议的，因为在办学方针之中还有，

'令青年获得理想学问,掌握应世能力'的条款,所以,只要考试成绩足够优秀,就有商量的余地。……"

耘谷眼睛一亮,晴媛带来的消息,将自己内心深处秘而不宣的念头激活了。耘谷说,太好了,我一直在想,我们为什么要生活在这个死气沉沉的沦陷区?我们要怎样才能够离开这里?其实蔡鲤和翰民比我们也大不了多少,他们战斗在抗战前线,我们却整天躲在家里,婆婆妈妈,这算什么?我们应该加入抗战的队伍中去,哪怕是到后方去学习生活,也胜过憋在这死寂的地方!我一直认为自己这些想法不过是妄想呢。

晴媛说,不是妄想,而是即将成为现实。我们应该立即行动。我俩单独行动还不行,要动员云柯云樟和耘禾他们几个男孩子,跟我们一起走。姐妹俩说着,连忙赶回家中,把兄弟姐妹叫到晴媛和晴帆的卧室。除了耘米和玛丽,兄弟姐妹都到齐了。耘谷将自己跟晴媛的意思向大家陈述了一遍,然后征求大家的意见。耘谷把目光投向孙云柯。

孙云柯跟李耘谷同岁,月份小,管耘谷叫姐姐。孙云柯说,在这个死气沉沉的家,我早就待够了,我不想碍着父母的眼;在这个死人居住的没有活力的城市,我也早就待够了,它留给我的只有压抑和仇恨。我早就想离家出走,本来是想去习武,然后浪迹天涯,不过先出去上个学什么的也行。耘谷姐,你和晴媛的建议,我第一个赞成,第一个报名,你说,什么时候走?你说现在,我就立马跟你走。

晴媛故意逗云柯说,现在就走?你是不是想丢下你的钱小果啊?

孙云柯说,钱小果会不会跟我走,不敢打包票,十有八九会的,我想,还是征求一下她的意见吧,她跟我走更好,不跟我走,我一个人也要走。

耘谷和晴媛点头赞许。耘谷说,算上钱小果,我们已经有四个人了,还有谁想跟我们一起走？耘禾、云樟、晴帆、伟民也都嚷嚷着,要跟姐姐一起出去闯荡。云樟说,云柯敢去他也敢去。董晴帆和董伟民说,姐姐董晴媛到哪里,他们也跟着去哪里。

云柯激动得摩拳擦掌,说父母嫌我们吵闹,明天我们突然消失,让他们安静去吧。

晴媛说,还是要先跟大人说,他们不同意,我们再设法离开也不迟。

云柯说,等他们知道了,严加看守,我们还走得了吗？

耘谷说,我们做事要有做事的样子,偷偷地溜走不成体统。我这两天就去跟他们交涉。在我跟大人开口之前,大家要保密。

几个弟弟妹妹连连点头,激动得小脸都涨得通红。

孙云柯去见钱小果,说起这个出走计划。钱小果对孙云柯说,你不用征求我的意见,你到哪里我就到哪里。你也不用征求我父母的意见,因为他们不会同意的,我们一起走就是了,等他们知道消息,我们已经离开江东了。你让我跟你去考学读书,我也不会去,我不喜欢读书,你去读,我会找事做的。

孙云柯说,好,我就知道是这个结果。不过,做事要有做事的样子,偷偷地溜走不成体统。你还是先跟你父母说一下吧,不同意再想办法。

钱小果想了一下说,我会让叔叔钱德玄去说服父亲。

钱德玄没有什么原则,只要给他一些好处就行,他会把死的说成活的。钱德玄对兄弟钱德才说,自从小果跟董家那个小子混在一起,没少惹祸,尽管主要是祸及董家,但也难保不祸及咱们钱家,相书上也说,女儿大了不宜久养在家,否则有破财之虞,我给小果算了一卦,她的运气不在江东,而是在东北方向的某个地方,我正纳闷,东边什么地方啊?这时候,小果和董家那小子就出现在我的面前,说他们想去赣东皖南浙西那边去上学,据说还是一所国民政府创办的国立中学,我一看,这不就对上了吗?他们抢先到那边去,到时候那边掌了权,他们近水楼台先得月,也不会亏待我们这些做父母的,所以你应该赶紧放她走,你自己在这边,就一心一意管好钱小贵吧,不要荒废了儿子。

钱德玄每一句话都好像是向着钱小果,而不是贬损她,这是从前没有过的。钱德才明白,钱德玄被钱小果收买,来充当说客的,女儿有事瞒着自己,让钱德玄来出面,想想也痛心;女儿从小娇生惯养,长大后却不愿着家,她的心早就飞了,想想也悲哀。钱德才说,好了好了,德玄,我知道,我不会拦她,由她去吧。

大家都在悄悄为出行做准备。耘谷在准备跟母亲开口摊牌的头一天,故意躺在床上不吃饭,说身体不舒服。大婉问她什么地方不舒服,耘谷说不知道。大婉摸了摸耘谷的额头,不发烧,知道没什么大碍,只是女孩子心情起伏变化而已。大婉叹了一口气说,你应该出去散散心才好,可是这年月,哪里有什么能散心的地方啊!

耘谷赶紧接过母亲的话说,有啊,有散心的地方啊。耘谷趁机把出行计划说出来了。

大婉大吃一惊:什么！你没毛病吧？不是说胡话吧？

耘谷说,我再在江东待下去,那真的要待出毛病。

大婉说,这可不是闹着玩儿的,你父亲还有姨妈他们知道吗？

大婉心里明白,耘谷和晴媛要去报考"战时中学",不过是一个借口,其实她们还是想去找蔡鲤和翰民,但也不便戳穿。大婉去跟二婉商量。二婉也大吃一惊,一点心理准备都没有,说爷爷奶奶要是知道了,还不知道会怎么样呢！

姐妹俩把泳济和凯常叫来商量对策。没想到,李泳济和孙凯常不但大力支持孩子们的计划,还说要把晴帆和伟民也一起送出去。

看着脸带诡秘微笑的泳济和凯常,大婉和二婉追问,到底怎么回事？有什么事情瞒着我们姐妹俩？快快如实招来！

李泳济示意由孙凯常来说。孙凯常这才交代,蔡鲤来信中的内容他们早就知道,孩子们的密谋计划也在他们的意料之中。接着,孙凯常还说出更令人吃惊的事情。

孙凯常和李泳济秋天在兵站总监部的一个分部收购粮食,意外地遇到了苏佑民。苏佑民知道他们俩是董少雍的姐夫,便主动打招呼,并亮明了身份。也就是说,苏佑民根本就没有死。苏佑民被打"死"的当晚,被扔到了东郊坟场,他从死人堆里爬出来,到大江边洗净身上的血水,在低头喝水的时候晕倒在江里,他命大,被一位凌晨收网的名叫张浪顺的渔民救起,运到江心洲的家里疗养,然后独自沿江漂泊,死里逃生,半路上与国民革命军某部相遇,被救后就参了军,先是在皖北阜阳待了一阵,还跟苏北的董少雍接上了头,进而又通过范仕运教官介绍,认识了蔡鲛,经蔡鲛介绍,苏佑民成了第三战区"失学青年招致训练分委员会"的工作人员。

董少雍现在是抗日军政大学第5分校的文化教官,校总部驻扎在苏北的盐城县。董少雍托苏佑民跟自己的家人联系,让他设法把晴媛三姐弟送到苏北去,到那边接受教育。蔡鲤的信到了晴媛手上,孙凯常和李泳济一直在等孩子们的消息,同时在南康镇那边早就预订好了一艘帆船,只等这边的孩子们准备就绪后,将计划向家里老人公布,他们立即就可以陪伴孩子们出发。

大婉和二婉责怪泳济和凯常,这么重要的消息不该瞒着自己。

孙凯常说,孩子们怎么想的,有什么打算,会不会离家出行,我们也一无所知。没想到他们这么快就做出了决策。下一步就是通知两位老人家。

大婉说,父亲还在病中,不能受刺激,让我来慢慢跟他们说吧。

除了两位老人家、耘米和玛丽、费婶和炎九叔,其他人全部集中到了三楼客厅,商量下一步行动计划。最后决定,由李泳济和孙凯常两个人护送,走上次带着玛丽和耘谷曾经走过的那条路,也是后来泳济和凯常采购运送物资经常走的那条路,把耘谷和晴媛、孙云柯和钱小果、晴帆和伟民送到第三战区招致训练分委员会设在贵溪的临时流动招致点。苏佑民就是贵溪临时招致点的负责人。

耘米得到消息,知道耘谷和晴媛是去找蔡翰民和蔡鲤,难免有些醋意,但也被自己跟保罗医生的关系冲淡了。

玛丽表姐一直蒙在鼓里,直到耘谷和晴媛他们几个即将出发的时候才知道。玛丽说,我也要去,我也要去,你们为什么不告诉我?

孙凯常说,弟弟妹妹们是去考中学的,你去干什么?你走了乌斯怎么办啊?你现在最主要的任务,除了工作,就是好好地带乌斯。

耘谷说,玛丽姐,你先在家待着,我和云柯都会帮你打探马约伯的消息。

云柯也说,姐啊,你以为我们是去玩儿吧?我是去帮你找马约伯呢,你呢,在家里好好带着乌斯吧,一有马约伯的消息,我就立即通知你过去。

老太太和卧病在床的董方均得知大婉是按照少雍的盼咐,要把晴媛、晴帆、伟民姐弟送往苏北,便说送到他爹身边去也好,我们老了,心有余而力不足。长孙伟南不在身边,现在伟民又要离开,老两口自然是恋恋不舍。

晴媛对爷爷奶奶说,到了铅山,会有专人护送妹妹晴帆和弟弟伟民前往苏北,把他们直接送到父亲手上。自己先要留下来,跟耘谷和云柯他们一起投考战时中学,然后再找机会去苏北看望父亲,再到江东来看望爷爷和奶奶。

董方均说,去吧去吧,到那时候,还不知道到哪里去看爷爷奶奶呢。

老太太抱着晴媛和晴帆哭了一场,说爷爷奶奶是亲人,但跟亲爹亲娘相比,毕竟隔了一层,还是跟自己的亲爹在一起好,这一别又不知何时能见!

大婉和二婉也陪着老太太一起流泪。大婉拉着晴媛和晴帆的手,说姑姑没有照顾好你们姐弟,姑姑还想着怎么弥补一下,你们就要走了。

晴媛说,姑姑管着一家的大事小事,已经够辛苦的了。只要想到姑姑,我们心里就特别踏实。姑姑,还有爷爷奶奶,你们多保重。她洒泪跟亲人道别。

李泳济和孙凯常领着耘谷和晴媛、孙云柯和钱小果、晴帆和伟民,一行八人出发,路还是那条路,还是先步行到南康镇湖滨码头,再搭乘租来的帆船,穿越大湖,直奔入湖的江口,然后溯江而上,直奔贵溪的招致分站流动招致点。

第十章

1

帆船穿越大湖直奔牙山，经凤岗，过黄埠，一路扯着侧帆、辅之以桨橹，逆流而上，缓缓前行。耘谷对这次行程一点也不陌生，两年前她和玛丽表姐就跟着父亲和姨父走过。一路上，耘谷内心充满隐秘的期盼和憧憬，尽管她知道翰民还在前线，但司令部跟前线总是紧密相连的。耘谷期盼着能早点见到翰民，无奈爬行的帆船慢得像没有动静似的。两天之后船到贵溪。李泳济和孙凯常把耘谷和晴媛六人交给贵溪临时流动招致站负责人苏佑民，接着两人便匆忙返航，应约赶往黄埠码头运载货物回江东。

苏佑民朝六个年轻人微笑，这个看看，那个看看，似曾相识，但想不起在哪里见过。董家的孩子，都可以称得上是"老江湖"，从小就东奔西走，见怪不怪，不卑不亢。只有钱小果是第一次出远门，沿途风物和眼前所见，让她惊喜不已，不时地发出惊呼感叹，这让孙云柯感到有些尴尬。

耘谷是第一次近距离见到苏佑民。眼前这个中年男子,跟几年前大不一样,胡子拉碴显得有些老相,左手食指和中指夹着半截香烟头,两个指甲盖被香烟熏得焦黄,紧抿着的嘴唇给人一种坚毅刚强的感觉,甚至有些严厉,但微微上翘的嘴角带出的笑意,好像是专门为新来的六个年轻人准备的见面礼。

耘谷主动跟苏佑民打招呼,说,苏先生好,我是李耘谷,董少雍是我二舅,我们见过两次,两次都是你跟我二舅在一起。

眼前这个漂亮的姑娘,在哪里见过两次?倒像是第一次见到。她目光专注笃定,闪烁着青春年少者特有的光芒,澄明中藏着几分执拗。苏佑民客气地应酬道,嗯,有印象,是不是躲在海关钟楼背后偷偷地窥视我们的女孩?

耘谷惊喜道,是啊,那是第一次见到你,当时你身边还有一位漂亮的外国姐姐呢。

苏佑民说,是的是的,你还记得啊,她叫贝蒂,美国留学生,我和你二舅的校友,我们还是国际反战同盟的战友呢。

兴奋的苏佑民突然沉默起来,他使劲地吸了一口烟,白色的烟雾从他焦黄的牙缝里袅袅地飘出来,跟着飘出几句烟雾一样的话,像是回应耘谷,也像是说给自己听的:我也很久没见到她了,不知她如今身在什么地方……

耘谷说,我后来又见到过她一次,就在这里,就在河边的战壕旁,她挎着相机,穿着短夹克,脚蹬高帮皮靴,又精神,又漂亮。

经耘谷这么一描述,贝蒂的样子又浮现在苏佑民眼前。在这生离死别的岁月里,贝蒂的身影,还有她美丽的眼睛,一直伴随着苏佑民，在最绝望和最悲惨的日子里，贝蒂小姐的声音和表情，就像续命灵药，为苏佑民增添力量。苏佑民差点惊呼起来：你见到了贝蒂？就在这里？这怎么可能啊？

耘谷说，真的，我不骗你，那一次，父亲和二姨父，带着我和玛丽姐去裴村找马约伯医生，我们不知道日本人就要打过来，只看见部队在这里修工事，一位战士还劝我们不要往前走，当时那个叫贝蒂的姐姐，就站在河边，采访一位军官。

苏佑民并不是说耘谷在撒谎，他只是用一个反问句，表达自己的惊羡而已。苏佑民对耘谷说，谢谢你记得我的朋友，我也想见到她呢，但我没你幸运。

晴媛见耘谷跟苏先生聊得欢，也走过来要跟苏佑民说话，她说我也见过你，你跟我爸爸一起在江东海关钟楼边散步。

苏佑民说，啊，你就是少雍的女儿晴媛吧？

晴媛说，是的。接着把妹妹晴帆和弟弟伟民介绍给苏佑民。

苏佑民说，好，我先把你们送到五都，到那边之后，蔡家兄弟会安排的。

苏佑民把耘谷和晴媛他们几个带进一个大祠堂，那里已经集中了近百位战时中学预备学员，他们都是来自沦陷区的失学或者失业青年，年纪大小参差不齐，小的十五六岁，大的三十好几。他们有的是想到战时中学读书，也有的只是想找份工作。最终还得经过严格的考试才能决定是否录取，分到什么班级。

苏佑民宣布，即刻到河边去乘船出发。苏佑民话音刚落，预备学员们便一窝蜂似的往外冲。苏佑民命令他们要按照男女和高矮次序整好队列，不要乱哄哄的像难民。苏佑民说，你们不但将要成为战时中学的学生，还将成为抗日队伍中的战士，政府不只是担心你们失学失业，还担心你们失去理想，将你们从四面八方召集到一起，是要把你们培养成有文化的抗日战士，从现在开始就得从严要求你们。孙云柯拉着钱小果冲到前面，又被苏佑民喊回来，而且还被迫分开排队。钱小果跟耘谷、晴媛、晴帆排在一起，孙云柯和伟民排在男生那边。百十个预备学员在苏佑民的带领下乘船东行。尽管是逆水，但却是顺风，下午两点就抵达了江边一座叫河口的古镇，紧接着弃船上岸，沿着湍急狭窄的桐木江继续向南步行，两个小时后到达第三战区司令部机关所在地永平。

永平镇坐落在桐木江边。繁华的临江古镇，商贾云集，麻石铺就的小街，沿街密集地排列着茶叶店、木材店、竹具店、纸张店。南方的推销声音朝北方的商队高声吆喝，北方的猜拳令在小酒馆里翻滚。将灰褐色麻石条碾压出深车辙的独轮车咿咿呀呀响着，朝外江吞吐着武夷山脉深处丰富的物产。翻过桐木江上游一百多里的分水关，是福建崇安建阳，第三战区司令部两年前的驻扎地。

每人领到铺盖和一单一棉两套军服后，苏佑民领着这批预备学员，排着队列，又朝东走了大约两里地，走近一幢紧挨着山坡西麓的巨大青砖瓦房，大门门楣挂着一块斑驳的匾额，隐约能见"浣心书院"四个汉隶大字。据说这座古书院，当年几与后山东麓的"鹅湖书院"齐名。三进四合院，前院中间的花圃摆着一些盆栽，四周回廊曲折，串联着多间客房，里面住着一些军人模样的人。耘谷、晴媛和钱小果，还有其他女生，住进中院两边的厢房。最后一进花园后面,一间巨大的厅堂,木地板散发着松木的香味,挨墙的通铺上已经铺了厚厚的稻草,孙云柯和其他男生住通铺。预备学员将在这里住上一阵,完成集训和考试,入选者再前往新校区。晴帆和伟民没有领到军装和铺盖,因为他们明天就要被蔡鲛和蔡鳇领走。

第二天中午,蔡家三兄弟赶到永平来看望耘谷和晴嫒兄弟姐妹。蔡鲛和蔡鲤从50多里外横峰莲荷干训团和教导五团赶来,蔡鳇从30里外广丰裴村总监部经理处赶来。苏佑民也过来跟蔡家兄弟见面,特地把晴帆和伟民交给蔡鲛和蔡鳇,说自己的任务完成了,接下来就有劳蔡兄了。蔡鳇说,没问题,他们今天下午就跟我去兵站总监部,接下来就会选派专人护送他们去苏北。

蔡鲤与董家的兄弟姐妹久别重逢。大家像当年尚蔡村一起嬉戏的少年一样,欣喜亲切的心情无以言表。转眼已经分别近三年,彼此在思念和担忧中度过多少个日日夜夜!现在终于相见。晴嫒觉得蔡鲤长高了,也显得老成许多,穿军装更帅气,尤其是军官特有的牛皮长筒马靴,乌黑锃亮,很有气派。晴嫒红着脸,一时不知说什么好。其实女孩子的变化更大。蔡鲤觉得晴嫒越发漂亮了,本想走近晴嫒,单独问候她一声,但也只是喏嚅着,声音只在喉咙深处转圈,一直没有发出来。

蔡鲛和蔡鳇打破沉默,寒暄着说大家一路上辛苦了,先安顿下来,熟悉一下环境,准备迎接入学考试。耘谷独自站在一旁不吱声,尽管偶尔也会附和地笑一下,但蔡鲤知道耘谷不开心,因为没见到翰民。蔡鲤走到耘谷跟前,寻思着想说些什么。

耘谷小声说，不用安慰我，我知道翰民还在前线。

蔡鲠犹豫了一下说，翰民已经离开了前线，他受了伤，在医院里。

耘谷一听惊呼起来：什么？翰民怎么了？

蔡鲠说，现在没事，正在医院疗养。他不知道你们来了。

耘谷眼泪一下就流出来了，转身走到一旁去哭泣，一边责怪蔡鲠隐瞒消息。

蔡鲠说，是翰民的意思，他不让我在信中走漏消息。

耘谷还不放心，追问蔡鲠：翰民现在究竟怎么样？人在哪里？

蔡鲠说，在战区重伤医院。

耘谷又止不住流泪：重伤医院？重伤！你竟然说没事！

蔡鲠说，当时子弹打穿了他的右肩胛骨，现在弹片都取出来了，伤口也正在恢复，疗养一阵就好了，所以我说没事。

耘谷问，重伤医院在哪里？

蔡鲠说，离这里不远，只有一二十里路，就在你们下午下船的地方。

晴媛说，早知道这样，下午离船后，我就可以陪耘谷去看望翰民哥。

耘谷对蔡鲠说，你们说话吞吞吐吐，让人怎么放心！不行，你现在就陪我去看翰民。

蔡鲠说，重伤医院跟一般医院不同，管得更严，见面要提前预约，所以不能急。我会提前跟医院预约，耘谷就耐心等待吧。

见耘谷眼里还满是疑惑，蔡鳇说，我证明，蔡鲠说的都是真话，翰民身体没问题,正在恢复之中。等预约好了探视时间,我可以派车接送你们去河口。

蔡鲠一直没有将耘谷她们过来的消息告诉翰民,主要是不想惊扰正在养伤的翰民,顺便还想给他一个惊喜。蔡鲠其实还有一个隐秘的担忧,就是从死亡边缘归来的翰民,性情变得有些古怪,如果贸然告知,不知道会有什么后果,说不定他会突然爬起来,逃离医院,直接跑到野战部队去。等到哪一天耘谷突然出现在他眼前,皆大欢喜就更好,即便他有什么古怪念头,再想做点什么也来不及了。想到这里,蔡鲠觉得自己有些多虑,但不管怎么说,突然的惊喜效果总是有的。

接下来的日子,耘谷一直在急切地等待消息。预备学员的前期集训管理很严,一切都严格按照正规部队的要求进行。每天早中晚三次出操,训练的间歇才能备考。好不容易熬到周末,蔡鲠带口信给耘谷和晴媛,说约好周日到河口的重伤医院去探望翰民。那一天耘谷和晴媛早早地起了床。蔡鲠开着一辆小货车来接送耘谷和晴媛。出门就碰见孙云柯和钱小果,他们临时决定要一起去探望翰民。五人乘车前往二十里外的河口重伤医院。蔡鲠向晴媛转告蔡鳇那边的消息,说晴帆和伟民已经由专人护送前往苏北。护送的人,是苏佑民苏先生和蔡鳇哥亲自到总监部交通处精选的,十分可靠,让晴媛不必担忧。

蔡鲠领着耘谷四人进了二楼第6病室,翰民的两位病友刚出院,他一人住着单间。此刻翰民正在屋子里踱步,右肩胛受了伤的那条胳膊还用宽大的绷带吊在脖子上。见到耘谷和晴媛,翰民大吃一惊,耘谷!晴媛!云柯!你们怎么来了?啥时候来的?这是真的吗?我简直不敢相信自己的眼睛!

本来打算大哭一场的耘谷,见到翰民脸色红润,精神状态极佳,也就放心了。只是内心积压了那么长时间的情绪和情感,一时间没有地方倾诉。翰民让大家先坐下来,慢慢聊。耘谷越是千言万语,越是无法开口,仿佛不沉默无语,不足以表达自己内心的思念之情,不足以显示强烈的倾诉欲望。

翰民还在激动之中,说太意外、太惊喜,事先怎么一点消息都没有?

晴媛抢过话头说,你不也一点消息都没有吗?你毕业了没有消息,你上了前线也没消息,你受伤了还没消息,你就是故意让耘谷姐着急。我们要是不悄悄地来,没准你的伤好了之后,又上前线去了,耘谷姐还是没有消息。耘谷姐,是不是?

耘谷不想接话,只用眼睛盯着翰民看,好像生怕他从自己眼睛里溜掉似的。

耘谷又盯着翰民吊在胸前的胳膊,不知恢复得怎么样。

翰民知道耘谷在想什么。他突然将胳膊从绷带中抽出来,然后摘下脖子上的白色纱布绷带,往地上一扔,接着,又脱去病号服,抬起右胳膊捏紧拳头,可见右肩胛那个圆形疤痕。翰民说,其实早就不需要这玩意儿了,是医生逼我把手臂挂在脖子上,好像只有这样才像个重伤员似的。说着,他还举起胳膊在空中抡起了圆圈,只听见胳膊关节咯咯地响。

耘谷吓得惊叫起来,别啊!说着,抓住翰民的右胳膊,让他不要乱动,接着又扑过去将白纱布吊带捡起来,要重新挂到翰民的脖子上去。

邓护士长刚好路过,批评翰民不该任性,命令他躺回自己的铺位。南都口音的邓护士长还批评耘谷他们三个,说探视伤员的人要注意安抚伤员的情绪,不要刺激他,还有,已经掉到地上的脏吊带,怎么能继续往脖子上挂呢?派人跟我去拿一条新绷带来。

蔡鲠和晴媛赶紧跟着邓护士长离开病房,去帮翰民取绷带,孙云柯和钱小果也趁机跟了出去。屋子里只剩下翰民和耘谷。耘谷走到翰民床边,拉过被子将他的胳膊盖住。

翰民说:叫蔡鲠写信的时候不要乱说,他偏不听,弄得你们千里迢迢赶来。

耘谷说:蔡鲠没有走漏消息,他只是让我们来报考战时中学。到这里之后才知道你受伤住院的事,把我吓死了,你可要好好的啊!

翰民说:这不没事吗?等我的伤好了,我还要上战场去呢。你们几个一起来投考战时中学,这太好了,离开江东那座死气沉沉令人气闷的城市。

耘谷抓起翰民粗糙的手抚摸着说:我给你织的手套呢?

翰民说:早就破得尸首都没了。

耘谷说:我再帮你织,多织几双。

翰民说:军官才戴手套,夏天白布的,冬天皮革的。士兵戴手套干什么,显得很做作。

耘谷说:士兵怎么了?士兵的手不是手啊?

翰民说：你这是任性，不了解部队，不了解前线。……你们什么时候开学？

耘谷说：先要入学考试，考好了才能读书，没考好的，女生进工厂，男生去前线。

翰民说：去前线好！蔡鲛哥让我跟蔡鲤一起去当军事教官，我觉得我不够格，还需要到战场上去锻炼，才有资格教别人怎么打仗。

耘谷说：你受重伤，刚离开前线，身体正在恢复，需要调整一下。

翰民停了一阵，突然提高嗓门说，不要再说我从前线下来的话！其实我一个敌人都没杀死，自己还差一点丢了命。记得在军校的时候，战术教官就曾经提醒过我们，战场上一定要尽量匍匐前行，即使站起来，也要猫腰或者侧身，千万不要学电影里那样，昂首挺胸站起来，高喊着"冲啊"，身体正面对着敌人的枪炮，那样只能立即死掉。我当时就是这样，从战壕里刚站起来，就被撂倒了。当我发现日本鬼子都像幽灵一样弯着腰左躲右闪的时候，也想改变姿势，但已经晚了。现在想起来很可笑，但没有血的教训，哪里有丰富的作战经验呢？

耘谷忍住哭泣，眼里噙着泪水。

翰民说：怎么了？你不喜欢听我讲战争故事吗？

耘谷说：……喜欢听，……

翰民继续说：等到再上战场，我就有经验，我再也不会故作姿态，我只会匍匐或弯腰瞄准敌人。翰民说着，抬手做了个开枪的姿势:一枪一个,为我的右肩报仇,为唐温升少校报仇,为廖细田兄弟报仇!廖细田兄弟其实才刚满16岁,还是个孩子啊,那么小,就被日本人打死了!他不让廖有力将死讯告诉家人,是想留给他的家人一个念想,一份希望。还有唐温升少校,他临死的时候都在担心,怕机场失守而受到军法处置。唐连长,你放心,机场不会失守。如果真的失守了,我蔡翰民冒死也要把它夺回来!

翰民说着,眼里充满复仇的血丝,干涩的眼里含着泪水,但他咬牙没有哭出来。

耘谷忍不住哭起来,为热血男儿的牺牲和豪情,也为翰民布满危险的命运。

翰民抬手帮耘谷抹去眼泪。耘谷扑在翰民的胸前,放肆地啜泣起来。

翰民抚摸着耘谷散发清香的长发,看着身边这个水一样的女人,突然有一种儿女情长英雄气短的感觉,对前些日子马约伯对他说的话,有了更切身的体会。他突然觉得,情感成了累赘,思念成了累赘,耘谷成了累赘。翰民皱着眉头,不愿多想下去。耘谷问他怎么了,还在想着自己的战友吗?翰民沉默着,不愿意回答。耘谷摇了摇翰民的肩膀,翰民转头看着胸前的耘谷,说,你忘掉我吧。

门外传来脚步声,是蔡鲤和晴媛他们几个回来了。耘谷连忙从翰民的胸前抬起头来,整理好蓬乱的头发。晴媛把一根新绷带递给耘谷。耘谷把绷带套回翰民的脖子上,再把翰民的右胳膊重新塞回白纱布吊带中。邓护士长路过的时候,顺便高声叮嘱蔡翰民,不得擅自摘掉绷带,直到离开为止。蔡翰民也高声回答:是!

接着小声说,快了,快离开了。

晴媛说:你好好养伤,不要总是想着上战场,分心对身体恢复不利。

云柯将凳子移近翰民的床边,问翰民:战场是不是很可怕?

翰民说:开始觉得可怕,真的打起来就不知道怕了。

云柯说:被枪击中是什么感觉?很疼吧?

翰民说:等你知道疼的时候,已经躺在医院手术台上了。

云柯说:翰民哥,你在几家医院转来转去,有没有我姐夫的消息啊?

翰民这才想起,云柯是玛丽的弟弟,马约伯的小舅子,他连忙说,没有啊。

云柯说:这次出来,除了投考战时中学,我私下里还有一个愿望,替我姐探访我姐夫的下落。你知道,姐夫是为我跟黑鹰队打起来,被迫逃亡的。

翰民多次想把见到马约伯的事说出来,但还是忍住了。翰民突然替马约伯为难起来。本来孤身一人自由自在,是死是活都无所谓,突然遇到了玛丽,还来了个乌斯,一个人逃亡漂泊在外,无牵无挂,生死有命,背后却有那么多人在打探他的行踪,现在又来了个千里寻踪的小舅子。唉,马约伯医生一定是每晚都在做梦啊。

翰民觉得,马约伯委托给他的事情还得完成,便问云柯,玛丽表姐好吧?

蔡鲠说:是啊,玛丽表姐和乌斯都好吧?乌斯不喜欢女的,只喜欢男的,特别是喜欢我和翰民,我还梦见过他几次呢,真很想念他。

翰民说：我也很想念乌斯呢。说着，从提包里摸出一沓钞票交给云柯，让他转交给玛丽，就说是翰民和蔡鲤积攒下来的钱，专门给乌斯留的。

蔡鲤说：对，算上我一份，让玛丽姐不要只顾上班挣钱，多腾出一些时间来陪乌斯。

云柯正要推辞，耘谷说：你先收下吧，是他们送给乌斯的，你替玛丽姐保管着，还不知道什么时候才能送到她手上呢。

探视时间到了，邓护士长高声命令大家赶紧离开。蔡鲤开车把耘谷他们四个人送回永平镇，然后又将卡车开到裴村归还给蔡鳇的总监部经理处，再骑着蔡鲛帮他从干训团借来的自行车，回到莲荷的滕家大院。

2

入学筛选考试整整考了一周，国文、算学、英语、博物、公民五科，董家年轻人在董方均和董大婉的督促下，从来都没有放松过学习，并不怕考试。钱小果在耘谷的劝说下，也参加了考试。事后钱小果说，她考也是白考，没有什么希望，就不等结果了，她想直接去参加工作。钱小果独自跑到镇上去转悠，扭动着腰肢四处瞎逛。繁华的街市上人头攒动，路边的办公桌旁坐着各类招聘的工作人员。钱小果到处打听用人条件和报酬。酒精厂需要提供初中毕业文凭，钱小果初中只读了两年。第六被服厂人事科长邵印生见到钱小果,眼珠差一点掉到地上,证件也顾不上看就直接录用了,让她明天就来报到。

钱小果不听耘谷和晴媛的劝告,也不顾孙云柯的阻止,决计要到被服厂去上班。孙云柯知道钱小果那种不撞南墙不回头的性格,无奈之下,只好把她送到永平南边二十里外的石塘去上班。钱小果本来是想进技术含量高一点的裁剪车间,结果被分到了邵印生兼主任的漂染车间,也是被服厂设备最现代化的车间。钱小果只上了一天班,皮肤就开始起红疹,并且从手臂开始蔓延到全身。工友对钱小果说,是染料过敏。

钱小果去找邵印生主任求助,希望能换到别的车间去。钱小果撸起袖子让邵主任看手臂上的红疹。邵印生伸手摸了摸钱小果的胳膊,说别人都没事,就你有事,只怪你的皮肤太白太嫩了啊。邵印生让钱小果先歇着,说换工种很简单,厂长王路直跟自己是兄弟,打个招呼就成。邵印生说着,左手抓住钱小果的手,右手顺着她的胳膊来回抚摸。钱小果发现有些不对,赶紧将邵印生的手拨开,转身离开的时候还在说,想换到裁剪车间。

隔天,邵印生把钱小果叫到一边,又抓起她的胳膊,说要看看红疹消了没有,接着又在胳膊上来回抚摸。钱小果用力从邵印生的手中挣脱。邵印生说,真不凑巧,厂长王路直突然辞职,刚到任的新厂长叫何铁摩,还不熟悉,贸然开口怕碰钉子,得找合适的机会,让钱小果再等两天。邵印生说着,突然伸手在钱小果的屁股上捏了一把。忙没帮上还占便宜,钱小果用力将邵印生的手打开,到新厂长何铁摩那里去告状,说邵印生捏她的屁股。

前任厂长王路直突然引咎辞职,原因是第六被服厂生产效率长期低下,耽搁了前线急需服装和棉被的生产进度,兵站总监部长官遭上峰训话,就让王路直辞职。继任厂长何铁摩是个狠角色,手持一根发辫式的皮马鞭,说谁敢耽搁生产进度,就要先用皮鞭狠狠地抽打谁的屁股,严重的要交军事法庭治罪。

何铁摩知道邵印生是王路直的心腹,掌控着招工权和漂染车间先进设备,正愁没有借口挤走他,刚好钱小果来告状。何铁摩看了看钱小果的屁股,说,你口说无凭,没有证据,除非有目睹者,才能做旁证。钱小果说,何厂长跟我来,就能目睹,她走到邵印生跟前诡秘一笑,接着赶紧走开。邵印生认为这是钱小果回心转意的信号,便追上来拦住钱小果,说,你不是想换车间吗?我这就去找何铁摩,他初来乍到,不会不给我面子的。邵印生说着,又伸手去捏钱小果的屁股。钱小果故意高声喊叫,放开你的手!何铁摩及时从拐角处闪出来,没有用皮鞭抽邵印生的屁股,而是冷冷地从邵印生身边走过。

何铁摩领着钱小果到厂长办公室,当她的面给兵站总监部打电话,说经调查,第六被服厂的生产效率之所以长期低下,除了前任厂长王路直领导不力之外,还有其他原因。人事科长兼漂染车间主任邵印生利用职权,对女工实施性骚扰,倘若没有得手,就对女工进行报复,弄得人心惶惶。邵印生的卑鄙行径,导致熟练女工们不断地辞职,还在车间里干活的都是些新手,长此以往,生产效率怎能不低?!后方怎么能更好地服务前线?!现如今又是人赃俱获。铁摩建议,将邵印生降职调离或者除名。

钱小果第一次见到这么能说会道、正义凛然的人,顿时心生崇敬。何铁摩转过身来凑近钱小果,说以后谁再敢捏你的屁股,你只管到我这里来报告,我会替你做主的,我让他立马走人!不过,你的上衣应该再长一点,下摆要遮住屁股,不要让屁股露在外面。钱小果闻言一惊,扭头看看自己身后,并没有暴露,认为何铁摩在开玩笑。钱小果对何铁摩厂长连声道谢,接着便撸起袖子展示手臂上的红疹,说希望能换个车间上班。何铁摩眼睛还盯着钱小果的上衣下摆。还没等到钱小果再做出反应,何铁摩厂长已经走出了办公室,手持着皮鞭,对着正在搬运被服的部下吆三喝四。何铁摩厂长这种来无影去无踪、速战速决的风格,让钱小果摸不着头脑。钱小果愣了一下,回过神来,吓得赶紧离开厂长何铁摩的办公室。钱小果想起叔叔钱德玄经常挂在嘴上的唱词:"贵狗贱狗都吃屎,天下乌鸦一般黑!"钱小果决定立即离开。

直到回永平见到孙云柯,委屈和惧怕的感觉才突然涌上钱小果心头。在宿舍外的小树林里,钱小果扑到孙云柯胸前痛哭了一场,接着又指着孙云柯骂了一通,说你们男人怎么那么龌龊啊!孙云柯特别恼火,叫你不要去石塘被服厂,你偏要去,结果呢,又惹人非礼了,我要是习武之人,一定要去教训那个人!可是,只有男人龌龊吗?孙云柯说,龌龊的男人为什么不骚扰别人?为什么不骚扰耘谷和晴媛?为什么专门骚扰你呢?苍蝇不叮无缝的蛋,你也要检讨一下自己!钱小果说,好啊,孙云柯,你敢骂我是臭鸡蛋?我跟你没完!……

耘谷和晴媛循声朝小树林这边走来,告诉孙云柯,考试结果出来了。耘谷、晴媛、云柯三人都录取了，被编入普通中学班，耘谷和云柯是高中一年级，晴媛是初中三年级。令人惊喜的是，钱小果也录取了，被编入职高的缝纫班。这让钱小果喜出望外，把准备骂孙云柯的话丢到一边去了。事后又得知，职高班入学前还得签署一份协议，承诺毕业后到兵站总监部下属的工厂去工作。钱小果又惊叫起来，什么？毕业后还得去第六被服厂上班？刚刚还在兴奋和激动之中的钱小果，情绪突然间又跌入低谷，只觉得命运不公，专门喜欢捉弄自己。钱小果又哭起来，边哭边喊，说绝不会再去被服厂，我也不签这个协议。

　　孙云柯被弄烦了，觉得钱小果总是因小失大。当初不是她招蜂惹蝶的装扮，也不会引起黑鹰队的注意，姐夫马约伯也不会因此而逃亡，玛丽和耘谷也用不着千里寻亲，少雍二舅也不会离家出走，耘米也不会因熊渚杰而受重伤。而且这一切，还与自己的无能有关，自己哪怕有一点武功，也不至于这样！……想到这里，孙云柯心里满是悔意，觉得自己一直在虚度青春，同时又开始怀疑自己跟钱小果相识是个错误，这次出门还带着她，更是个错误。孙云柯冷冷地说，签吧，先到职高缝纫班学着，不要再没头苍蝇一样到处乱窜了。钱小果说，你刚说我是专惹苍蝇的臭鸡蛋，现在又说我是没头苍蝇。我在你心目中，就是那些又脏又丑的东西吗？你看我不顺眼，那我就回家去。钱小果此言一出，云柯火腾的一下就上来了，说，你走吧，回你的青竹巷去吧！钱小果说，好，我这就走！转身就往宿舍里跑，收拾东西就要离开。耘谷和晴媛知道他们在赌气，就把钱小果劝住了。

苏佑民将"招训会"最后一批学生接到永平，顺便跟晴媛和耘谷告别。苏佑民有新任务即将离开永平。晴媛和耘谷他们也即将离开永平前往新校址。苏佑民告诉晴媛，说战区总监部的交通员已经将晴帆和伟民送到苏北，交给了少雍。苏佑民说，少雍希望晴媛毕业后到苏北去，在那边工作或者继续学业。晴媛挂记着弟弟妹妹的心终于放下了。至于毕业后的去向，暂时还无法考虑。

孙云柯觉得，苏先生有些诡秘，又是购药，又是锄奸，又是招生，什么都管，且行踪不定，神通广大，好像什么事情都难不倒他，于是，就托他帮着打听姐夫马约伯的消息。苏佑民满口答应。因为马约伯早就引起了苏佑民的关注。苏佑民将马约伯视为既有技术又有武术的双料抗日战士，想动员他去苏北。

苏佑民说，跟战区司令部所有的后方机构一样，战时中学一定会实行军事化管理，正式开学之后会开始严格管理，以后你们的行动就不会像现在这么自由了。战时中学新校舍所在地陈坊相对偏僻一些，离永平司令部和河口重伤医院七八十里地，离蔡鲛和蔡鲠的莲荷更远，裴村的蔡鳇据说也要搬迁，会搬到离你们更远的地方。你们可以趁离开这里之前跟蔡家兄弟们多见见。苏佑民的话提醒了耘谷和晴媛，她们立即跟蔡鲠联系，约见面的时间和地点。第二天上午在河口码头附近的关帝庙门口，耘谷和晴媛见到了从莲荷乘渡船过河赴约的蔡鲠。三个人一起前往重伤医院去见翰民。

那位大嗓门儿的邓护士长接待了他们。邓护士长说，你们来晚了，你们的老乡蔡翰民已经出院，跟野战医院前来送伤员的车走了。我还劝他多住些日子,把身体养得更结实些,没想到他火急火燎地要走。蔡翰民倒不是个急性子的人,但在上前线这件事上,他性子比谁都急,好在身体已经恢复。

蔡鲠很吃惊,什么?翰民出院了?为什么不打招呼就走了?

耘谷问邓护士长,知不知道蔡翰民去了什么地方,哪个部队?

邓护士长说,暂时还不知道。不过他承诺,只要安顿下来,就会写信告诉我。

耘谷很伤心,翰民出院,竟然不辞而别,是不是有些不近人情?这让耘谷情何以堪!耘谷甚至觉得,翰民有些残酷无情。她再也忍不住,当众啜泣起来。

蔡鲠问邓护士长,翰民没留下什么话吗?

邓护士长说,没有给具体的什么人留什么话。

邓护士长想了想,又说,跟他闲聊的时候,他似乎经常流露出一种奇怪的情绪,好像在躲避什么似的,我便问他,有爱人没有,结婚没有,他说,国难当头,没有牵挂最好,死活也就一个人。蔡翰民这么说,也有些道理,我想起我那牺牲在战场的丈夫,还有丢在奶奶身边的儿子。蔡翰民得知我的遭遇,就说他要去把日本人赶走,让我跟我的儿子过上安稳日子。那一次,他还陪着我哭了一场,他平日里话不多,说起话来总是让人伤感。

晴媛埋怨翰民,说他不牵挂别人,难道别人也不牵挂他吗?

耘谷心里本来对翰民也有怨言,听邓护士长一说,心又软了,耘谷想,打仗不就是要把人拆散吗?是牵挂和思念,把零散的人连在一起,有了牵挂和思念,千里万里都在一起,没有了牵挂和思念,一个人就只是一个人。耘谷牵挂翰民,他就如在眼前……

邓护士长已经感觉到,耘谷跟翰民的关系不一般,便问她叫什么名字。

晴媛摸出手绢帮耘谷擦眼泪,替她回答邓护士长,说这是我的表姐耘谷。

邓护士长说,蔡翰民跟我说起过耘谷。我之所以问他有没有结婚,就是因为我觉得他心思很重,不像单身,是个有牵挂的人。记得刚转院过来的时候,他做过两次较大的手术。术后昏迷之中,他多次喊到一个人的名字,就是"耘谷"。但在清醒的时候,他跟我聊天,从来都没有提起过"耘谷"。我觉得很蹊跷,但也不便多问。我觉得,他越说"无牵无挂更好些"这种话,越说明他内心深处是有牵挂的。

邓护士长这么一说,耘谷越发伤心。耘谷说,翰民从战场上回来性情大变,他大概是尝到了生离死别的滋味。我知道他是怕我伤心,但他不知道,他这样做,我只会更伤心。其实他用不着躲我,我不会拖他的后腿。他想躲开我,他躲不开自己的心。上次我们在这里见面的时候,他就喃喃自语地说:你忘掉我吧,你忘掉我吧!

邓护士长说,是的,当年我丈夫也这样,上战场之后,一直不给我写信,好不容易来一封信,就只知道说,你忘了我吧,你忘了我吧,我不爱你了!他越这样,我越伤心,我越爱他。后来,我的丈夫,他真的牺牲在战场上,牺牲在我老家附近的万家岭,就是江东通往南都的半路上。我耳边经常有他的声音:我不爱你了!我不爱你了!

邓护士长流着眼泪，从口袋里摸出一张小纸片，用铅笔在上面写着：重伤医院护士长办公室，7820，邓于玲。邓护士长把小纸片交给耘谷，说可以用这个电话跟我联系，或许蔡翰民很快就会来信告知他的去向。

蔡翰民不过是顺着邓于玲护士长的意愿说话而已，想给一位不可能再得到丈夫消息的女子一丝慰藉，让她觉得远方还有人在牵挂着她，觉得她在这个世界上并不孤单。其实蔡翰民压根儿就不想把自己的去向告诉别人，以免让人牵肠挂肚。在这死多生少的岁月，在这离多合少的时世，人与人之间，还是少一点瓜葛为好，少些牵挂为妙，相忘于江湖更好。

3

蔡翰民搭乘野战医院的顺风车直奔前线。他拿着重伤医院的出院证明，先到集团军下属的205师报到，见到师长孟浩九。孟师长因指挥部队从日本人手里夺回机场一役有功，被提拔为正师长。刘大刚团长也提拔为副师长。孟师长说，欢迎英雄归队，身体没有问题吧？蔡翰民说：长官放心，完全康复，没有问题！孟师长看着这位军校高才生，觉得再到连队历练历练，将来应该是栋梁之材。孟浩九在蔡翰民的肩膀上连拍了几下，转身把蔡翰民交给了刘副师长安排。刘大刚对蔡翰民说，我再派你到唐温升少校原来那个守备连去，近期因部队调防，你们守备连正在守卫的不是衢州机场，而是玉山机场。你配合连长廖有力，给我把玉山机场好好守住！死死守住！蔡翰民立正敬礼道：是！

蔡翰民赶到玉山机场，接待他的是新晋连长廖有力上尉。蔡翰民见习期满，又在衢州机场保卫战中有功，也晋升为上尉连副，跟廖有力搭档管理机场守备连。毕竟是经历了生离死别的人，廖有力好像变了个人似的，他不再瞻前顾后，不再举棋不定，不再犹豫不决，说话行事风格变得刚毅果敢起来。他吩咐管后勤的司务长廖木根，在厨房外面的草地上设宴，为蔡翰民副连长接风。上次一起喝酒的时候，还是衢州机场保卫战的前夜，那是多么令人留恋的夜晚！如今兄弟天各一方。想起老连长唐温升少校，想起廖细田兄弟，久别重逢的战友举杯停箸，唏嘘感伤。

廖有力站起来，走到蔡翰民身边，举杯开腔：我要敬蔡兄弟三杯酒。第一杯是"欢迎归队酒"，没想到你蔡翰民还真是个有情有义之人，还惦记着守备连，还愿意重返机场，欢迎欢迎！说着，廖有力头一仰，把酒干了。

廖有力将酒杯斟满，接着说：第二杯是"往事致歉酒"，当初你从军校毕业来连里，初来乍到，我不但不帮助你，反而打压你，设法刁难你，还串通廖细田去唐温升连长面前打你的小报告，让你受了不少委屈，想来十分愧疚，这杯酒就是表达歉意的。蔡翰民打断廖有力的话说，有力兄弟，过去的那些琐事不提，你用不着致歉，我也不接受你这杯酒，我们一起把这杯酒，敬给唐温升连长和廖细田兄弟吧。

廖有力再一次将自己的酒杯斟满，盯着蔡翰民说：第三杯是"精诚合作酒"。这个玉山机场，就是当年唐温升连长因失守而受罚的那个机场,这一次我们又重新领命,唯有精诚合作守住机场,才能对得起唐连长。

蔡翰民也回敬了廖有力三杯,第一杯"思念酒",回忆往事,思念故人,酒浇愁肠,惜哉痛哉;第二杯"相逢酒",兵戎相见之秋,枪林弹雨中重逢,缘分实在不浅;第三杯"胜利酒",预祝机场守备连守卫成功,预祝抗日战争早日胜利。但每次举杯,蔡翰民都只喝半杯。他先将酒杯高举过头,然后把满杯的一半,浇洒在脚下的草地上,说是邀请逝去的战友唐温升和廖细田一起喝,接着仰头干掉剩下的半杯。蔡翰民说:唐连长,细田兄弟,我蔡翰民大难不死,就是为了赶回来陪你们喝酒的!夕阳照在草地上,寒风掠过短发和硬须时发出吱吱声响,喝着喝着,蔡翰民和廖有力两个男人洒泪拥抱在一起。

为加强机场防空力量,确保盟军轰炸机随时应急起降,加强连建制的守备连除高射炮排之外,又新增了一个高射机枪排。廖有力说,就目前的形势来看,机场暂时没有被夺走的风险,主要风险还是来自敌机的轰炸,而且没有规律,说来就来,防空任务重,蔡兄弟要多费心了。三个人分工协作,廖有力连长全面负责,蔡翰民副连长分管高射炮和高射机枪两个排,司务长廖木根中尉负责生活和后勤保障。

怀玉山的余脉,自北向南延展,机场就坐落在山脉南麓平原上。它与其说是个机场,不如说更像个中转站、加油站、维修站、补给站。太平洋战争爆发之前,日寇对这些东部山区小型机场并不关注,只是在民国二十七年空袭过一次,扔了三枚500磅的炸弹,把机场东北角炸出了三个大窟窿，就像路过的时候不小心掉下三个炸弹似的，此后再也没有光顾。直到民国三十一年，美军B-25轰炸机袭击东京之后返航，因燃油耗尽而紧急迫降在衢州机场和玉山机场，这些不起眼的小机场才引起了日本人的高度关注，才将这些盟军轰炸日本本土时战机的补给站和维修站列为重点轰炸对象，甚至是不惜代价抢夺控制的对象。如今，美军的新型"空中堡垒"B-29重型轰炸机投入了战斗，其远航能力达到了五千公里，但它也不敢说用不着这些小型机场。紧急迫降，加油续航，维修补给，还都得依赖它。日寇对这些机场依然虎视眈眈，隔三岔五派飞机来轰炸，我军守备部队也在日夜严防死守。

在廖有力和蔡翰民的鼓动下，全连兵士神经都绷得很紧，摩拳擦掌，天天等着敌机要来轰炸的消息。可是整整一个月都没有什么动静，机场安然无恙，既没有盟军飞机的起降，也没有日本飞机的轰炸，驻在县城里的美国地勤兵们也不见人影。守备连的士兵都有些懈怠。蔡翰民每天给两个排训话，反复强调紧绷战斗这根弦，不能有丝毫懈怠松弛，越是寂静无声，越是预示着大的风暴的来临。蔡翰民还操心，万一敌机炸毁了机场怎么办？一定要在很短的时间之内将它修复，并随时接待盟军轰炸机的起降。他和廖有力一起去跟县政府协商，组织了一个几百人的抢修预备队，一旦机场被炸，几小时之内就要把它修复。

日寇原本想完全控制东部这批小机场，无奈兵力不足，无暇顾及，于是便根据战略任务临时突击性轰炸。守备连得到的敌机将要前来轰炸的消息，跟机场美军地勤小组接到的盟军轰炸机即将轰炸日本的消息,惊人地一致。也就是说,盟军和日军都能获得对方行动的情报。所以,只要见到美军地勤从县城来到机场,开始忙碌地做准备工作,那也就意味着日军轰炸机要来轰炸机场。这让人亢奋又紧张,日军到底派出多少轰炸机、轰炸规模和时长,是无法预知的。

每当此时,蔡翰民都要白天黑夜值班,有事没事就到高射炮排和高射机枪排的值班处去转悠,察看士兵值班情况,看看他们是否有懈怠的苗头。蔡翰民规定,值班人员必须高度警惕,最好是连眼睛都不眨一下,连苍蝇蚊子从眼前飞过都必须在掌握之中。蔡翰民自己也试图一直睁着眼睛,能不眨就不眨。晚上躺在床上,他也睁眼竖耳,像一架雷达似的,注意着机场上空的动静。有时候,仿佛听到了远处传来若隐若现的轰鸣声,蔡翰民就会立即从床铺上弹起来,急速奔向高射炮排值班室。值班士兵说,没有听到飞机轰鸣的声音,还挨了蔡翰民的批评。其实,那种来历不明的轰鸣声,很可能是蔡翰民的耳鸣症造成的。

神经衰弱愈加严重,这不但导致了蔡翰民的耳鸣症,更可怕的是他还患上了严重的失眠症。蔡翰民发现,自己的睡眠越来越少,有时候接连两三天都不合眼,关键是他并没有疲惫感。夜晚躺在床上,也只是觉得应该睡觉而已,并没有睡意,数羊都数到了一万,也不管用。有时候,眼看着就要彻夜失眠,便干脆爬起来去巡逻查岗。

蔡翰民半夜三更在外面游逛,把廖木根吓一跳,以为蔡翰民有梦游症,便悄悄跟随他要探个究竟。廖木根发现,蔡翰民开始是在值班室四周兜圈子,偶尔也会走进值班室,跟值班的士兵聊天,然后再返回宿舍,一连数日观察都如此。廖木根还发现,蔡翰民在吃午饭的时候,好几次都坐在饭桌前睡着了,嘴巴里还含着饭菜。廖木根为蔡翰民的身体担忧,便向廖有力报告,说蔡副连长操心操劳,过度紧张,患上了失眠症,长此以往人要垮掉。廖有力问有什么办法。廖木根说,看得出蔡副连长过于紧张,心态和神态都跟当时的唐温升连长有些相似,蔡副连长需要去休养,需要放松。

廖有力建议廖木根暂时接替蔡翰民的工作,自己去劝说蔡翰民到集团军野战医院治疗休养一段时间,至少要等到失眠症好了再回来。蔡翰民拒绝廖有力的建议,说自己没问题,过一阵就好了,父亲就经常说,睡不着是没困,吃不下是没饿。

蔡翰民把自己父亲抬出来,廖有力也无可奈何。但蔡翰民的精神亢奋状态越发严重。据廖木根观察,蔡翰民晚上基本上没有怎么睡,白天只有停止脚步坐下来的时候,比如开会或者吃饭的时候,才有一丝睡意,但也仅仅局限在打个盹儿,紧接着又醒过来。

蔡翰民被失眠症折磨得不成样子,差不多可以用形销骨立来形容。他自己倒不觉得,整天睁着警惕的眼睛,在机场和四周视察,一有风吹草动,他就竖起警惕的耳朵,屏住呼吸凝神静听。走路的时候,他踮起脚尖轻起轻放,怕打草惊蛇似的,旁人见他走路的样子,都提心吊胆,生怕他摔倒。廖木根甚至担心,蔡翰民一不留神就睡过去了。

看着蔡翰民的样子,廖有力心想,这哪像个军人!必须要严肃地跟他谈谈。廖有力找到蔡翰民说,翰民兄弟,该睡觉要睡觉,该查岗就查岗，不能日夜都在查岗，那样的话谁都受不了，真的打起仗来，人就要倒下去了。廖有力说，你先去把身体养好，这边有我和廖木根，你可以放心休养，集团军野战医院就在隔壁县，离咱们机场也不到五六十公里，有什么紧急情况，我立即通知你，赶回来也就两个小时。

在廖有力的劝说下，蔡翰民勉强答应到集团军野战医院去休养。上次右臂胸口受伤，开始就在野战医院治疗。蔡翰民想起了马约伯医生。按照苏佑民的说法，马约伯是有技术又有武术的双料军人。蔡翰民也发现，马医生有见识，有想法，跟他聊天总是有所获益。蔡翰民想，这一次见到马医生，一定要向他学习，特别是要跟他学习武术，身强体健才能打仗。这才刚刚开始担起一点责任，心里有了一些牵挂，就睡不着，就神经衰弱，就神魂颠倒，那要是眼前有了敌人怎么办？原以为自己的身体很棒，没想到还是经不起考验，蔡翰民有些鄙视自己。本以为摆脱了对耘谷的情感纠结，逃跑就万事大吉，没想到真正让人纠结的，还是自己这一百多斤！想到这里，蔡翰民更想尽快见到马约伯。

第十一章

1

蔡翰民赶到了集团军野战医院,直奔马约伯的诊室。马约伯大吃一惊,说你怎么瘦成这样?马约伯替蔡翰民检查身体之后说,单独看每一个地方都没有问题,加在一起看就有大问题,估计是"植物神经紊乱症"。蔡翰民不懂,马医生说,就是肝火太旺,蔡翰民懂了,说自己是急火攻心,亢奋不已,彻夜难眠。马约伯说,神经衰弱到这种程度,也很少见,再发展下去,还不知道会弄出什么毛病来,也许就油尽灯枯。

蔡翰民听到"油尽灯枯"这个词,便笑起来,他想起小时候的夜晚,奶奶纺纱时点燃的油灯,木质高脚灯盏上的小瓷碟里,盛满菜籽油,里面放着白色的灯芯草,人多时两根,人少时一根。昏暗的灯光在风中摇曳,慢慢地,小瓷碟里的油越来越少,灯光越来越暗,最后就是"油尽灯枯"。奶奶便站起来说,睡觉去啰。想到这里,蔡翰民打了一个哈欠,仿佛有一丝睡意,但只有一刹那,旋即又精神抖擞。

马约伯知道情况不妙,吃西药是没有用处的。马约伯不打算采用西医疗法,而是要采用古老中医保健疗法,是他少年时代从师傅马笑铁那里学来的绝活,除非有特殊关系,一般情况下是秘不示人的。马约伯开始教蔡翰民打坐、冥想、呼吸、调息,目的是让蔡翰民忘掉战场上的那些事情,忘掉飞机和机场,忘掉炸弹和高射炮,让呼吸摆脱外物的控制,回到自身。这是一种彻底放松的、物我两忘的东方式身体技术,是一种"坐忘"的肉体智慧,它需要自由的心境,也需要漫长的时间。对于那些心思重、难释怀的人来说,还需要辅之以针灸疗法或者艾草熏疗。

经过两三周精心理疗,蔡翰民的睡眠渐渐正常起来,苍白的脸有了血色,眼睛里也有了光亮。他没事就跟在马约伯身后,整天缠着问这问那,聊个没完。除了康复方法之外,聊得最多的,还是上次蔡翰民住院时经常讨论的话题,无牵无挂自由逍遥才有大勇,儿女情长柔肠百结只能自寻烦恼,等等。蔡翰民突然想起了玛丽表姐和乌斯,就对马约伯说,托他转交给玛丽表姐的钱,已经转到了孙云柯手上。蔡翰民还说,自己离开重伤医院的时候就没有跟李耘谷打招呼,自己总是想起马医生的话:相濡以沫,不如相忘于江湖。现在好了,不但孙玛丽找不到马约伯,李耘谷也找不到蔡翰民了,两个人都要摆脱儿女情长的纠葛,为的是在战场上无牵无挂,自由驰骋。

马约伯不打算就此继续深聊,说自己要去见一位老朋友,问蔡翰民有没有兴趣。蔡翰民自然是满口答应。正午时分,马约伯和蔡翰民两人离开野战医院,出门往西上了大路,然后再折向正北,沿着金溪河谷的小路,钻进了怀玉山深处,大约走了一个多时辰,来到山窝里一个叫仙茶坞的小村庄。时间才半下午,太阳就早早地准备落山,村庄里的红砖碧瓦和山墙飞檐笼罩在山岚雾霭之中。马约伯将蔡翰民领到一间青砖瓦房跟前,出来迎接他们的是一位中年汉子,钢丝般的板寸短发,面孔黝黑,身材矮墩结实,步履矫健。他见到马约伯就扑上来,高声喊道,德诚哥,怎么这么久不来看我啊!汉子说的是家乡土话,此人就是马约伯的发小兄弟马三元。

当初马约伯为躲避黑鹰队的追杀,只身逃离江东,躲回自己的村庄马家塝,却遭逢丧妻之变,进而又受到马家族人的排斥。马约伯遵照师傅马笑铁的吩咐,上怀玉山投奔了发小马三元。作为乡村的习武之人,马三元的理想很简单:锄强扶弱、杀富济贫、匡扶正义。没想到的是,这些马三元奉为圭臬的原始正义,跟现代社会的法治逻辑有冲突,复仇正义的所属权不属于个人,而是属于现代国家的政治组织。马三元不了解也不理解,继续遵循乡土社会里残存的原始正义习俗,致使他险些陷入牢狱之灾。马三元一气之下进了山,拉起百十号人马,在仙茶坞附近的山里安营扎寨,以狩猎和耕种为依托,继续他的杀富济贫事业。

仙茶坞也不是法外之地,但跟山外的世界少有联系,仿佛一个独立王国。马三元能在仙茶坞一带站稳脚跟,跟仙茶坞的大佬许权山有关。许权山是马笑铁年轻的时候在龙虎山习武时的师弟。许权山看在师兄的面子上,冒险接纳了马三元,暗地里为马三元撑腰。患有严重肺气肿的许权山临死前将16岁的独生女许桃园托付给马三元。爹爹许权山突然走了，打家劫舍的马三元来了，许桃园一点思想准备都没有。

抗日战争让马三元的暴力事业有了合法性，外寇和内奸成了马三元的主要打击对象，但马三元的事业却一直没有什么大的起色。直到兄弟马德诚加盟，马三元仿佛有了主心骨，这才正式亮出旗号："三元抗日救国敢死队"，马三元自任总司令，马约伯任副总司令兼参谋长。这支骁勇的队伍，在怀玉山和白马山之间的玉、常、江三县频频出击，引起了日军的注意，也引起了我军的注意。

政府军很快就将马三元的队伍收编了。"三元抗日救国敢死队"被拆得七零八落，百十号兄弟天各一方，羊拉屎一样东一坨西一坨不成堆。马约伯则因医术高明而被第三战区司令部总监部卫生处聘用。马三元也被野战部队某团委以虚职，当了个副团长，有名无实，有德无位，言行处处受到掣肘，让马三元浑身不自在，心气儿也不顺，整天憋得难受，有时候真想让自己变成一个炸药包，在日本鬼子中间引爆拉倒。关键是自己身边那些中央军军官，很多人并不是因为有军事才能或者战斗勇敢或者品德高尚而当上军官的，你想替他们找一个当军官的理由都找不到。他们一天到晚关心的，不是抗战打仗，而是各种场合的排座次。那种对上奴颜婢膝、对下凶狠残酷、对官热情有加、对兵阴冷无情的样子，那种投机钻营的猥琐嘴脸，让人一见，就萌生想死的念头。

血气方刚的马三元忍无可忍，不愿与那些人为伍，便卸甲解戈,逃离了部队,回到怀玉山深处的老巢仙茶坞,回到了许桃园的身边。马三元这才突然觉得,许桃园是那么珍贵,自己差一点失去了一件珍宝。马三元说,以后要陪着许桃园,好好地过日子,陪她一起白头偕老。许桃园抱住马三元,又哭又笑地说,你跑去打日本鬼子,救国救民,就是不救桃园,你不是跟我爹说,要好好保护我吗?你要是再不回来,桃园就要死了,你就成了说话不作数的人了。马三元说,不出去,不出去,再也不出去了,就在家门口打日本鬼子。

马三元在许桃园这里吃喝玩乐逍遥自在了两个月,便开始觉得日子无聊,这时候恰好又遇到了兄弟,已经成了马约伯的马德诚。马约伯刚好被派到怀玉山下的常山,参与野战医院的筹建,离乱中的兄弟重又聚首,倍觉亲切。马三元打算再次亮出"三元抗日救国敢死队"的旗号,被马约伯否定了。马约伯说,政府军执意要收编我们,意思就是不让我们独立,因此,我们也就不必一而再、再而三地冒犯他们,我们得想个新招。没有新招就只能"潜龙勿用"静候时机,比盲目乱动要好。马三元听从马约伯的劝告,继续在许桃园身边混日子,天天盼马约伯有空来看他,陪他聊天,陪他喝酒。

马约伯其实过得也不顺心,在这个腐朽的环境中,有谁能过快乐的日子呢?只是野战医院的伤兵太多,忙得马约伯什么都顾不上,烦恼的时间都没有。一有空,马约伯还是愿意跟马三元在一起,自由自在,无所顾忌,像孩提时一样。马约伯尤其喜欢吃许桃园做的饭菜,还喜欢看着许桃园忙前忙后的样子。离上次来仙茶坞都一个多月了,为蔡翰民调理身体也花了不少时间。马三元把马约伯和蔡翰民让到客厅,吩咐许桃园赶紧上茶点,上酒菜,款待德诚哥和新客人。马三元又去跟蔡翰民搭讪:尚蔡村的?靠近大湖边的好地方,离我们马家塆不远,我们马家塆是山旮旯里,你们尚蔡村名声在外,当官的很多,当兵的也多,我以前的兄弟中就有你们尚蔡村的。

许桃园手脚麻利,一步三摇在厅堂和厨房之间来回穿梭,不一会儿就将吃的喝的摆了一桌。自酿的高度芦粟烧酒,味道纯正又酷烈呛鼻,进入口腔,一股火辣辣的暖气便在上颚飘荡流窜。还有桃园亲手熏制的熏肉,肥肉晶莹剔透而不腻,瘦肉脆韧不硬又芳香。那是一种杉树和松树混合的香气,是潮湿的松木和杉木锯末子,在半燃烧状态下冒出的浓烟,经过多日熏烤才有的香味,肉皮是熏出来的金黄色。芦粟酒和烟熏肉,都是马约伯的最爱。每次吃到这种菜肴,马约伯就会想起故乡的景物和人事,令人生出一醉方休的冲动。

当初,马约伯离开江东城和马家塆,遵师嘱到怀玉山投奔发小马三元的时候,许桃园的爹爹许权山刚去世不久。马三元牢记许权山的嘱托,爱着宠着许桃园。但马三元觉得,许桃园还小,想让她再长几年,反正迟早是自己的人。许桃园对马三元却好像没有什么特殊的感觉,她一直把马三元当哥哥,又是撒娇,又是耍横,就是没有男女情人的那种感觉。马约伯的突然出现,使得许桃园心里涌出一股从未有过的情愫,见到马约伯她就脸红躲避,见不到马约伯又四处寻找。这种感觉令人战栗,令人害怕。马三元不解,他对许桃园说,你躲着德诚哥干什么？他有什么可怕的？不用怕！他平时不说话的时候,是有点严肃古板,那是他在想他自己的事情。德诚哥跟我不一样,他内心有许多古怪的想法,那是我不懂的东西。你不要管他,由他去,你该干什么还干什么。弄点好菜给他吃,配上小酒,他就会高兴的。许桃园闻言,便一天到晚设法做好吃的给马约伯吃,希望马约伯吃得高兴。马约伯固然高兴,却从不表示什么。马约伯早就觉察到许桃园的异样之处。作为年长的老大哥,又是过来人,自然明白怎么回事。马约伯却故意装作不知道,因为他不想给自己找麻烦。马家塆的结发妻子刚过世,江东的孙玛丽那边还没脱干系,加上在旁人眼中,许桃园就是马三元的人,只是没有举行仪式而已。许桃园漂亮,头发乌黑眼睛大,身材窈窕又白净,长得像母亲,不像他爹许权山长得五大三粗。许桃园的脾气性格却遗传了许权山,讲义气,有担当,眼里容不得沙子,一言不合就要急眼。经过多次通过眼神和表情外加小动作的暗示,马约伯都没有什么反应,许桃园有些生气,便故意不搭理马约伯,但马约伯依然没有什么反应,许桃园开始急眼了,甚至想当面质问马约伯,为什么对自己视而不见？但一见到马约伯,心又软了。许桃园是委屈又伤心,觉得马约伯没有相中自己,是没有缘分,于是暗暗地下决心,不再想念马约伯。她一个人躲到后院小竹林里哭了一场,然后趁着马三元的嬉笑和劝慰,顺着杆子就下来了,开始在马三元的宠爱下过日子。但每次马约伯来访,许桃园依然暗暗地激动,忙前忙后张罗着吃喝,拿出最好的食材来烹饪,像过年过节一样。许桃园摇晃着丰盈的身子在厅堂中间穿梭。马约伯看在眼里,内心涌出无奈和苦涩。其实,许桃园比孙玛丽更漂亮,更令人心旌摇荡,但那是遥远天空的另一颗星星,不是想摘就能摘的。

马三元端起酒杯,劝马约伯和蔡翰民干杯,一边说,德诚哥,有没有帮我想个什么新招啊?就这样困在家里?我要"潜龙勿用"到什么时候啊?人都要憋死了。

马约伯说,你哪里憋了?你不开心就拍屁股走人,在这深山里逍遥自在似神仙,又有桃园相伴。我呢?我还要面对各种各样的伤兵,各种古怪的病人,像翰民这样胸部开花的,有断胳膊少腿的。更可怕的是那些医务官,大脑有病,却拒绝治疗,还以为自己很正常,觉得别人都有病。我能跟你一样,说跑就跑吗?

蔡翰民有些吃惊,没想到沉稳笃定的马医生也很焦躁,自己心目中的权威也不顺心。

马三元说,你看看,我早就说过吧,没有人会过得开心的!连打个鬼子都不能痛痛快快地打,还要受小人的气。我让德诚哥回来,跟我一起干,咱们拉起队伍上山,亮出自己的旗号,继续跟日本鬼子干,德诚哥不理会。德诚哥什么都好,就是大事不决断,犹犹豫豫跟自己过意不去。德诚哥啊,赶紧回来吧,你等什么呢?

马约伯微笑着不接话,迷惘的眼神朝着远处,若有所思。跟马三元一起,在这山旮旯里当草莽英雄,自然不是长久之计。想继续留在自己亲手创建起来的野战医院,又不愿看周围小人的丑恶嘴脸。逍遥自在是奢望,但人生苦短啊,也不必委屈,更不要苟且,常言道,树挪死人挪活,只有真正活着,才有可能干一番事业啊!

马三元知道,马德诚愣在了自己古怪的想法里,便邀蔡翰民喝着。马约伯自斟自酌干了一杯,沉浸在自己的思绪之中。年轻的时候跟蔡翰民一样,也是既单纯又热情,最初只是想习武健身,匡扶正义。大学毕业后,只想做个治病救人的医生,悬壶济世,别无他图,怎奈这世道诡谲凶险,总是不让你遂心,以至于你不得不颠沛流离,令人身心俱疲。离开总监部卫生处,到野战医院来,本来是一举两得的事情,既治病救人,又抗战救国,的确是一件大好事,但人际关系让人头疼。

马约伯临危受命,参与这家野战医院的创建,代理院长当了半年多,到了本应转正的时候,却另派了一个兵油子一样的外行来当院长。这个名叫肖仁景的院长,自然不是来治病救人的,而是来监视人的。一般而言,越是外行,越是心虚,越是怕你不服他,于是就会使出各种下三烂手段整人,找碴子、抓把柄,为的是可以随时打压你。马约伯很烦恼,一边治病救人,一边提防小人。刚开始,马约伯还配合着肖仁景,时间长了,也没有更多的心思去搭理他,你搞你的鬼,我照常看我的病。即使这样,肖仁景对马约伯还是不放心,生怕他抢了自己的位置,弄得马约伯无所适从,才不得不跟他翻脸,弄得像路人,谁也不理谁。下午带蔡翰民进山的时候,马约伯招呼都懒得打。

马约伯想起了苏佑民。在离开第三战区之前,苏佑民多次到野战医院找马约伯,两个人聊得很投机,有相见恨晚之叹。苏佑民对马约伯说,不要委屈自己,你没听说过一句流行语吗,"三十年代奔延安,四十年代向苏北"!苏佑民还说,自己的老同学董少雍跟马约伯一样,刺杀黑鹰队的刘莽之后逃亡到了苏北,现在发展得很好。苏佑民说,他希望有更多的朋友和志同道合者,在那边相聚。因为那是一个全新的地方,全新的环境和体验,全新的组织和理想,总之一切都是新的,没有那股子积重难返的腐朽气息。苏佑民的话,最近一直在马约伯的耳边响起,似乎让无望的人心里亮起了希望的光芒。

蔡翰民想法比马约伯单纯得多,马约伯的许多想法,他并不能完全理解,只有在躲避儿女私情这一点上跟马约伯相通。马约伯逃避孙玛丽,开始是因为救孙云柯而冒犯权势逼不得已,接下来才是因战争环境的影响而顺水推舟,有意切割。蔡翰民逃避李耘谷,开始是受战争环境的刺激而产生犹豫不决,跟着才是受马约伯情绪影响而猛然"醒悟"。

战争年代的男人,挣扎在战场的核心和情感的边缘,由焦虑不安变为暴躁鲁莽,进而变得钢铁般地坚硬。他们固执己见地跟自己和对方的情感作对,仿佛唯有流血,才能够酬报伤痕累累的家国;仿佛唯有一死,才能面对这片满目疮痍的土地;仿佛唯有消失无踪,才对得起心灵受伤的亲人恋人。他们用粗暴的方式来处理细腻的问题,用直接简单的方法来处理曲折复杂的问题。他们认为"相濡以沫"是困难的事情,甚至是一件不足挂齿的事情。他们认为,"相忘于江湖"是一件很容易的事情,只要心肠一硬,什么问题都解决了。邓于玲护士长的遭遇也差不多,丢下柔肠寸断的她。千千万万因战争而受伤的情侣和夫妻,他们都在承受战争的伤害,罹患上形态各异的战争后遗症。

2

　　这一年，耘谷、晴媛、孙云柯、钱小果四人第一次在外面过春节。陈坊小街上祝福的鞭炮声不足以消除对故乡的思念，好在有蔡家兄弟的陪伴，才不至于显得特别孤单。蔡鳇大哥特别细心，预备了很多好吃的，在蔡鲤的陪同下，专门开车送到陈坊来。钱小果突然思念故乡和父母，呜呜地哭起来，被孙云柯哄住了。耘谷因思念翰民，也在独自承受着相思的煎熬。元宵节前后，耘谷特地去了一趟江口镇的重伤医院，看望邓于玲护士长，陪着邓于玲小住了几天，直到学校开学才返回。邓护士长是个乐天派，心里总是充满积极的期盼，说等战争结束，她立即就回家去跟自己的儿子团聚。耘谷不敢多想，因为她隐约感觉到，战争的结束，并不一定意味着跟翰民分离的结束！

　　进入战时中学学习，已经是第二个学期了。为适应战时总体要求，学校的课程安排得越发紧凑，除了文化课之外，军训课程的比重也很大。有的学员调侃说，"战时中学"应该改名为"战时半军半读中学"。每周一天的休息日也经常被军训课或者形势报告占用。二哥蔡鲛公务繁忙，很少有机会跟董家和蔡家的兄弟姐妹相聚，前一阵还被派往司令部政治部接受政治理论训练。蔡鲤经常央求蔡鳇，利用工作便利周末开车出来，拉着他到战时中学看望晴媛和耘谷。蔡鲤一到陈坊，就把蔡鳇丢给耘谷和云柯，自己带着晴媛不见了踪影。孙云柯缠着蔡鳇，希望他帮忙打听马约伯的消息。

蔡鳇说,野战医院是跟着野战部队行动的,部队换防医院也得跟着换地方,行踪不定,估计马约伯的野战医院在浙西常山江山一带。每一次问蔡鳇,得到的回答都是"还要细打听",让孙云柯渐渐失去了打听消息的兴趣。

马约伯的秘密,估计也只有翰民知道,翰民消失了,马约伯的线索自然就消失了。耘谷每周都会给邓于玲护士长打电话,询问是否有蔡翰民的消息。邓于玲总是安慰耘谷,说再等等再等等。邓于玲后来才知道,蔡翰民跟自己的丈夫当年一样,在跟女人玩失踪游戏。他们误以为女人会因时间淡忘而减轻牵挂和悲伤,他们不知道这样做实际上是牵挂叠加牵挂,悲伤再添悲伤。邓于玲护士长特别能理解耘谷的心情,还特地赶到陈坊来看望过耘谷,用过来人的经验安抚耘谷。邓于玲让耘谷先安心学习,说有些事情需要时间,也需要耐心,不管什么事情,最终都会水落石出。

春寒料峭,山区更甚。江南早春的寒冷夹杂着潮湿,无孔不入地往身体里面钻,四肢像踩在冰窟窿里。从冬天开始,耘谷忙里偷闲赶着为翰民编织毛袜和绒线手套。只要有空,耘谷就独自坐在宿舍里,身子像菩萨一样静穆,灵活的手指挽着绒线上下前后移动。耘谷一直沉浸在自己的编织游戏之中。她编啊编啊,编了一双又一双,编织着对翰民的思念。绵绵思绪转化成各种花纹和图案,出现在手套的手背和掌心:有尚蔡村湖滨的小鱼和小虾,有江东南湖边的栏杆和垂柳,有大江大湖上漂泊的船帆,还有永平镇和江口镇的街市。

课程、学期、季节都会结束,漫长的战争岁月却不知何时结束。

风暴将至的感觉笼罩在人们心头。学员们刚进校时的那股学习热情,也被时间慢慢地消耗着、磨损着。学校觉得应该请校外专家来鼓一鼓士气,就打算请政治部著名学者宧乡,到学校来做战争形势报告。宧乡先生刚好另有安排,就推荐干训团教导处的蔡鲛上校来替他。

天色微黄,刮着寒风,像要下雪的样子。演讲在露天操场上进行,学员们整齐地坐在地上,不同班级不同方阵,男生和女生分开,钱小果的高职班坐在最后几排。蔡鲛自己开着吉普车过来。不了解内情,也不仔细观察,蔡鲛大哥微跛的左腿一点也看不出来。他在校长的迎接下,精神抖擞地走上高高的讲台。

蔡鲛上校穿着崭新的军装,精神新,语言新,消息新,思想也新。蔡鲛开口就说,我要告诉同学们,今天抗战的总趋势,那就是:日寇在中国战场得手,在国际战场失利;在战术上得手,但在战略上失利。蔡鲛上校一开口,满座皆惊,同学们拼命地鼓掌。蔡鲛大哥坐在讲台上讲话,比平常更有魅力,耘谷和晴媛她们也使劲地鼓掌,内心充满自豪。

为什么这样说呢?蔡鲛继续演讲,日寇占领了郑州、衡阳、长沙、桂林、柳州,特别是抢夺了沿途的铁路和机场控制权,他们便以为万事大吉了。可是,他们丢掉了西线的缅北和滇西,丢掉了东线的整个太平洋战场。他们现在就是瓮中之鳖,等候他们的,就是东西两条战线往中间的收缩。

云柯被"瓮中之鳖"这个词吸引了,伸手使劲地往中间一捏,做了一个捉住的姿势。

蔡鲛喝了一口水，继续说，鄙人不久前从战区司令部受训回来。政治部文化设计委员会委员、《前线日报》总编宦乡先生，就是我的导师。宦乡先生认为，抗日战争就是一个"自内向外战术"跟"自外向内战略"的较量和对决。宦乡先生解释说，日寇从侵占东三省，到觊觎整个中国，再到妄图称霸全亚洲，建立所谓的"大东亚共荣圈"，就是一个从小空间向大空间扩张，从内向外膨胀模式的战术。相反，国际反法西斯同盟军的战略，则是一个从大空间向小空间聚紧，从外向内收缩的模式。而且盟军的收缩力要远远大于日寇的膨胀力，尤其是美国对日宣战和中美英开罗会议之后，这种力量对比就更加明显。复杂的战争局势，经宦乡先生这么一解释，就显得特别清楚。

日寇其实知道国际局势对他们不利，但胳膊扭不过大腿，怎么办？他们只好采用自杀式的袭击方式，抵御来自国际反法西斯联盟的收缩力，也就是继续采用自内向外膨胀的战术模式，自中国战场的内部向外爆裂，而且还试图成倍地增加爆裂力量。日寇调集华北和华中的精锐部队，自北向南发起进攻，目的是要打通中国大陆南北走向的铁路大通道，将中国劈成东西两半，斩断东西向的连接通道，为此，他们发起了一连串的大会战：中原会战，劫夺了郑州和洛阳；长衡会战，侵吞了长沙和衡阳；桂柳会战，抢掠了桂林和柳州。面对穷凶极恶来势汹汹的日寇，中国军队的枪支弹药和医疗物资匮乏，尤其是重型武器严重不足，无力抵抗日寇飞机大炮装甲车的攻势。那时候，缅甸至昆明的滇缅公路，又控制在日本人手上，国际援助物资不能如期送达，"驼峰行动"制订的飞越喜马拉雅的空中航线，也无法运送装甲车和大炮等重型武器。眼看着京汉铁路及其沿线城市的沦陷，中国军队忍痛将战略重心转移到西线战场，加强中国远征军战斗力，与英美盟军协同作战，打通滇缅公路这条抗日战争的生命线，以便急需的重型战略物资，能够及时运抵昆明和重庆。因此，中国军队是在以惨败为沉重代价，用生命和鲜血拖住日军主力。中国军队，还在敌后抗日根据地开展游击战和持久战，为东线的中南部太平洋战场、为滇西和缅北的西线战场赢得时间。日寇虽然打通了中国大陆内部的通道，但从总体战略的角度看，并不意味着日寇的胜利。还是那句话，他们是战术上得手，战略上失败。中美英等国组成的盟军，正在东边的太平洋和西边的印度洋东西两线大包抄，日寇正在等待收尸的日子……

演讲快要结束了，蔡鲛上校说，你们的任务，就是要好好学习，接下来还有重要的事业等着你们去完成，那就是收拾旧山河，重建新家园。

演讲在热烈的掌声中结束。蔡鲛大哥由校长陪同，特地走到晴媛和耘谷身边，跟两个女孩握手道别，然后转身矫健地登上吉普车。耘谷、晴媛、云柯他们还沉浸在喜悦之中，几个人边走边聊朝学校食堂走去。

云柯说，蔡大哥讲得真好，只是听到后面，我的脑子全乱了。

晴媛说，也不乱，只要不忘总的意思就行：日本鬼子是秋后的蚂蚱，没几天蹦跶。

云柯说，这个意思，不用听蔡鲛大哥演讲，我也知道那是所有中国人的愿望。我的想法是，日本鬼子能不能尽快滚出去，越快越好,战争时间过长,大家都很惨啊。

说起来容易做起来难,要战争结束,得多少人流血牺牲,得多少人像蔡鲛大哥那样左腿受伤,像蔡鳇大哥那样丢掉食指和中指,像邓护士长的丈夫那样血洒疆场,像翰民那样至今还在战场上冒死奋战!晴媛轻声地说,既像回应云柯,又像自言自语。

耘谷没有插话,她沉浸在蔡鲛大哥关于战争将要胜利结束的预言之中,听到晴媛提起翰民的名字,才回过神来。耘谷感到内心一阵绞痛,站在路边停了一阵,说自己不舒服,想回宿舍休息,让晴媛云柯钱小果他们去食堂吃饭。

耘谷突然心慌意乱,心脏要裂成一瓣瓣碎片似的。她连忙赶回宿舍,凝神静坐了一阵,拿出正在为翰民编织的手套,用力快速地编织起来,仿佛能将要碎裂的心,编织得紧致起来似的。耘谷又拿起一根粗缝衣针,穿上红黄两色绒线,往黑色绒线手套的手背上,刺绣一个黄骨鱼图案。那一年在尚蔡村,耘谷就在湖里摸到过一条黄骨鱼,鱼的头部尖长锋利的刺,扎进了耘谷拇指中,拔出来之后鲜血直流。翰民赶过来,用嘴巴含住耘谷的手指用力吸吮,说唾沫有消毒作用,然后又帮耘谷处理伤口。耘谷沉浸在回忆之中,缝衣服的长针扎进了耘谷的手指,就像被尚蔡村湖里的黄骨鱼刺中。手指的刺痛,缓解了心脏的裂痛,一丝隐秘的甜蜜感沁入内心深处。

天色泛黄,纷纷扬扬飘起了小雪。春雪落在潮湿的泥土上,转眼间就消失了。通往学校食堂的道路两旁是木板搭建起来的布告栏。学员们围成一堆,在阅读布告栏里的招贴:歌咏晚会、讲座信息、招生信息、招工海报。

云柯又继续前面晴媛的话题,说日本鬼子从中国滚出去,那是迟早的事情。所以,蔡鲛大哥的结论,像是把愿望当成事实来讲。

晴媛说,你就不要抠字眼,我觉得蔡鲛大哥说得特别好,特别真实,就像已经成为事实一样。你有没有注意到,最近校方的口风也有变化,不再只是强调好好学习,同时还强调可以做多种选择,既鼓励我们好好学习准备报考大专院校,也鼓励我们提前参军上战场或者出去找工作。我觉得,这些变化,跟蔡鲛大哥的演讲,意思是相通的。

孙云柯说,我还以为是学校资金短缺办不下去了。我到现在都没有课桌,跟别人共用一张课桌。他们天天说快了快了,后来也不说了,好像打算驱散我们。

钱小果说,我班主任也是这意思,说鼓励提前找工作,尽早去服务抗战、服务前线,而且很急迫的样子,就差没有直接轰我们走。

食堂门口传来嘈杂的声音。学员围在布告前议论纷纷。晴媛他们走近一看,招贴栏里并排贴着一溜招生简章和招工广告。有大学招生广告,落款有"国立英士大学""中央陆军军官学校第三分校"等,还有"国立中央护士学校""博雅高级护士学校"。招生简章中并没有具体的要求,比如要求高中毕业或者初中毕业,只是笼统地提到经笔试和面试,考试合格就能录取。录取之后,开学时间和地点都要另行通知。也就是说,什么时候开学、学校的校舍在什么地方,都不确定。报名地点就设在战时中学教务处内。

晴媛让云柯他们先去吃饭,自己连忙去找耘谷通报消息。耘谷跟晴媛到招贴栏前,看了一遍那些五花八门的广告,觉得机会来了,同时,她隐约预感到了变化的先机。

周末,蔡鲠和蔡鳇开着车来看望晴媛和耘谷。耘谷问蔡鳇哥,为什么这个时候就开始招生。蔡鳇说,估计国家已经开始在为战后的教育布局,提前启动招生计划。大家不妨先报名参加考试,各种类型的学校多报几所,都考一考试一试,多点选择。耘谷和晴媛商量报考学校的所在地,首选南京,其次是上海和苏州,或者老家镇江。蔡鲠说,我们南都和江东的学校也可以报啊。

考试时间定在初夏五月初的头几天。考试地点在离陈坊六十多里地的五都,考场在战区司令部的新礼堂里。光战时中学的考生就有三百多,还需要两晚的住宿,学校无法安排汽车接送,他们只能像部队一样,打起背包急行军,步行前往五都。沿着陈坊河,自南向北顺流而下是轻松的,走了十几里之后,队伍突然向东,钻进了山谷深处,道路越来越陡峭,直通大坞岭,顺着山脊继续向东行进十几里,再从最高峰象鼻山边缘开始向山下走,进入杨水河峡谷,沿着大路东行二三十里,就到达了目的地。晚上在礼堂内打地铺,第二天一大早收起床收拾行装,将桌椅摆好准备考试。接连考了整整三天,然后又打起背包步行回到陈坊。孙云柯说,行军和考试,都像梦游一样。晴媛说,梦游多好!轻飘飘的转眼就结束,我可没有这种想法,我的脚都走肿了。

过了一个月,学校教导处张贴录取布告。李耘谷考取"博雅高级护士学校",董晴媛考取"国立中央护士学校",孙云柯考取"陆军军官学校第三分校第二十期学员班"。录取通知书上说,开学的时间和开学地点待定,让他们耐心等待。同学们不放心,四处打听,议论纷纷,想早一点知道自己的学校会设在什么地方。晴媛和耘谷的学校有可能在南京,也可能在苏州,或者镇江无锡,变数很大。钱小果的去向也不明了,她不知道孙云柯最终在什么地方上学,可能在上饶,也可能在别的什么地方,只有云柯的校址确定了,钱小果的工作才能确定。孙云柯很满意自己的选择,他要到军校去学习,最好能遇到像马约伯一样有文化素养的武术教官,练就一身硬本领,以雪黑鹰队和阿五在他身上留下的耻辱!

3

马约伯因孙云柯惹祸而逃亡,孙云柯答应玛丽要寻找姐夫下落的任务没完成,这成了孙云柯的心病。既能到军校去学习,又能够遇到本不相干的马约伯医生,不过是孙云柯内心深处愿望的满足。假如孙云柯的梦想成为现实,遇见马约伯并拜马约伯为师,那真是亲上加亲的圆满。马约伯既可以做孙云柯的文化教官,又可以做他的武术师父,还兼有姐夫身份。但命运并没有这样安排,而是让他们擦肩而过,渐行渐远不得相见。自从在江东滨江路遭遇黑鹰队之后,孙云柯再也没见过马约伯,他们相距只有几十公里,却因消息不通而无法相见,其实就算见到了,也难以保证他们不会突然分离。天天紧随马约伯身边的蔡翰民此刻也找不到马约伯。马约伯突然失踪了!

蔡翰民一早醒来,跟往日一样,第一时间就到马约伯那边去,可是找遍宿舍、诊室、食堂，都不见马约伯的影子。上午，蔡翰民跑到仙茶坞打探寻找，也不见马约伯的踪迹。马三元得知消息，并不感到吃惊，慢悠悠地说，消失，现身，又消失，嗯，像德诚哥的作为。

许桃园对马三元说，赶紧帮着去找啊，人都不见了，你还在那里不紧不慢的干什么？

马三元说，不必着急，德诚哥从来就是这种古怪脾气，表面上低调沉着，内心深处躁动不安，动不动就有活腻了的感觉，接着就是消失，过一阵他又回来了，好像死了的人又活过来了一样，这就是德诚哥，他隔一段时间换一个地方，隔两年换一种活法，三年五年就要换一次，谁能做得到？德诚哥为什么行？因为他无得无失，无挂无碍，像风一样自由自在，来无影去无踪。

马约伯这种古怪性格，许桃园始料未及，他说走就走，说失踪就失踪，谁敢做他的妻子儿女？谁做谁倒霉！只有傻瓜马三元能理解能接受，还在为他辩护。许桃园刚刚还在因马约伯的失踪而着急，这时候她有些不高兴了。许桃园锁着眉头对马三元说，看你那个样子，也想像风一样来无影去无踪是不是？那好啊，你走啊，你离开仙茶坞去走四方啊，跟你的德诚哥一样去玩失踪啊。许桃园说着，身子一扭，用屁股对着马三元。

马三元见状，赶紧走到许桃园身后，伸手抓住她的双肩，向自己身边转过来，说我是在给蔡兄弟分析德诚哥的脾气嘛，我怎么会失踪呢？我怎么会离开仙茶坞呢？我为什么冒死离开部队？就是投奔你来的。说着，他贴近许桃园，一味地讪笑示弱。要不是蔡翰民在场，马三元早就要抱住许桃园求欢了。

马三元理解马约伯的行为,但他自己却做不到。用许桃园的话说,他就是"整天骨头发痒,潮血作胀,见女人就走不动路"。要让马三元像马约伯那样,为了某种抽象的观念,有意识地逃避情感或女人,他打死都做不到。许桃园说,你看德诚大哥,站如松,坐如钟,内心也一样,刚劲挺拔不松垮,你呢,整个人都松垮得像条虫。马三元嬉笑着说,是啊,我就是你的一条虫啊,我喜欢在你身上扭来扭去,到处乱钻啊。说着,大白天的就要关门,抱住许桃园就要往床上扔。奇怪的是,两个人整天黏在一起这些年,也没有一男半女。刚开始的时候,小两口商量着说兵荒马乱不宜生育,等到马三元入伍再逃回来,两个人商量着想要孩子,却偏偏怀不上。马三元抱着许桃园,盯着她的身子看了半天,说怪哉怪哉,看你丰乳肥臀的样子,就应该像猪婆下崽一样,一窝窝地生啊,怎么屁都没一个?唉,还是德诚哥运气好,一碰女人就生,马家塆两三个,江东又一个。许桃园猛地推了马三元一把,从他怀里挣脱,说我也觉得古怪呢,就你天天徒劳无功,你看人家德诚大哥,每天都要刮胡子,两边脸上的胡子楂发青,隔天就像铁丝一样往外钻,你从来也不刮胡子,几根黄须飘在嘴唇上。马三元一惊,走到镜子跟前打量自己的长相,婴儿肥的脸庞白净浑圆,胡子的确没有,须还是有几根嘛,关键是火力很足啊,不像德诚冷淡无欲。马三元握住双拳,举起手臂,使劲地鼓起三角肌,他深信自己没问题。可是夫妻之间的事情,也没有办法实验啊,马三元感到郁闷且迷茫。

当着蔡翰民的面,马三元从后面贴近许桃园低语着。许桃园转身推开马三元,对蔡翰民说,蔡兄弟还没吃饭吧?我去给蔡兄弟做饭。蔡翰民愣在那里，哭丧着脸对马三元说，马医生经常说，在这世上就是受苦，活着也没什么意思，要不是这么多伤兵等着他救命，自己不如死掉拉倒。马医生有这样的想法，我心里很害怕，他该不会出什么事吧？蔡翰民说着就流眼泪。马三元最见不得眼泪，表面上不耐烦，内心有些感动，觉得这个蔡翰民是个善人，书生气很重，这有些像德诚哥。马三元走过来，拍了一下蔡翰民的肩膀说，放心吧蔡老弟，我德诚哥见多识广，身经百战，意志坚定，绝不会有事的！

马约伯消失，肖仁景在暗暗地高兴。他早就想对马约伯除之而后快，苦于没有什么合适的机会和手段。马约伯现在的行为就相当于自杀，都省得自己动手了。肖仁景耐着性子等了两三天，便要向集团军的军法处报告，说马约伯当了逃兵，要求军法处置。蔡翰民央求肖院长再等两天，说马医生一定有急事，说不定过两天就回来了。肖仁景说，即使现在赶回来也没有用了，已经违反了军纪，必须交由军事法庭处置。

蔡翰民心急如焚，他替马约伯担忧，怕受到过于严厉的惩罚，于是央求肖仁景院长，希望再宽限几天，最好是内部处理，为此他没少请肖仁景喝酒。肖仁景借着酒劲儿答应，说还得看他的态度再做决定。但时间告诉蔡翰民，马三元的发小、玛丽表姐的丈夫、小乌斯的爸爸、某集团军野战医院的主要创建者、医术高明的医生、自己的精神导师马约伯，真的又一次神秘地消失了，逃亡了，不知所终了。

就在肖仁景忙着向上级报告的时候，就在翰民在四处奔波寻找的时候,马约伯已经抵达苏北。马约伯认为,蔡翰民已经掌握了正确的调息吐纳方法,失眠症也好了,身体恢复得不错,可以重返前线。自己刚好接到苏佑民的指令,让他尽快离开浙西去苏北。马约伯是黎明时分悄悄离开野战医院的,他轻装简行,沿河谷翻过山岭,自浙西北行,穿过皖南,取道皖北,日夜兼程,在皖北与苏北接壤处,盱眙县西面淮河边一个叫女山湖的地方,见到了苏佑民。两人搭乘军需处的采购车,直奔黄花塘新四军军部卫生处。苏佑民早就通过组织为马约伯安排好新岗位,新四军某部野战医院主治军医。

马约伯不让蔡翰民知道自己的下落其实是在保护他,否则岂不是同谋?蔡翰民不懂得其中奥秘,只说马约伯不近人情,离开的时候招呼也不打,而且去向也不明,难道他就这样在这个地球上消失了不成?马约伯曾经在马家垮人面前这样消失,后来又在江东董家人和孙玛丽面前消失,现在又在野战医院和蔡翰民面前消失。马医生,你在哪里?接连多日,马约伯的身影和表情都在蔡翰民的眼前晃动,马约伯的声音也在他的耳边回响。马医生为什么要走?蔡翰民百思不得其解。困惑和疑虑扰乱了蔡翰民的呼吸节奏,记忆机制也出现紊乱,以至于蔡翰民完全丧失了调息能力。焦虑不安之余是失望,失望之余是失眠。蔡翰民眼睁睁地躺在病床上,午夜时分,或者黎明前夕,蔡翰民又起身,到院子中央的草坪上踱步。暗夜里传来拉枪栓的响声,或者对答口令的提问声。蔡翰民多次因形迹可疑而被哨兵带到院长办公室。肖仁景说,原来是你,马约伯的老乡,失眠症患者,开始梦游了?肖仁景说,好几次半夜起床到墙外小解,见到有黑影在草坪中央晃悠,身影飘忽,以为是见鬼呢。

蔡翰民直愣愣地看着肖仁景,并不接话,也不打算再搭理他。肖仁景想起蔡翰民整天影子一样跟在马约伯后面,跟屁虫似的,心里恼火,决定这就把蔡翰民赶走。

肖仁景问蔡翰民,是不是身体不舒服而睡不着?回答说没有。

肖仁景问蔡翰民,是不是想念马约伯而睡不着?回答说也不是。

肖仁景问蔡翰民,是不是闲得无聊,闲得皮痒骨头疼而睡不着?回答也是否定的。

肖仁景让蔡翰民立即收拾东西,办理出院手续,哪里来回哪里去!

蔡翰民因失眠和神经衰弱而住进了野战医院,又因旧病复发而被赶回了机场守备连,继续他的神经衰弱和失眠症。廖有力说,回来了好,全连的兄弟们都盼着你呢。你走后,有过几次敌机轰炸,规模都不算大,我们都顶住了。尤其是蔡副连长你事先组织好的抢修预备队,在修复被炸机场的时候派上了大用场,得到了师部的表扬。

廖有力不停地说着,直到廖木根用手在他后背轻轻戳了几下,这才停住观察,发现蔡翰民正在打瞌睡。廖有力命令事务长廖木根赶紧将蔡副连长送到宿舍去睡觉。廖木根安顿好蔡翰民,正要离开,发现蔡翰民已经醒了,两眼直愣愣地盯着廖木根,炯炯有神。

廖木根只好坐回蔡翰民的床边,陪他聊几句,说些他不在连队时的往事,正说着,蔡翰民那里已经传出了轻轻的鼾声。

廖木根跑到连长室,对廖有力说,蔡副连长的病没有治好,还是老样子。

廖有力说,为什么?前一阵你不是跟医院通过话,说他好了吗?医院的出院证明不是也写着"痊愈"吗?怎么一到机场就旧病复发呢?这就有些奇怪了,这就有些离谱了。

蔡翰民的失眠症越发地严重,以至于他随时随地都醒着,或者随时随地都睡着。关键在于他跟所有人都反着,更跟生物钟反着,该睡的时候他醒着,该醒的时候他睡去。消瘦的面庞上,蔡翰民的眼睛其实已经快成个摆设,他的视力却越来越弱。相反,他的听力出奇地发达。别人觉得没有什么动静,他却听到了轰鸣,大家能听见的声音,于他而言,犹如惊雷。

蔡翰民就像一架活雷达,监视着机场上空。他依靠的是听觉,而不是视觉,尤其是他的这两种感觉器官经常不同步,只听见飞机轰鸣声,机场上空却没有飞机。高射炮排的士兵按照蔡副连长的指令登上炮位,半天都不见飞机。

蔡翰民接二连三地发出错误指令,结果,高射炮排的官兵都拒不执行他的命令。指挥失灵的蔡翰民只好亲自上阵。有时候,深更半夜,睁眼不眠的蔡翰民突然听见了战机来袭的声音,他立即从床上弹起来,直奔炮位,向夜空中隐秘的敌机射出一排排炮弹。

廖有力暂时终止蔡副连长的指挥权。他把蔡翰民的情况向孟浩九师长做了汇报,请求师部的处理意见。孟浩九又吃惊,又惋惜,不久前那位活蹦乱跳的战士,自己很看好的军官学校高才生,怎么变成这样？孟浩九叮嘱廖有力，把蔡翰民送到野战医院去疗养。

廖有力亲自将蔡翰民送到野战医院。院长肖仁景拒绝接收，说蔡翰民不是伤兵，他的病跟战争没有关系，属于慢性疑难杂症，野战医院没有能力处理，何况野战医院的病床供不应求，让他在连队里疗养吧。廖有力说，上次就是你们野战医院马医生治好的。肖仁景高声喊叫，你把他送到逃兵马约伯那里去嘛！廖有力无奈，只好向孟浩九师长报告。

孟浩九师长拿起电话，对肖仁景厉声说道：蔡副连长的病怎么跟战争无关？他不是对敌情高度敏感、过度关注，引起的失眠症和神经衰弱症吗？你们必须先将蔡副连长安顿好，不得有半点差池，至于接下来怎么治疗，那是你们医院的事情！

肖仁景没想到孟浩九师长会亲自过问这件事，也不知这个蔡翰民什么来头，吓得他连忙双腿一并，立正回答说：是，请师长放心。

孟浩九师长又补上一句：你小心行事，出了问题就拿你是问，每周将蔡翰民的病情向师部汇报一次！

蔡翰民住到了他原来的病床上，失眠症依然严重，晚上睡不着，就在院子中央的草坪上踱步。肖仁景半夜起床小解，多次见到他幽灵般的身影。

肖仁景指定金一北医生负责蔡翰民的治疗，效果不佳。肖仁景对金一北说，你先得让他睡觉吧？我向上峰汇报的时候也有个说法，万一不行，吃点镇静药总可以吧？金一北医生说，常规剂量已经无效，加大剂量会伤身体，而且长期靠吃药也不是办法，治标不治本啊。肖仁景挠头抓腮，问金一北医生，有没有查过马约伯留下的病历？看看马约伯给他吃的是什么药嘛！金一北说，查过病历，没有开药的记录。

肖仁景感到棘手，本想把蔡翰民推给战区重伤医院了事，但想起孟浩九师长严厉的口吻和"每周汇报病情"的命令，不敢贸然将蔡翰民送走。送不走、治不好、管不了，蔡翰民成了烫手的山芋。肖仁景想起马约伯，你逃跑也罢，还留下个麻烦！是不是自己过于简单粗暴了一些？肖仁景心里略有悔意，嘴里哼哼唧唧唱起来，一段《捉放曹》里面的唱腔，二黄慢板加花的节奏和腔调，缓慢且冗长，枯涩又单调：一轮明月照窗下，陈宫心中乱如麻。悔不该心猿并意马，悔不该随他人到吕家。吕伯奢可算得义气大，杀猪沽酒款待与他……

第十二章

1

蔡翰民空洞的眼神总在廖有力眼前晃动,想起来就让人放心不下。廖有力让廖木根抽空去探望蔡翰民,顺便给肖仁景院长送些吃的,希望他善待蔡翰民。廖木根每隔半个月就到野战医院去看望蔡翰民,一般都选在星期日这一天。廖木根驾着一辆从日本人手中缴获的三轮摩托,在玉山通往常山的简易公路上奔波,一个来回要大半天。每次见到形单影只的蔡翰民,都有一种难舍难分的感觉,廖木根真想把蔡翰民一起拉回守备连。

廖木根对廖有力说,蔡翰民身体状况很糟糕,估计又要回到第一次入院前的情形,建议最好是转院。野战医院的强项是外科骨科伤科,对付伤筋动骨还行,也就是让中弹的烧伤的骨折的士兵不会立马就死掉而已。至于能不能活得更健康,更合理,并不在他们的考虑之列。晚上失眠这种鸡毛蒜皮的事情,就更进不了他们的视野,但蔡翰民的身体耗不起。

廖有力琢磨，最近一段时间，日本鬼子好像疯了一样，到机场来轰炸的频率越来越高。日军的轰炸机仿佛变成了垃圾车，将炸弹运到机场上空，倒垃圾似的往下扔，扔完了就走人。关键在于，盟军轰炸机前往日本本土轰炸，已经不通知东部小机场了，他们完成任务后，直接就飞到太平洋上去了，一次都没有在机场降落。日本鬼子就像被美军飞机炸蒙了似的，也开着飞机到处乱炸，把周边的小机场炸得坑坑洼洼，千疮百孔。守备连没有接到降落请求，但也没接到不降落的指令，所以被炸的机场还得尽快修复。机场抢修预备队的人忙不过来，廖有力和整个守备连自顾不暇。廖木根不但管着后勤生活，还得兼管着高射炮排。听了廖木根的汇报，廖有力说，蔡翰民还得在野战医院里先待着，比接过来没人管要强，过些日子再想办法。

趁着日本鬼子消停下来的间歇，廖有力亲自到野战医院探望蔡翰民，发现蔡翰民的确是越来越消瘦，眼睛凹陷下去像两个黑窟窿。一见到廖有力，蔡翰民就急切地打听，机场怎么样？没有被炸掉吧？抢修队的修复能力还行吧？廖有力说，一切都很好，没有问题，机场随时都能接待起降的盟军飞机。只是盟军飞机近期很少在机场降落，炸完就直接飞到航空母舰上去了。蔡翰民露出了满意的微笑，说自己身体也恢复得差不多了，只是因为惦记着机场的事情，老是睡不着，如果睡在机场守备连的宿舍估计会好很多，所以希望能跟廖有力一起回到连队里去。蔡翰民说，其实自己也谈不上有什么病嘛，失眠而已，调理一下就可以了。廖有力嘴上说好，心里已经否定了蔡翰民的方案。

蔡翰民苍白的脸看着让人心疼。酷烈的战斗场景又浮现在眼前。唐温升少校惨死在战壕边的坦克下。族弟廖细田就那样一声不响地走了！蔡翰民真的是侥幸捡回了一条命，要是那颗开花弹再往左边几厘米，站在跟前的这个人早就没了！廖有力内心一阵收紧，自言自语轻声地说，决不能再出现差错。

廖有力来到肖仁景院长的办公室，见他正跷着二郎腿在抽烟喝茶。廖有力阴沉着脸问肖仁景，有没有更好的办法，这样消极地耗下去不是办法。肖仁景说，我说过，蔡翰民这种情况，说他是病也没错，说他没病也可以，原因不明的神经衰弱症，就属于疑难杂症，我们这边处理不了，求求你，廖连长，你帮我想想办法吧。

廖有力想了想，让肖仁景拨通师部电话，直接向孟浩九师长汇报。肖仁景说，你去汇报吧，我可不敢，孟师长会骂我的，说我在推卸责任，我可担当不起。廖有力拿起电话向孟浩九师长汇报了蔡翰民的病情。孟师长说，那就转院吧，直接将他送往总部重伤医院，让野战医院现在就派车，你们立即出发，我这边马上给重伤医院挂电话。

直到坐上野战医院的车，蔡翰民还以为是跟廖有力一起回连队。带棚货车在简易公路上颠簸，一路向西疾驰。只是野战医院的金一北医生为什么也在车上？蔡翰民也不便多问。车子沿着黄沙路向西跑了大约二三十公里，蔡翰民才发现不对，问廖有力这是去什么地方。廖有力如实相告，说转院去重伤医院。蔡翰民一听就急了，高声喊道：重伤医院？为什么？我的病很重吗？不不不，我不需要去重伤医院，我要回连队去参加战斗，我不能再这样游手好闲,置身事外!说着,蔡翰民猛地站了起来。

廖有力抓住蔡翰民的肩膀,把他按回到座位上,跟金一北医生一人一边夹着他。廖有力对蔡翰民说,我要亲自看到你睡眠恢复正常,身体恢复正常,才让你回连队,否则我就不接受你,这也是孟浩九师长的意思。翰民兄弟啊,你一定要听话,你不听我的话,也要听孟浩九师长的话。你知道吗,孟师长对你寄予很高的希望呢。孟师长说你勇敢,有文化,有理想,是一棵好苗子,他要培养你呢。孟师长对你的评价,也代表了我和守备连对你的期望。所以你一定要好好地疗养,尽快让身体恢复,不要辜负了孟师长。汽车走到弹坑弥补过的地段,颠簸到空中又落下来,把蔡翰民、廖有力、金一北三个人颠成了一堆。

汽车继续飞奔向前,蔡翰民脸上露出窘迫的表情。他想起重伤医院,想起邓于玲护士长的样子。当初离开重伤医院的时候,说好了给邓于玲护士长写信告知自己的去向,可是自己一直没有履行诺言,失信于人,现在怎么有脸面对她?还有更棘手的,就是如何面对耘谷?自己玩失踪,招呼都没有打,准备一走了之,现在见面对她说什么?耘谷无辜的样子浮现出来,令蔡翰民心疼又烦躁不安。还有,怎么跟二哥三哥和蔡鲤解释?说亲情会影响斗志妨碍杀敌吗?他们不会笑话自己吗?蔡家兄弟、邓于玲护士长、耘谷,这个世界上的所有亲情、友情、爱情,都是自己成为英雄的障碍吗?

说话间,车子已经驶进了重伤医院的院子。站在路边等候的正是护士长邓于玲。廖有力和金一北陪着蔡翰民从车上下来。邓护士长瞥了一眼蔡翰民，转身对廖有力说，我们院长接到了前线来的电话，派我在这里等候你们，把病人交给我就行了。说着，从金一北医生手中接过蔡翰民的病历，然后指挥身边两位男性医护人员将蔡翰民放平在担架上，直接抬到二楼住院部，入住的还是第6病室。

廖有力安顿好蔡翰民，转身就要返回连队。廖有力叮嘱蔡翰民，一定要安心养病，什么时候痊愈，什么时候归队。过来一位面孔陌生的小护士，说话轻声细语，让蔡翰民换上病号服，乖乖地躺下来休息，说护士长待会儿就要过来查房。蔡翰民打量着小护士，长得有点像耘米，但比耘米要温顺一些，脸蛋属于那种自带笑意的，给人安宁感。蔡翰民再低头看看自己，蓝白条纹的病号服过于宽大，松垮地耷拉在身上，给人无力感，真像病人。

阳光斜照下来，晒得人昏昏欲睡。蔡翰民却没有一点睡意，这个熟悉而陌生的环境让他心里不安宁。眼下蔡翰民想得最多的，就是如何应付邓于玲护士长，如何解释自己不守信用的行为。蔡翰民用床单把头蒙起来，像钻头不顾屁股的鸵鸟，眼睛却是睁着的，耳朵也是警觉的，门外走廊上的动静全都在他耳朵里。这时候，走廊上传来笃笃笃的脚步声，而且越来越近，脚步在自己床铺边停了下来。蔡翰民断定是邓于玲护士长来了，便用床单紧裹着头，直到耳边传来一个男声，喊他起来吃午饭，才知道是前来送餐的护工。

蔡翰民勉强吃了几口，但一点食欲都没有，因为他心中有事纠结着未能释怀。邓于玲迟迟没有露面。蔡翰民既在躲避邓护士长，又在期待见到邓护士长。他放下碗筷，躺回病床上，眼睁睁地望着天花板发呆，杂乱的声音和图像蜂拥而至。邓于玲的眼睛在半空中飘忽不定，温柔和坚定后面隐藏着哀伤，令人不忍直视又无法躲避。还有邓于玲说话的声音，命令中有安抚和规劝，能产生一种催眠效果。

蔡翰民梦见，邓于玲身穿白色长衫，头顶高耸着一个红蓝两色鸡冠状的帽子，大口罩将整个脸都遮住了，只露出一双放射蓝光的眼睛。邓于玲踮着脚尖，蹑手蹑脚走过来，身子一闪就进了病房，迅速转身将房门掩上。她右手拿着一支灌满蓝色液体的大号注射器，举目四望，好像在寻找什么。蔡翰民知道躲不掉，他突然使出全身的力气喊叫起来：蔡翰民不在这里！那声音在喉咙深处挣扎着往外冲，结果不像是嘴巴里传出来的，而像是天花板上掉下来的，变成一团沉重的气体，砸在地板上嗡嗡作响。邓于玲好像没听见似的，继续踮着脚尖轻轻地移动，一会儿打开墙边木柜的门，一会儿弯腰朝床底下探望，翻箱倒柜地找，行为诡异。蔡翰民吓得发抖，连忙拉过被子，紧紧地裹住自己。突然，被子自己飘起来了，蔡翰民只穿了一条内裤的半裸的身子暴露在空气之中，阳光映出了白色皮肤底下蓝色的血管，蜿蜒曲折像蚯蚓。邓于玲护士长伸出左手，将飘在半空中的被子扯下来，使劲地往地板上一扔，白净纤细的手指转向蔡翰民的皮肤，在右前臂那些蚯蚓一样的蓝色血管上来回抚摸了一阵，接着举起右手的大号注射器，朝蔡翰民猛刺下来，蓝色的液体涌进了蔡翰民白色皮肤下面蓝色的血管中，血管开始像蚯蚓一样蠕动，不畅通处鼓胀起来，眼看血管就要爆裂。蔡翰民挣扎着要爬起来,同时大喊一声,把自己吓醒了。

蔡翰民睁开眼睛,见邓护士长正站在自己的病床边。邓护士长说,你醒了?太好了!早一点过来就更好,你看,一到我这里,失眠症就吓得要撤退了,瞌睡虫开始向你进攻了,是不是有一种意外的惊喜?蔡翰民机械地点了点头。邓于玲说,见到你很高兴,以前的事就让它过去,不要老记着,那样只会加深你的神经衰弱和失眠症。

邓护士长停了一下,突然笑起来,说你行事方式极端,连睡醒的方式也很极端,要大喊一声才能醒来,自己把自己喊醒,否则醒不过来是不是?主治医生来过,看过你的病历,了解你的情况,给你制定了理疗计划,并且把你交给我来管理。现在你必须听命于我,就像战场上听到命令一样。蔡翰民条件反射地喊了一声:是!邓于玲继续说,首先,你要把自己当正常人,而不是病人,正常吃喝拉撒,白天不要卧床,不要睡觉,更不要胡思乱想,有空就去散步,每天上午下午到中医科去按摩两次,外加艾灸或者火罐。你就安心疗养吧,这里没有飞机大炮,只有医生和护士。

蔡翰民想起了梦中的邓于玲,她的双眼射出的蓝光还在幽幽地闪烁,包含着拒人于千里之外的冰冷。再看看现实中的邓于玲,目光温柔又笃定,声音温和又坚毅,给人一种亲近和安全的感觉。蔡翰民一时也没有找到合适的语言来应对。他做梦也没想到,事情竟然这么简单——不要老记着!早知如此,何必焦虑,何必躲避!直接面对他们就是了。蔡家兄弟好说,耘谷会有什么反应呢?

2

　　李耘谷比预想的要来得快一些。蔡翰民来到重伤医院之后，邓于玲第一时间通知了李耘谷，耘谷又通知了蔡家兄弟。蔡鲤和蔡鲠开着小货车到陈坊战时中学，拉着耘谷和晴媛、孙云柯和钱小果，一行六人赶到河口的重伤医院看望翰民。

　　蔡鲠一进门就笑着高声叫起来：好啊，翰民，跟我们玩失踪啊？为了你自己上前线杀敌痛痛快快无牵无挂，兄弟都不要了是吧？蔡鲠快人快语，直截了当，把翰民说得无言以对。翰民苦笑着说，人在兄弟在，人性人情也在，就怕人没了，那什么都没了。

　　云柯对翰民说，翰民老哥，终于见到你了，别来无恙啊？原本还指望你帮我找我那失踪的姐夫马约伯，没想到你自己也失踪了。

　　翰民小声嘀咕着说，上次对你们说不知道马约伯的去向，那是假的，是给马约伯打掩护，现在马约伯真的失踪了，杳无声息，不知所终啊！要是马约伯医生在，我会是现在这个样子吗？我会让他们随意摆布，拉来送去吗？

　　晴媛气呼呼地说，翰民哥，你出院为什么不打招呼？为什么不给邓护士长写信？你去了哪里？你啥时候回来？我们一无所知。

　　翰民有些心虚，没有接话，心想，我怎么知道要去哪里？我怎么知道何时回来？战死疆场，永不还乡，也很有可能啊。阎王还没看中我，看中了唐连长和廖细田。

　　晴媛说，你突然消失，耘谷姐为你牵肠挂肚。

耘谷抓住晴媛的手,用力捏了一下,让她不要说。晴媛还在生气,嘴里嘟囔着,要继续戗翰民。蔡鳇让蔡鲤赶紧把晴媛劝走。蔡鲤走过来拉着晴媛往外面走,云柯和钱小果也知趣地离开病房,往院子里去了。

看着被失眠症和神经衰弱折磨得消瘦苍白的翰民,耘谷心痛不已,说不出话来,原本积压在内心的一些怨言消失无踪。耘谷一路上在想,见面后要紧紧抱住翰民,再也不要让他失踪。耘谷还想象,翰民也拥抱着自己,内心涌出一股暖流。但此刻,她却呆若木鸡,不知道该做什么,只知道流眼泪。翰民也僵在那里不动。耘谷盯着翰民看了半天,缓缓地说,老天爷都安排好了,让你消失一阵,也折磨我一阵,然后突然又把你送回到我的身边,你可以躲我,你逃避不了老天爷的安排。

耘谷的话,把翰民心里搅得更乱。这些年自己的所作所为,冒犯了战友和上级,冒犯了亲人和朋友,不就是想自己做自己的主吗?耘谷竟然说这一切都由老天爷安排好了!我岂不是前功尽弃?其实我哪里是在躲耘谷你啊,我是在躲我自己呢。都怪我自己性格软弱,却要装硬,只有经过战争的烈焰试炼,才能见到真金啊。翰民看着耘谷泪眼蒙眬、楚楚可怜的样子,内心的确萌生了触手之情,他甚至想跟从前那样,将耘谷拥入怀中。但这种珍贵的热烈情感,却只是瞬间的火光闪烁,摇曳不定,旋即熄灭了。

耘谷和邓于玲护士长一样,什么责备的话都没说,直接就原谅了翰民那些不近人情的行为。翰民却觉得,自己没有资格领受这份原谅,而是应该受到谴责。可是她们偏偏要给自己难堪,又是关切，又是疼惜，又是哭泣，令人尴尬又手足无措。翰民的心突然被两股力量撕扯着：一是放纵情感，立即跟她们一起伤心流泪，儿女情长，卿卿我我；二是护住内心，理性地面对，继续保持冷静坚毅的战时状态和勇猛精神。结果是理性渐渐压倒了情感，翰民在心里对耘谷喊叫：你不要原谅我，你骂我咒我，我就是一个无情无义的小人！

耘谷抓起翰民的手，要给他戴上自己编织的那种露手指的绒线手套，说这种手套既保暖又不影响抓东西，特别是不影响开枪射击的时候扣扳机，你只管戴，我给你织了好多双，破了我再给你织。翰民想起了几年前离开江东时的情景，当时耘谷也是说着这些话。可是这些年来，自己连参加战斗的机会都不能把握，还谈什么戴手套开枪射击，还有什么资格为自己的手保暖？翰民在恨自己的手和四肢，恨自己的整个身体。

耘谷还在往翰民的手上戴手套，还提起打仗的事情，好像翰民在战场上有多勇敢，杀了多少敌人似的。一股屈辱的感觉陡然升起，翰民猛地将手往回一抽，高声喊叫：我什么也没做，我就是个游手好闲之徒，我的兄弟在前线浴血奋战，我却一直置身事外，我就是个废物！你鄙视我吧，你离开我吧，我无颜面对，也不想再见到你！说着，翰民扭转身子朝着墙壁，把耘谷撂在一边。

邓于玲和李耘谷预想的结果并没有出现。原以为一个离家出走的人回了家，会温顺地依恋熟悉的环境和家的温馨。没想到蔡翰民的心依然没有回家，还在野外，还在战场，还在炮火之中。耘谷又委屈又绝望，木雕一样愣在那里一阵，突然转身跑到院子里哭泣。她怎么也没想到,这么多年的青梅竹马,这么多年的分离和追寻,这么多年的相思之苦,这么多年的期盼和祝福,转眼间就要成为泡影梦幻。

蔡家兄弟和晴媛、云柯、小果他们几个正在小货车的车厢里聊天。蔡鲠打趣道,翰民总想躲开我们,独自上路,结果还不是苍蝇一样,飞了一圈又停到了原处。晴媛说,翰民也可怜,就是太想当英雄,不管耘谷姐死活,有机会我还要说他几句。正说着,突然见到耘谷哭着从住院楼里跑出来,边跑边哭,大家连忙追上去。晴媛问耘谷怎么了,是不是被翰民欺负了?耘谷只知道摇头啼哭。蔡鲠和晴媛安慰耘谷。蔡鳇到翰民的病房里去查看情况。

晴媛越劝,耘谷越是伤心。耘谷看着眼前的晴媛和蔡鲠,他们看上去平淡无奇,但安全稳定,对于女孩子而言,有什么比这更重要?耘谷哭诉着自我埋怨,说究竟为什么?我到底做错了什么?命运为什么要惩罚我?

晴媛说,耘谷姐不哭,谁错过了耘谷姐,那就是谁的损失,就是谁的不幸!我这就去问问翰民,问他到底吃错了什么药,变得这么冷酷疯狂!

蔡鲠在一旁插话说,我们跟翰民从小一起长大,他是什么人,我们都知道。翰民绝不是那种忘恩负义的无情无义之人,我甚至觉得,他对什么人、什么事都用情太专,以至于容易钻牛角尖而不能自拔,结果把自己和至亲的人都搭进去了。耘谷不要着急,给翰民一点时间。晴媛说,时间?还要多少时间?自从在去尚蔡村的船上认识到现在,多少年过去了,耘谷为他付出了多少?日思夜想,忠贞不渝,他却渐行渐远,翻脸无情!

病房里的蔡鲲正在严厉地批评翰民,说翰民对战争的理解过于片面,以为只有亲自把子弹射进敌人脑袋,才叫战争,才叫打仗。抗战反法西斯战争,前方后方一盘棋,国际国内一盘棋,每个人在其中都是一枚不可或缺的棋子。翰民狭隘片面思想的后果,就是既伤害自己,也伤害亲人。如果不及时修正偏狭的观念,就谈不上积极参与反法西斯主义的正义战争,于人于己都是灾难!

蔡鲲毕竟是蔡鲲,战区司令部总监部上校军需官,年龄大一些,阅历深一些,在部队里受教育的时间长一些,又有一线作战的经验,问题看得准,下药又对症,对翰民而言,真的是有的放矢,良药苦口。至于翰民听得进听不进,能不能理解,会不会落实到行动上去,那只有天知道。翰民跟耘谷情感的未来走向,也只有天知道。

邓于玲跟着蔡鲲从住院楼下来。她走到耘谷身边,把她抱在怀里好一阵,说不必哭,一切都是暂时的,等蔡翰民的身体恢复了,事情就要起变化。邓于玲让晴媛好好安抚耘谷,又把蔡鲤和蔡鲲叫到一旁商量对策。

邓于玲说,感情这种事,靠讲道理不管用,打压更不管用。世上的道理就那么些,说出来了也很简单,谁都能明白,但行动起来却很难。蔡翰民的失眠症和神经衰弱症,从道理上说,他自己也知道,但一到睡觉的时候就不讲道理了,以至于他还在自己折磨自己。蔡翰民跟李耘谷的情感也是这样。蔡翰民的感情在跟自己的道理打架。他一直在依仗着那些大道理,强行粗暴地打压自己的感情,也在伤害耘谷和他自己。

蔡鲠说,翰民跟我聊过,他就是服玛丽表姐的丈夫马约伯,跟马约伯医生在一起,他就身心安宁,气定神闲,什么病都没有了,还会帮着马约伯医生干点活,可惜的是,马约伯医生突然失踪,不辞而别,这是导致翰民旧病复发的重要原因。

蔡鲲说,翰民性格偏软,但又固执,内心深处还有一种权威依赖症。偏软的性格遇见狂热的权威欲,还有英雄主义情结,常常使得他精神紧张,难以松弛。外来的具有认同感的强力权威,作为他的精神支柱,往往能够抑制他的精神散乱。

蔡鲠说,耘谷性情太温顺,又特别自律,翰民狂热的时候或者疲软的时候,耘谷都没有什么震慑力。她身上缺少妹妹耘米的狠劲,也缺少姐姐玛丽的缠劲。问题是,翰民开始就选择了耘米的温顺劲,而没有相中耘米的凶狠劲。这些都是命中注定的缘分吧。

邓于玲说,两个人的情感就是缘分,如果想再续前缘,首先就需要时间,经常接触就很重要。蔡翰民和李耘谷,现在需要的就是时间。时间也不早了,你们先开车回去吧,到学校帮耘谷请个假。耘谷就留在我这里住几天,晚上陪我说说话。关键是让她跟蔡翰民有更多的时间待在一起,人在就有办法,时间一长或许有转机,活人不会时时刻刻都在认死理,总有松懈的时候。邓于玲说着,突然想起自己那个牺牲在战场上的认死理的丈夫,还有托付给爷爷奶奶的儿子,眼泪就要淌下来。

3

时间像流水,柔软而坚硬。邓于玲对时间的信念,是她在最艰难困苦的日子里坚持活下来的法宝,与这个法宝相配套的是熬过长夜的坚忍精神。邓于玲认为,蔡翰民和李耘谷遇到的坎,自然也符合自己对时间的信念。船到桥头自然直,火烧牛皮自转弯。

当耘谷坚持要跟晴媛和云柯他们一起回陈坊,邓于玲立刻就出面劝阻。邓于玲对李耘谷说,自己最近特别孤独,希望耘谷能留下来住些日子,夜晚陪自己聊聊天,学校那边请假的事就让蔡大哥去办。蔡鳇和蔡鲤点了点头。李耘谷想到邓于玲大姐的许多好,不便再拒绝,就答应了。耘谷开始一直躲在邓于玲的宿舍里不肯出来,她说不想见蔡翰民。邓于玲是过来人,知道李耘谷的心思,所以也不勉强,让她一个人先在宿舍里待着。

邓于玲护士长住的是单间,室内摆设素朴简洁,床铺、桌椅、床头柜、洗脸台,仅此而已,屋里甚至有一种很久没有人居住的感觉,单调冷清,缺乏生活气息。床头柜上摆着一个木框玻璃面相架,里面放着一张照片。邓于玲和一位穿军装的男子中间拥着一个小男孩。这无疑是邓大姐的全家福。那位长着一张喜庆圆脸的青年军官,应该就是邓大姐丈夫。照片左下角有两行小美术字:"南都鹤记照相,三十六年九月"。看着照片,想到邓大姐破碎的家和破碎的心,耘谷替邓大姐伤心流泪。

邓于玲怕耘谷一个人待在房间里孤单,邀请她跟自己一起到办公室玩。护士办公室在一楼,一间注射室、一间值班室、一间护士长室。邓护士长的办公桌上摆满了医疗器具,压舌板、血压计、温度计、白色搪瓷酒精棉球缸,还有查房记录时用的书写夹板。窗台上摆着一只空玻璃罐头瓶,里面插着一根青翠的松枝,几只绿中泛黄的小松球挂在枝丫上。桌子右边还有一只玻璃罐头瓶,里面插着一束已经干枯的杂色雏菊,还是透露出当初的鲜艳色彩。邓大姐在办公室、值班室、病房之间来回穿梭,没有一刻停歇,像打足了气的皮球似的。耘谷发现,邓大姐可以说是重伤医院最忙的人,嗓门儿最大的人,最有人缘和凝聚力的人,院长好像也畏她三分。

邓于玲还带耘谷一起去查病房。她想让耘谷了解一下自己的工作,看她怎样应付那些身心都受到伤害的伤病员以及他们的古怪脾气和反常行为。邓于玲护士长耐心十足,经常要哄那些重症伤兵吃药换药,吃饭睡觉,劝他们听医生的话,让他们的身体和精神都走上正轨。那些重症患者,身体和精神都濒临崩溃的边缘,前一刻还在哭喊着要去死,转眼间又被死吓得哭起来。他们的确是年轻勇敢的战士,同时也是胆小的孩子。如果不是这场战争,他们或许还在念书,还在妈妈的呵护下不肯长大。看着那些表情稚嫩的男子汉,邓于玲强忍着将泪水往肚里吞。她时而像妈妈一样有耐心,时而像朋友一样热情,她把自己全部交给了那些伤兵。

耘谷不但体验到了邓于玲大姐的难处,好像也慢慢地开始设身处地地为翰民着想,试着理解一位从流血牺牲和死亡边缘回来的人的心情。每次在隔壁病房检查完毕,邓于玲也不多说什么,直接就把耘谷带进蔡翰民的第6病室。李耘谷也没有多想什么,就跟进去,和邓大姐一起站到翰民的病床边。蔡翰民见到身穿白大褂、头戴淡蓝色护士帽的李耘谷,感到纳闷,难道她不上学了?她什么时候参军了?直接到重症医院当护士?疑问还在脑子里转,邓于玲就开了腔。她问蔡翰民,睡眠效果怎么样?理疗效果怎么样?要不要改变理疗方案?蔡翰民用军人的口吻机械地回答说:不错!可以!不用!谢谢!

邓于玲在耘谷帮助下,把病号蔡翰民里外折腾一遍,又是量体温,又是测血压,又是检查心跳和呼吸。蔡翰民也配合得一丝不苟,百依百顺。邓于玲发现,只要耘谷出现在翰民面前,翰民就紧张,就故意绷着脸,有时候还把脸朝墙壁那边扭过去。因为他不敢直面耘谷,他大概害怕被耘谷漂亮的脸蛋、表情、嘴唇、鼻子、眼神俘虏,害怕被深埋在心底的爱俘虏。邓于玲看在眼里,心里暗暗高兴。她的表情似乎在说,当逃兵是不行的,逃得了今天逃不了明天,只要时间一长,你蔡翰民就会成为时间的俘虏。

蔡翰民同室另一张病床上住着一位新来的重伤病号袁又好,邓护士长叫他小袁。小袁的双腿刚做完截肢手术,每次见邓于玲护士长转身朝自己身边走过来,小袁就禁不住伤心欲绝,还使劲憋着不想哭出声来似的,憋了一阵,突然放声号哭起来。邓护士长走过去问他怎么了,他一会儿说腿疼,一会儿说胸口疼,一会儿说心窝疼。得到邓于玲的安抚后,他哪儿也不疼了,吃药便吃药,吃饭便吃饭,换药便换药,像个乖孩子。腼腆的小袁红着脸,说看到邓大姐就想哭,是因为他想起了自己的大姐和妈妈。

头天晚上,两个伤心的女人躺在床上吹灯闲聊。邓于玲大姐跟李耘谷讲述了重伤病员袁又好的故事。小袁今年刚满18，老家皖北蚌埠，家里的亲人都死了，死于日军轰炸。小袁怀着对日寇的仇恨参了军。前不久在战斗中，小袁也被敌机炸伤，当场晕倒在战壕里。连队撤退的时候，小袁还在昏迷中，谁也没有发现他，他被遗漏在战场的死人堆里。半夜里，他在荒野中醒来的时候，身上还压着一具战友的尸体。被炸伤的双腿在流血，疼痛难忍又不敢发出声音，剧痛和绝望纠缠着他，等待他的是死亡。小袁看着自己的双腿，当时就想死，但又害怕死，他说他不想死在荒无人烟的野地里，死也要死在军营里战友身边。他决定爬回部队。他害怕遇到日军，不敢走大路，便沿着潮湿的河床谷地爬行，两天三夜，昼伏夜行，终于被附近的老乡救起，辗转送到野战医院，接着就转到了重伤医院。那时候，小袁受伤的双腿已经开始腐烂，伤口发黑，肢体已经开始渐渐失去知觉。医生说必须截肢。小袁哭喊着说不不不，意思是，人在四肢在，要截肢毋宁死。医生无可奈何，请来邓于玲护士长。邓于玲先给小袁喂水，洗脸，擦身子，哄他吃药，再慢慢地说服他。邓于玲对小袁说，不截肢就是腐烂，就是败血症，就是死亡。邓于玲叫小袁听医生话，只有医生的建议才是最佳选择。小袁一边点头一边哇哇地哭，扑倒在邓护士长身上。

第二天早晨，邓于玲带着耘谷去查房。走进第6病室的时候，小袁还没醒来。蔡翰民说他的失眠症传染给小袁了，建议邓护士长将他俩分开。邓于玲走近小袁的病床，帮他掖好被子，然后走到蔡翰民身边，对蔡翰民说，最近入院伤兵增加，自己忙不过来，跟院长协商之后，决定让李耘谷暂时来做帮手，所以监管理疗的事情，就交给耘谷,这段时间,蔡翰民必须听李耘谷的命令。蔡翰民也条件反射地回应:是!

接下来的日子里,蔡翰民以军人的严谨,执行院方和邓护士长的命令,也就是说,他只在理疗管理这件事上听命于耘谷。耘谷说去伤科门诊按摩,翰民就去按摩。耘谷说去理疗室拔火罐,翰民就去理疗室。耘谷说散步,翰民就去散步。除此之外,耘谷说什么,翰民一概不接话、不回应、不反驳、不接受,像个木头人似的,就差没有下逐客令。翰民刻意将日常生活的门关上,只把接受命令或者冲锋陷阵的战斗之门打开。耘谷无可奈何,执行完命令,就只好知趣地离开,回到邓于玲身边。耘谷又委屈又伤心,但她决计不再在邓大姐面前表现出来。她知道邓大姐太忙,许多人都需要她,许多伤病员都在等着她的安抚,自己不能再去给邓大姐添乱,一切都必须自己承担。

七天假期眼看就要结束,翰民和耘谷之间的关系,并没有像邓于玲设想的那样因时间的延长而出现好的转机,甚至还有因时间的拉长而恶化的风险。翰民和耘谷还在僵持着,看不出情绪和情感发展出现拐点的征兆。问题在于,耘谷没有更多的时间了,她必须尽快赶回陈坊。邓于玲感到惋惜,但也无可奈何,只能再找机会。世上的事总是这样,圆满之事难以成全,遗憾的事情说来就来。如果真的像耘米所说的那样,一切都是老天爷安排好了的,那就只有听之任之了。

离开河口返回陈坊的时候,耘谷有意不跟翰民告别。耘谷对邓于玲大姐说,她试着理解翰民,不想为难他,也不想委屈自己,冷处理一下更好,所以就不跟他打招呼,等到自己和翰民都想见的时候再说。耘谷含泪跟邓于玲告别,说会抽空来看望邓大姐。邓于玲不知道怎么劝慰耘谷,更不知道要不要通知翰民。直到一周之后,翰民发现没有耘谷任何动静,就向邓于玲打听。邓于玲说耘谷回陈坊去了。翰民问耘谷还会不会再来。邓于玲说不知道。翰民有点失落,好像被人抛弃了似的。邓于玲本想补上几句,批评翰民一下,但又担心加重翰民的失眠症,只好闭嘴不谈跟耘谷相关的话题。

第十三章

1

日本人投降的消息从收音机里传出来的时候,德茂公寓董家人正准备吃午饭。朱彦娇坐在黄花梨木宁式床边,伺候董方均洗漱,又从费婶手上接过一只中号青花瓷汤碗,给董方均喂糯米汤圆。这时候,收音机里突然传来惊喜慌乱而又激昂的声音,只听见一连串地名:太平洋、塞班岛、缅北、滇西、广岛、东北、苏联、重庆……日本天皇向全世界宣布:无条件投降!热乎又柔韧的汤圆刚进入董方均的食道,突如其来的消息让董方均一惊,糯米汤圆正好卡在食道中途,堵得董方均翻了几下白眼,脖子一仰瘫倒在床头。老太太见状,使劲地拍打着董方均的后背,越拍董方均越闷得慌,只有出气没有进气,眼看着就要窒息。大婉和二婉听到费婶的惊呼声,连忙赶过来看。大婉让二婉帮忙,掰开父亲的嘴巴,将中指和食指伸到父亲的喉咙里,将那只糯米汤圆抠了出来。大婉有些责怪费婶,说怎么突然想起给老爷吃糯米汤圆?

老太太说，不怪费婶，是自己根据老爷的意思安排的。老太太告诉大婉和二婉，卧病在床的父亲凌晨醒来，突然精神抖擞，说是饿醒的，还说胃里好像没有什么力道，想吃点东西，他便想到了苏州汤圆。费婶上午在街上转了半天，才在西门口一家店里买到了那种你父亲喜欢的黑芝麻花生仁汤圆。

大婉说，父亲想吃是好事，但应该先让他喝点汤，润滑一下喉咙，那样就不会卡住，刚才真的吓死我了，好在卡得不深。

董方均老爷子双手捂住喉咙发了一阵愣，突然松开手号啕大哭起来：老天爷啊，善恶之报，如影相随，天网恢恢，疏而不漏啊！小日本，你也有今天！你要灭要亡，还想拉上我？呸！我还要好好地活着，还要看到家园重建，家国兴旺；还要看到我生意兴隆，儿孙满堂；还要跟我兄弟蔡豪生举杯痛饮，一醉方休。董方均高声诉说着压抑在心里多年的愤怒和悲伤，弄得眼泪鼻涕满面。

费婶端来热水，拧了一把毛巾递过来。老太太替老头子洗脸，擦鼻涕，一边擦一边流着眼泪。老太太说，老头子啊，这些年你是受了委屈，朝思暮想盼日本鬼子垮台，经常是夜不成眠啊。现在好了，你不要哭，你应该笑啊。董方均说，笑不足以表达我的心情，哭自然也不能表达，我们现在是哭笑不得、大哭当笑啊。说着，老两口笑得眼泪直流，费婶也跟着又笑又哭。大婉和二婉受父母的感染，喜极而泣。

玛丽从慈恩堂赶回家，抱着乌斯，同样是又哭又笑，还在乌斯的脸上不停地狂吻，说这下好了，乌斯啊，你父亲快要回来了，我们可以去找你父亲了。乌斯说，南茜嬷嬷不是说过吗，我的父亲就是耶稣基督,他在教堂里,不用找。玛丽说,是是是,在教堂里你的父亲是耶稣基督,在家里你的父亲就是马约伯。乌斯问,我有两个父亲吗?玛丽说,是啊,一个天上的父亲,一个地上的父亲。天上的父亲永远在那里,地上的父亲喜欢到处乱跑,所以才要找,知道吧?

听着母子二人的对话,大婉觉得又好玩又伤感。大婉问玛丽,见到耘米没有?耘米最近一段时间一直在慈恩医院帮忙,主要是想时刻在保罗医生身边。玛丽回答大婉姨妈说,见到了,耘米和保罗,还有南茜,他们都上街去庆贺了。玛丽说自己本来也想跟保罗和南茜一起上街去,南茜也邀自己跟她一起上街去,只是想让乌斯尽早知道好消息,就赶回家来了。

实际情况并不像玛丽所言,而是耘米不喜欢玛丽跟着他们。眼看着耘米挽着保罗的手离开,玛丽有难言之隐。玛丽记得,自己跟保罗医生在慈恩医院相识的时候,保罗医生还不知道这世界上有个叫李耘米的人。碰巧那是圣诞节前后,玛丽就觉得,这个保罗,像上帝送给自己的一件礼物,意外之喜安抚着玛丽受伤而孤独的心。面对这件"礼物"玛丽不知所措,不知道怎么处置它。正在纠结,这件"礼物"很快就落到了耘米手中。论身心伤害和命运不公,表妹耘米都要甚于玛丽,何况她还是刚刚从因爱成恨的灾难中摆脱出来的人,玛丽自然不忍心从中制造障碍。问题的关键还在于,保罗对玛丽无感。多种因素使得玛丽迅速抽身而出,跟保罗保持着一般同事的界限。但是,上班天天在一起,眼对眼,肩并肩,时间一长,难免有些异样的感觉。保罗还是那样,只要玛丽不拒绝他,他就会喋喋不休地说话,偶尔的身体接触保罗也不忌讳,下班的时候,甚至也不在意跟玛丽行贴面礼,随意而亲切。玛丽的感受却不一样,她害怕闻到保罗身上的男人气息,令她迷醉。所以,每当保罗跟玛丽行贴面礼的时候,玛丽先是迅速闭眼深呼吸,紧接着又屏住呼吸,看上去的确有些怪异。

耘米直觉到,保罗跟玛丽的关系不正常,至少是玛丽一厢情愿地不正常。耘米便开始找各种借口,在他们俩之间设置障碍。耘米突然决定到慈恩医院帮忙,跟保罗形影不离,就是在提防玛丽。有一次,保罗跟玛丽行贴面礼,耘米发现玛丽的表情古怪而又暧昧,令她醋意大发。为此她跟保罗赌气,保罗问她为什么生气,耘米解释得不合情理,保罗认为耘米把贴面礼理解歪了。两人争执半天,彼此都觉得对方不可理喻。耘米心里暗下决心,要尽量减少玛丽跟保罗的接触,特别是单独接触。当南茜邀请玛丽一起上街的时候,耘米用一种令人胆寒的眼神阻止了玛丽。

庆祝胜利的队伍在滨江路上缓缓移动,附近的大街小巷也挤满了人。停靠在轮船码头的轮船,还有滨江西中路火车站的蒸汽机车,同时拉响了汽笛:呜——,像整个江东城在发出悠长的呼喊,声音响彻云霄。从1938年秋天到1945年秋天,大江边上古老而繁华的江东城,十几万市民,在屈辱和苦难中煎熬,整整七年,多少人流血牺牲!多少人妻离子散!多少人流离失所!多少人抑郁成疾!

耘米、保罗和南茜跟着游行队伍在滨江路的海关大厦附近走了一圈,然后在德茂公寓旁拐弯向南上了中山路,朝着南湖边走去。人们绕着环湖路转圈,欢呼、欢笑、哭泣。人们接近疯狂的边缘。还有情不自禁的年轻人，直接跳到南湖水中去了。有市民自发地出来维护秩序，希望庆祝行为更理性。一位学生模样的人，站到了街边的桌子上，拿着铁皮喇叭高声喊叫，要让日本鬼子偿还血债，还有那些伪政权的汉奸，那些以各种方式跟日本人合作过的败类，都难逃正义的裁决！耘米突然发现，横水街阿五的两个手下正在人群中探头探脑，东张西望。他们听到喇叭里在喊叫要惩罚汉奸，吓得转眼消失无踪。

　　阿五手下在人群中出现，让耘米想起这几年的遭遇，想起跟自己的遭遇相关的人，她的心往下一沉，脸上的光芒被掠过的乌云所遮盖。汉奸熊纪舒和黑鹰队的刘莽都提前受到惩罚，否则自然难逃法网！黑鹰队和江猪队的人，还有那些以各种方式跟日本人和伪政权合作过的人，无疑也要遭到清算。阿五跟黑鹰队的关系暧昧，阿五酒馆一度成为黑鹰队的老巢。骆容生这类江湖混子，谁当权都无所谓，他们面容暧昧、行径模糊，而且会迅速跟新当权者达成默契，为新当权者提供服务。熊渚杰这个倒霉蛋，却因祸得福逃脱了惩罚，在他那里，善和恶、美和丑、真和假，全都被遗忘，命运惩罚他的同时，也给了他回报。老天爷饶过谁啊！南茜见耘米停在那里发愣，轻轻地推了她一下，拉着她的手，随人流缓缓朝前移动，走到南湖西路智华寺门前的樟树广场才折回。

　　李泳济和孙凯常从南湖边的董氏商行赶回家，说日本鬼子和伪政府的人都躲得不见了踪影。生意当然也没办法做了，街上到处都是人，挤得水泄不通，没有人买东西，只有人毁东西，大家都在放鞭炮、敲脸盆、烧膏药旗，还有从楼上往大街上砸暖水瓶和铁锅的。还有一群学生模样的人,冲进了董氏商行,把一捆捆棉花抱到街上,往湖里扔,往天上抛,白棉花在水面上漂流,在天空中飞舞,引起众人的惊呼。泳济和凯常见状,只好关门大吉。江东人就这样哭着喊着,闹了好几天都不能消停。

董方均突然从床上爬起来,好像什么病都没有一样。他一边搓着手在客厅里踱步,一边思考着下一步的行动计划。他吩咐大婉和泳济,还有二婉和凯常,赶紧设法跟失散的亲人联络上:天各一方的两个儿子,南京的大雍一家,苏北的少雍一家;上饶铅山那边的外孙和外孙女们;老友蔡豪生和蔡家兄弟。董方均还特别强调,要及时跟镇江老家董村的族人乡亲联络上,了解他们的情况,平时的确没有什么来往,但你在人家心里啊!逢灾遇难的时候,他们总是及时出现,不是吗?当年急着逃离南京却找不到船只的时候,董正元那几个董家开船跑运输的堂侄就出现了,把我们全家送到江东之后,又悄无声息地离开,这都是血浓于水的乡情族情啊!

老太太见董方均走路那么快,说话也那么快,就劝他慢一点,不要着急,事情要一件一件地做,性急吃不了热汤圆。老太太话音刚落,董方均一惊,条件反射地伸手捂住喉咙,还打了个嗝,把老太太吓一跳,连忙打住。董方均说,慢?为什么要慢?要快,必须要快!我耽搁了八年,八年啊!人生有几个八年?这八年,我的生命就像点不着的潮湿谷糠,只见冒烟,不见燃烧,生命就这样耗掉了啊!

李泳济和孙凯常知道父亲着急,赶忙又是写信寄信,又是电话电报，按照老头子的吩咐，不管对方能不能收到，先发出去再说。南京董大雍那边的伟南、苏北董少雍那边的耘禾，还有铅山的耘谷、晴媛、云柯，很快就回了信，说只等合适的时机，听爷爷奶奶的吩咐，期待江东再聚首。

2

蔡豪生突然降临江东，事先也没有打招呼，让董方均措手不及。蔡豪生的大儿子，江东警备区的蔡鲲，安排两辆小车，将父亲和柳红棉以及小妹蔡鲸蔡鳐蔡鲼、小弟蔡鲑，还有柳红棉的贴身随从夏咏絮，送到德茂公寓做客，说做客并不准确，是德茂公寓真正的主人回来了。蔡豪生是趁着升迁的空当，临时决定抽空到老家尚蔡村祭祖。柳红棉还没在尚蔡村露过脸，小儿子蔡鲑还没上族谱，宗族祠堂和蔡家公墓的祭祀仪式上都不曾留下过他们母子的身影，这成了蔡豪生的一个牵挂。他领着柳红棉和几个儿女路过江东，顺便到德茂公寓拜访老同学董方均。说起来是老朋友，其实也多年未见，只在电话里聊过。岁月沧桑不忍顾，回首已是白头人。两个老泪纵横的人，紧紧地拥抱在一起。

几位十几岁的少年男女跟在老父亲蔡豪生身后，紧挨着蔡豪生右边的，是年轻的柳红棉。柳红棉身后跟着管家夏咏絮。红棉身穿浅色旗袍，手拿一只羊皮小坤包。红棉记得蔡豪生的教导，尽量遵守公开场合行为规范：碎步缓行，目光平视，脸带微笑，少说为佳。柳红棉一晃也要奔四十了，在陪都重庆的大码头和官场边缘混了这些年,人也显得大气老练了不少。只是老蔡的那些破规矩很难做到,脸带微笑少说话没问题,至于脑袋不要乱转眼睛不要乱瞟这一条,坚持一阵还行,时间长了就很拘谨。作为自己资产的德茂公寓,还有老蔡整天挂在嘴上的董方均一家,红棉全都是第一次见到,还不能想怎么看就怎么看,而是要装作处变不惊、声色不动的样子。想到这些,柳红棉就感到别扭,她坚持了一阵,结果还是忍不住。

朱彦娇有些尴尬,不像上次在尚蔡村见到老姐姐姜秀珍那么自然,眼前这个跟自己同辈分的少夫人,年龄却差了辈儿,看上去比自己的女儿大婉还要小好些,老太太只知道微笑着,一时不知如何应对。董大婉知道,这位跟自己是同龄人的女子,是蔡老伯宠爱的少妻柳红棉,她连忙走过去,拉着柳红棉的手说,夫人一路辛苦了,这些年,多亏了夫人和老爷的关照,让我们董家有了个避风挡雨的地方。我们心里总在惦记着,什么时候能回报夫人和老爷,什么时候能将德茂公寓完璧奉还!想着想着,战争就结束了,我们大家又相聚了。

红棉被大婉弄得有点窘迫,面对这位年龄好像还要大几岁、辈分却是儿女辈的大姐,不知道怎么称呼。红棉勉强应酬道,你客气了,你们住着舒适就好。蔡豪生知道,红棉尽管曾经也是场面上的人,其实她最害怕的就是应酬,便连忙过来解围。蔡豪生说,董大姑客气,说话有些见外,说什么回报!多谢你们这些年替我守着德茂公寓。蔡豪生又转过脸对董方均说,只要兄弟你高兴,你想住到什么时候都行。

董方均招呼蔡豪生入座。大婉安排炎九到望江坊酒楼跑一趟,预订一个两张大圆桌的大包间。这边又吩咐费婶,赶紧张罗待客。茶是上等的庐山云雾,茶点有白如玉薄如纸的江东云片糕,香浓扑鼻入口即化的广济酥糖,还有瓜子、蚕豆、花生。大婉和二婉在二楼客厅伺候着蔡豪生夫妇,董方均夫妇领着两位女婿作陪。费婶和夏咏絮在三楼小客厅,伺候着双胞胎姐妹蔡鲸蔡鳐、小妹蔡鲯和小弟蔡鲑,耘米和玛丽作陪。突然来了这么多客人,乌斯兴奋得在地板上打滚,又盯着三位小姐姐挨个儿打量,选中了长得最漂亮的蔡鲯,直接朝蔡鲯身上扑过去。从小在重庆长大的蔡家姐弟,跟从小在南京长大的董家孩子一见如故,他们都说国语,一边带西南口音,一边带下江口音。

董方均接着蔡豪生的话头说,豪生兄客气,我也想在德茂公寓常住下去呢,哪里舍得交还啊!德茂公寓舒适奢华令人嫉妒,唯一遗憾的就是豪生兄不住在这里。倘若豪生兄也住到德茂公寓,我们兄弟二人每天在一起,下下棋,喝点酒,不亦乐乎!

蔡豪生捋着胡须说,是啊是啊,年岁不饶人啊,我早就萌生退休念头,可是听上峰的意思,好像还要让我干几年,说新委任状不久就要下来。我说,饶了我吧,我这把老骨头,还想多活几年啊。人家上峰哪里会怜惜我!在重庆赈济委员会这些年,事关抗战全局,责任重大,哪里敢有丝毫懈怠?现在胜利了,也不让我放松一下?老骨头里还有多少油可榨?我心里想的是解甲归田,告老还乡,回到老家尚蔡村去,放牛南山之阳,归马大湖之滨,可作逍遥游啊!方均兄,你的生意可以放在江东,德茂公寓就是你的大本营,但你不必自己亲自打理它,也要歇一歇,把生意交给儿女们去打理,方均兄可以带着嫂夫人跟我一起到尚蔡村去,过逍遥自在日子,岂不快哉!

董方均说,好啊好啊,能跟豪生兄一起归隐田园,垂钓野溪,夫复何求!尚蔡村背山面湖,如诗如画,民风淳朴,鱼米之乡,的确是好去处!董方均嘴上客气得体地随着蔡豪生的话说,心里却另有打算。

经历大劫之后,那些平日里被人追逐的功名利禄、富贵奢华、欲念贪心、城市街景,都变得微不足道,人们想的是安宁平静,像生长在树林山坡的植物,溪旁湖滨的小草。蔡豪生想到的是魂归故里尚蔡村,董方均想到的是镇江丹徒的董村,李泳济想到的是苏州乡下胥江口的老家,孙凯常想到的是南京城老门东闹市的生意经。

蔡豪生和董方均老哥儿俩一来一往,一唱一和,聊得开心。旁边的晚辈都不停地点头称是。红棉不动声色地听着,她想,老蔡一口一个要归隐田园,也就是要归隐他的老家尚蔡村,这并没有经过我的同意。让我也去尚蔡村?为什么不事先跟我商量?我在尚蔡村算什么?蔡豪生的妾?受姜秀珍管制的小老婆?这些年跟蔡豪生在外面,自己当家做主惯了,不希望有人碍手碍脚。其实她对蔡豪生归隐田园的说法,也不怎么相信。只有红棉才知道,蔡豪生是人老心不老,时时刻刻都想显示他还没有老,他还能建功立业。明明是他自己主动向上面提议暂不退休,硬说是上峰不让他退休。男人之间说起鬼话来谁也听不懂。红棉早就打算好了,此行要给足老蔡面子，即使不满意也不表现出来，找老东西算账的机会多的是，晚上就可以。此刻由他胡说吧。

蔡鲑从三楼跑下来，往父亲身上扑过来，脸差一点碰到蔡豪生手上的雪茄，吓得蔡豪生忙不迭躲闪。蔡鲑伸手到蔡豪生的怀里猛地一掏，拿出了父亲的钱包。蔡豪生说干什么？强盗来了？住手！蔡豪生只是嘴上喊着，脸上笑着，手上什么也没做，其实他根本就不打算阻止这个霸王儿子。蔡鲑说，他作为爷爷，没有给小孙子乌斯见面礼，觉得没有面子，只好用现金来抵礼物。蔡豪生笑着说，这个理由充足合理，但也不要抢劫嘛。

柳红棉愣了一下，13岁的蔡鲑，是小乌斯的爷爷？这么夸张？董方均看着蔡豪生的小儿子，比自己的孙子还要小，便哈哈大笑起来，说，好小子，够霸够蛮，有乃父之风。

蔡鲑从父亲钱包里抽出几张钞票，把钱包往父亲身上一扔。柳红棉端坐在那里，看着蔡鲑，内心感到踏实，这是她除自己的身体之外的又一本钱，也是镇住蔡家的法宝。这时候，夏咏絮连忙追了过来，拉着蔡鲑的手回三楼去了。看着咏絮的背影，红棉感慨万分。这些年，夏咏絮一直跟随自己左右，恪尽职守，这次本来应该给她放个长假，让咏絮回老家盐城滨海去探亲，顺便查看一下老家那几间房屋是不是还在。咏絮却说，红棉拖家带口出远门她不放心，一定要陪着一起回江东。她们公开场合是主仆，私下里还是姐妹相称。姐妹俩经常在一起闲聊，说的是苏北家乡话，回忆童年时代的海边生活，姐妹情加上故乡情，两人还约定回故乡海边安度晚年。

正说着笑着,望江坊酒楼经理秦启泰登门拜访蔡豪生蔡长官,说,酒席已备好,就等蔡长官和董老先生赏光,启泰过来,一是代表酒店,专门来回董老先生的话;二是奉褚金盛褚老板之命,专门前来迎蔡、董二老过望江坊去喝杯水酒。秦启泰说,褚老板早有吩咐,凡是蔡长官的亲朋好友到光顾望江坊,吃喝用度一律记在他褚金盛账上。遗憾的是,褚老板不能亲临现场敬蔡长官和董老先生的酒,待会儿就让我来代褚老板向二老敬酒吧。

听到褚金盛的名字,尽管时隔多年,红棉内心依然复杂万分。那个春香阁酒楼的老板,那个掌握着酒楼姐妹们生杀大权的恶魔,一夜之间好像变成了奴仆似的,在自己的丈夫蔡豪生面前点头哈腰,让人猝不及防。柳红棉真的很佩服这种男人,能屈能伸,能主能奴,能人能狗,所以才能在这凶险的人世间混得风生水起。

蔡豪生哈哈大笑起来,说这个褚金盛啊,真不愧是个大滑头,聪明伶俐能干。当初他怕麻烦,怕吃苦,不听我的劝告,执意赖在南都不肯离开。我真是替他担心,覆巢之下焉有完卵?铁蹄之下岂能全尸?我预计,他将要遭遇凶险,将要在附逆失足与杀身成仁之间做出生死抉择。没想到他竟然全身而退,真的像他自己所说,他用生意作掩护,跟日本人应酬纠缠,终于没有卷入南都伪政府的是非旋涡中去,也算是万幸,值得庆贺,值得庆贺啊!也好,今天就算是褚金盛面子大,我们大家一起去,喝一杯褚金盛的庆功酒。说着,蔡豪生和董方均两家,簇拥着董、蔡二位长者,沿着滨江路朝望江坊酒楼而去。

3

针对战后董家公司生意的发展和布局，几年前有过一次家庭会议，制定了谋求开拓发展的总体思路：一边守住南京和镇江的老客户，一边开拓上海和苏州的新市场。当时董方均就赞同了长女董大婉的建议：董方均坐镇苏州董氏商贸总部，南京第一分部交给儿子董大雍和董少雍，上海第二分部交给董大婉和李泳济，还有董二婉和孙凯常。想起大婉的这个方案，董方均总是很激动，踌躇满志，大干一番的念头骤起。

那天跟蔡豪生相见，又到望江坊喝酒聊天吐衷肠，你敬我一杯，我敬你一盏，不顾家人劝阻，扬言一醉方休。老哥俩不断提及归隐田园和逍遥自在的生活，大有心向往之的感觉。尽管有几分场面应酬的意思，但也不能说完全不走心，或者说自己内心隐秘的愿望被友情和烧酒唤醒。这些日子里，董方均突然对经商拼搏的生活生出一种厌倦之感。他想把家业尽快交给儿女，趁着自己还能动，扶上马，送一程，再撒手。董方均想尽快离开江东，回江苏老家去，把董氏公司新布局落到实处。

董方均尽管不愿意表露内心深处的矛盾和隐忧，但每当遇到困惑、困难、困苦，他总是喜欢跟大婉聊。大婉说，爹啊，你可不要有退隐之心啊，家里多少事情要依仗你！我和二婉，还有泳济和凯常，只能听你的命令，跑跑腿儿，大事还得靠你掌舵。还有，你也不要说什么回丹徒的话，你还是去苏州，离上海近，我们来回跑，也快也方便。丹徒和南京的事,老顾客旧市场风险不大,交给大雍和少雍他们去处理,你大方向上把握一下就可以。

董方均说,这样也好,苏州是你的婆家,又是上海的后花园。住在苏州这个亦城亦乡的地方,也许是不错的选择,那就赶紧安排吧。大婉说,爹爹不用操心,泳济已经跟苏州和上海那边联系了,正在托人看房子。苏州的房子打算购买,上海那边租就行了。只等那边弄好,我们全家立即启程。

董方均抬头四顾,看着德茂公寓,想起在这里居住的七年时光。客居江东的日子即将结束,居住了多年的德茂公寓将要成为回忆。难道就这样拍拍屁股走人不成?那也太无情无义了吧?董方均决定,举行一次向德茂公寓告别的仪式。董方均让李泳济和孙凯常尽快联络散落在外的家人,都到江东相聚。

几天后,李泳济来回父亲话,说所有人都通知到了,能来的都会来。已经预订好了一条火油船,跟当年逃难时的木帆船相比,机器船又宽敞又快捷,而且是顺流而下,顺风顺水,请父母放心。董方均心里踏实了,天天在家静候儿女子孙的到来。

第一个赶到江东的是长子董大雍和长媳秦思玫,还有长孙董伟南和他的妻子。董大雍说,一是想念父母弟妹,一是来接父母还乡。董大雍说,这些日子他也在忙着收拾南京的店铺,同时恢复了镇江的店铺,父亲想住在南京还是镇江或者丹徒董村,都可以。大雍说,父亲年纪大了,不必再多操劳,陪着母亲安度晚年就行。大雍的确说出了父母的心思,但给人感觉好像是要篡位似的。董方均听着不顺耳,但也无奈,大雍为人憨厚踏实,南京这边只能靠他,少雍是靠不住的。但大雍脑子一根筋，不懂得揣摩别人的心思，细微体贴上远不如大婉。所以，跟着大婉定居苏州才是唯一正确的选择。

接着赶到家的是耘谷和晴媛。耘谷的博雅高级护士学校确定开学地点在苏州，晴媛的国立中央护士学校确定开学地点在南京，时间都是下一年的秋季学期。战时中学通知同学们，愿意回家的就回家，不愿意或者无法回家的也可以暂时留下，等候就业或者升学的机会。孙云柯跟随军官学校第三分校大转移，整个二十期的学员都去了成都。孙云柯让钱小果跟晴媛和耘谷暂时回江东，在家等他的消息，至少要等他军校毕业。

家里人通知耘谷和晴媛返回江东的时候，第三战区司令部也搬迁在即，但各部门具体的去向暂不明朗。二哥蔡鲛已经到江浙那边考察打前站去了。耘谷和晴媛那时候正在犹豫，是留在战时中学还是回江东？留下来的主要理由，自然与蔡家兄弟有关。最后还是耘谷拿了主意，决定先回江东。耘谷和晴媛乘坐蔡鳇和蔡鲤的车，到重伤医院去跟邓于玲大姐和蔡翰民告别。邓大姐说，重伤医院也接到准备搬迁的通知，伤员能出院的都出院了，像小袁那类重伤的不多。蔡翰民前两天就回部队了，他担心部队转移后找不到。邓于玲笑道：我觉得蔡翰民在失眠症之外同时患有严重的多虑症，我问他要不要通知耘谷见个面，他让我在他走后再通知。耘谷沉默了一阵说，由他去吧，有些事情一时也难定局，让时间来裁决，我主要是来跟邓大姐告别的，谢谢邓大姐的关心。邓于玲说，你可不要玩失踪啊！不过事有凑巧，正好我请了假要回一趟南都,我们一路也有个伴儿。两天后,蔡鲠和蔡鳇开车,将邓于玲和耘谷、晴嫒、钱小果送到了火车站。火车到达南都之后,邓于玲把耘谷、晴嫒和钱小果送上去江东的火车。邓于玲把自己老家南都的地址留给耘谷,让她安顿下来之后就写信告知。

最后到达江东的,是董少雍,他领着女儿晴帆和儿子伟民。苏北到江东路途遥远,车船劳顿,父子三人风尘仆仆,逃难一般。朱彦娇将小孙儿董伟民一把抱住,哭诉着爱怜、思念和担忧。劫后余生,骨肉相聚,一家人哭成一团。朱彦娇抹着眼泪说,能见到我儿我孙,我死也闭得上眼啊!董少雍告诉母亲,他前一阵奉命前往淮阴,参与筹建华中建设大学,晴帆和伟民跟着他,伟民还在读中学,晴帆考取了华中建设大学师范学院,下一年秋季开学,正好有空当赶回来看望爷爷奶奶,据说苏北所有的学校和医院全部都要迁往山东临沂,所以假期不会太长,要立即赶回去待命。

董方均说,学校、医院和政府机关都忙着往南京那些大城市搬迁,你们怎么要往山里面搬迁?少雍笑而不语。董方均连连摇头,表示不理解。

李泳济过来回父亲话,说已经向洋行的哈博森协商好了,借他们六楼大会议室一用,还在望江坊请了两位厨师和两位跑堂。家宴和庆祝会都在六楼举行,就等父亲来敲定日子。董方均笑道:不用我来敲定,我看这一阵都是好日子,你们随便挑。大婉说,父亲说的是,你就不必操心,我们来定吧。

董大婉到大门口找钱德玄。钱德玄说现在只做买卖,不再算命看相打卦测字。董大婉掏出两块光洋递过去,说就是因为你多年停手,我才来找你呢,如果你天天测算,手也算臭了,嘴也说滑了,我还不找你哪。钱半仙连忙说:问么事?董大婉说:吉日良辰。钱半仙脱口而出:腊月十六。董大婉问道:为何不是十五?钱半仙说:十五月儿十六圆。董大婉嘀咕:只有两天时间准备,有点紧。

庆贺团聚和告别德茂公寓的家宴,就定在腊月十六傍晚。董家老少四世同堂,还有三位客人:蔡豪生的长子蔡鲲、保罗医生、钱小果,24个人刚好3桌。坐在耘谷和玛丽中间的乌斯突然哭起来。乌斯一向喜欢长胡子的男人,见到络腮胡子的保罗医生,就黏上他了。耘米走过来把保罗医生拉到自己那一桌,乌斯就开始哭闹,要保罗医生坐到他和母亲玛丽中间来。耘米坚决不同意,右手在桌下抓住保罗的衣襟不放。孩子的哭闹声让保罗医生特别尴尬。这边玛丽眼看着要发作,大婉赶紧将耘谷和钱小果调到了第二桌,让耘米和保罗坐到了第三桌,乌斯坐在保罗与玛丽中间。

两位跑堂将酒菜上齐。董方均想找一个人来替他祝酒,董家男丁的样子在他脑子里迅速过了一遍:大雍笨嘴笨舌不会说,少雍神情沉郁不喜兴,孙辈的伟南和伟民撑不住,女婿毕竟不姓董。他只好自己站起来祝酒,一是告别生活了七年的江东,要郑重地将德茂公寓交还给蔡鲲。二是预祝董家东迁之后生意兴隆、万事顺意。蔡鲲代表父亲蔡豪生,尽力挽留董世伯,劝他在德茂公寓多住些时日。

说话间,一位二十多岁的女郎出现在眼前,只见她双目清澈有光,双颊略施淡妆,身着紫红金丝绒旗袍,步履轻盈地走进包间。她身后跟着的随从,将一架板鼓和一把木椅摆在酒桌前空处正中。

泳济对父亲说,原本是想请人来唱苏州评弹的,无奈跑遍了江东也没有找到唱师,在蔡兄的建议下,换成江东鼓词。蔡鲲说,苏州评弹的确好听,董世伯一定是喜爱又熟悉,今天换个口味,请董世伯听听我们本地的江东鼓词。董方均捋着胡须点头称是。只见那女郎面带微笑,弯腰鞠躬行大礼,然后在木椅上坐下来,正对着董方均,稍微侧过一点身子,竖起腰板,纤细的左腿交叉在右腿前,左手一抬紫檀快板咔嚓响,右手一伸板鼓嘀嗒开了腔——

【吟唱】:叫一声大官人你听我唱,
　　　　未曾开口我笑先扬,
　　　　笑样儿底下是千滴泪,
　　　　无眠夜长歌当哭诉衷肠。
【念白】:唱么事?说么话?
　　　　听我来把抗战的事情唱一下。

【吟唱】:秋月浸江,香街如画,
　　　　　笙歌酒台树边花,
　　　　　谁甘端坐,自家楼台庭院?
　　　　江东城西南湖边,火树银花天不夜!
　　　　　胜利歌吟,将烧酒大碗醉饮下。
　　　　江东城东荒郊外,冤魂无数齐惊吓,
　　　　　翘首望天,捉拿东洋鬼子魂魄。
【念白】:生人跟鬼魂,握手双言和,

人道是什么好事登了岸,什么好运身边游!

　　董方均一听,江东土话自带古韵,拙朴端厚,铿锵有力,别有韵味,加上女郎腔调,强劲中缠夹着千种柔情。董方均转身对蔡鲲说,头一次听江东鼓词,真的好!腔调好,节奏好,意思也好,跟缠绕悲怆的苏州评弹有一比。

【吟唱】:瀛洲蓬莱,缥缈仙山辰楼;
　　　　家邦近邻,东洋小岛倭寇。
　　　　本以为,远亲近邻是一家,
　　　　哪承想,鸠占鹊巢野心狼。
　　　　转眼间,东北东南天地陷,
　　　　　　国土江河泪悠悠;
　　　　噩耗传,娘唤亲儿妻喊夫,
　　　　　　黑首白骨鲜血流。
　　　　激怒着,那隔墙小儿双剑眉;
　　　　惊动了,这邻家女子柔荑手。
【念白】:东洋鬼啊,曾记否,遣唐大使文化心中藏,
　　　　　　现如今,脱亚入欧武士亮刀枪。

【吟唱】:中华儿女人人胸中兵百万;
　　　　炎黄子孙个个肉身是长城。
　　　　舍弃那老债新账齐向敌,青山处处埋忠骨,

抛却了新仇旧怨共斩寇,画戟旌旗临风扬。
怎堪那夫妻离别,枕上情人分四散,
换取这报国勋业,刀头功臣纸一张。
泪成河,汗成血,血汗煎熬成军粮,
娘喊儿,儿想娘,夫君坟头野花黄!

【念白】:千万子弟兵,亿万舍命人,
东洋鬼子命不长!

…………

头一段唱完是中场休息。女郎起身鞠躬。董方均连忙吩咐送茶,自己转身掩面拭泪。朱彦娇掏出手绢帮老头子擦眼泪,自言自语说,以前不这样,人老心慈啊!

第十四章

1

董方均按照原计划,要把镇江和丹徒老家的生意交给长子大雍和次子少雍,自己带着长女大婉和次女二婉去苏州。董方均同时还果敢地做出决定,将南京的产业和江东的小楼卖掉,把资金全部转移到苏州和上海去开拓市场。经历了这次国家劫难和家庭伤痛,在董方均的心目中,南京已经不再是首选之地。其实,南京的旧家底是有基础的,加上有镇江的工厂和丹徒田产作为依托。如果少雍在南京帮大雍,那还可能有所作为,具体的事务有大雍,少雍可以做甩手掌柜。但大雍不善交际,外界人脉的维系还得靠少雍,无奈少雍心不在此,单靠大雍一人,南京的市场难以为继,那就只好放弃,守住镇江和丹徒老巢就行。

董大雍和秦思玫夫妇原本是到江东来接父母回老家安度晚年的,没想到父亲依然壮志凌云,还有到苏州和上海大干一番的雄心,自己就只好听父亲的安排,回老家去经营工厂和料理田产,守着老家董村的祖宅。

董少雍说，老家那边的生意和家产全权委托给大哥，请大哥多多费心受累，小弟既不懂生意，也无暇顾及，自己不日将带晴帆和伟民赶回苏北，最新消息是，接下来部队还将北上鲁西南。晴媛到南京去上学，有大伯和大娘照顾，我也就放心了，最放心不下的就是年长的父母，望父母多保重，好在有大婉和二婉陪在身边，少雍我是个不孝之子，既没有帮父亲打理生意，也没有照顾母亲生活，想来惭愧。

在朱彦娇眼里，少雍自小聪明伶俐，深得父母欢心，无奈长大的鸟儿要独自飞，想起来令人心痛。朱彦娇说，儿啊，娘不懂你的大道理，只知道你有文化，有抱负，识大体，你的选择不会错，只是这一别，不知何时能相见，儿女分散四处，娘的心也跟着碎成了八瓣。朱彦娇又说，晴帆和伟民还小，浣梅又走了这么多年，你不要太苦着自己，有合适的机会，还是要找个人，也好帮着你照顾晴帆和伟民的生活。朱彦娇说着，抱住少雍啜泣起来。

大儿媳秦思玟看在眼里，记在心里，仔细想想，好像从来也没有见过母亲拥抱大雍。秦思玟早就觉得母亲偏心，好在大雍跟自己秦家亲近，夫妻也恩爱，就不计较。只是父亲突然决定要将南京的产业全部卖掉，究竟是真的资金周转有困难，还是对大雍和自己的经营能力不放心？秦思玟对此表示不满，在董大雍耳边吹风，主张跟父亲说道说道。

秦思玟的想法被董大雍压住了。大雍说，咱们精力有限，自顾不暇，你秦家的产业咱都管不过来，还要打理老家那边的工厂和田产。老家的家业不是我们的，是咱们董家的，我们不过是代管，替父亲分忧。这就好比，苏州和上海今后的家业也不是大婉和二婉的，也是咱们董家的，她们也是代管。少雍不愿意管事，我们管的事情也不算多，大婉和二婉她们管得才叫多呢，除了开拓市场，还得照顾二老，责任重，难度大，有挑战。你说说，这不是父母在心疼咱们吗？大婉和二婉还没说父母偏心呢。

秦思玫有小心思，但没有心机，被大雍的一番说辞逗得笑起来。在父亲的眼里，大雍是个笨嘴笨舌的人，但在秦思玫眼里，大雍却一点也不笨，甚至是个善于花言巧语哄媳妇儿开心的人。秦思玫又补了几句话，说反正我们俩就是乡下人，南京乡下和镇江乡下的事都归我们，大婉和二婉天生就是城里人，才要到苏州上海去开拓发展。

去苏州和上海发展的计划，最早由大婉提出，泳济自然支持，也得到了父亲的支持。孙凯常有些模棱两可，他想过回南京老家去发展，但被二婉阻止了。二婉鼓励孙凯常到上海去发展，说你才四十多岁，正当人生盛年，又有留洋学经济的经历，不到上海国际大码头去谋发展，整天在老家跟老乡在一起扯咸淡，不觉得荒废了吗？以后董家生意的国际化还要靠你呢，你们孙家兄弟姐妹多，你母亲又偏心眼向着你们家的老大，你就别去掺和了，免得生闲气。我们一家都去上海吧，对咱云樟以后的发展也有好处。

提起云樟，二婉就想起了云柯。二婉对孙凯常说，云柯心够狠的，也不回来看望一下父母，直接就跑到成都去了。好在他还知道把钱小果撵回江东来，否则还不知道要吃多少苦头啊。凯常说，这个钱小果，也是个麻烦，如果把她丢在江东，云柯会怎么想？带她去苏州和上海？她的父母会不会同意？二婉说，你想多了，钱小果跟孙家是什么关系？他们既没结婚也没定亲。她就在这里待着吧，如果她跟云柯有缘，千山万水也隔不断，没有缘，绑在一起也枉然啊。

每每说起钱小果，二婉总是没好气，孙凯常也不便再说什么。但二婉好像话中有话，隐约跟女儿玛丽有些关系。孙云柯和钱小果惹祸，孙玛丽的丈夫马约伯出手相救，他因此避难逃离江东，至今杳无音讯，留下女儿玛丽孤身一人，还带着小外孙乌斯。二婉知道母亲疼惜玛丽和乌斯，玛丽母子俩确定无疑要跟着一起到苏州去，这无须讨论。

但玛丽拒绝跟大家一起去苏州。玛丽说，她要留在慈恩医院继续当护士。老太太不同意，说孤儿寡母的，也没个照应。玛丽坚持自己的选择，全家怎么劝说阻拦都无效。二婉对孙凯常说，玛丽在慈恩医院做得不错，她在这里自在，你们也不必强人所难。

耘谷心有戚戚，有些话不便说破，她知道玛丽姐不肯离开的原因，就是要在这里等待马约伯。自己从蔡翰民那里已经得知，马约伯在躲着玛丽，并不打算跟她再续前缘，只有她还在痴痴地期盼着等待着，想来可悲。更可悲的是自己，明明知道马约伯的想法，也知道蔡翰民在以马约伯为师，在故意逃避躲闪，自己却依然沉浸在其中不能自拔。耘谷试着委婉地劝说玛丽姐，让她跟大家去苏州，言下之意就是不必再等马约伯了。但玛丽姐说，自己决心已下，不打算更改！其实玛丽有自己的想法。

慈恩医院准备搬回城西原来的旧址继续开业,正在招募医生和护士。南茜实际上早就承担了慈恩医院的管理工作。南茜希望保罗和玛丽都不要走,留下来一起合作,恢复慈恩医院当年的声誉。保罗负责医疗部,玛丽负责护理部,自己分管药物和后勤部。想起这些年的患难与共,保罗和玛丽都愿意留下来继续工作。

耘米得知保罗要留在慈恩医院,立刻表示了不同意见,同时试图反对保罗的决定。耘米对保罗说,要么去苏州找工作,要么接受戈德斯巴尔金氏医院新到的邀请函,重返镇江。无论保罗去苏州还是去镇江,自己都会支持并跟随。

保罗医生说,如果自己愿意在"金氏医院"工作,当初就不会选择离开。至于到陌生的城市苏州去找工作,好像暂时还没有合适的理由。唯一的理由,就是李耘米愿意跟随,那么李耘米为什么不可以跟随自己留在江东?想起耘米的脾气,保罗有些烦恼。李耘米的控制欲太强,恨不得把自己变成一只玩偶拎在手上。比较而言,玛丽更随和一些。耘米甚至有些霸道,保罗一直在忍耐。现在,她又来干涉自己工作上的选择,保罗决定不再沉默,直截了当地对耘米说,除非回国,否则就在江东的慈恩医院不走了,跟好朋友南茜和玛丽合作,振兴慈恩医院。保罗希望耘米也留下来,在慈恩医院当个护工也不错。

耘米有些意外,没想到保罗断然拒绝她的建议,而且没有一点余地。想到保罗和玛丽每天在医院里形影不离的场景,有时候他们还会用英语轻声交谈,特别是他们之间常见的贴面礼,耘米火冒三丈。耘米也断然拒绝保罗的方案。耘米对保罗说,要么苏州,要么镇江，你自己想清楚，同意的话就通知我。说完转身离开了慈恩医院。

2

泳济和大婉到苏州和上海去打前站。夫妇俩先到泳济老家苏州胥口，离太湖边不远的前山李村探望父老乡亲。泳济的父母过世早，两个姐姐一个嫁到北边的泰州，一个嫁到浙西的兰溪，这些年一直没有联系，也不知是否安康。父亲在村里留下二十多亩水田旱地，还有一幢前带院子后有竹林的大宅子，依山傍水十几间房屋。老宅和田地一直由族内堂弟李泳江代管。泳济这次回来，请泳江弟负责，将老宅收拾打扫翻新，以备岳父岳母想清闲时到太湖边的村里小住。

苏州城里半边街上一幢两层楼的店铺，也是父亲留下的产业，战时歇业七八年了。泳济和大婉商量着，半边街地段好，风水好，风景也好，一边运河一边街市，店铺装修一下可以重新开业。二楼有两大四小共六间屋子，可以办公和居住。泳济和大婉在村里居住的时候，半边街店铺的装修也在同时进行。泳济夫妇很快就住到了半边街的店铺里。

大婉接连多日在街上转悠，看中了西园弄路口东侧一个叫"枫桥东园"的院子，院内园林精致，大小适中，主楼三层，小花园里还有凉亭，草坪和花圃中的卵石小路，通往后院的木质水井台。大婉一看就爱上了，想占有它，要把它盘下来作为董氏公司的总部。院子是好院子,离半边街不远,往西就是寒山寺和运河,就是开价太高,15根大黄鱼。

院子主人看上去四十几岁,身穿长袍,戴着金丝眼镜,相貌清癯,像个有文化的人,也许是官宦人家。主人轻声说道:这个价不高!大婉惊呼道:还不高啊?都跟上海一个价了!主人说:你要看房子的质量和设施,自带供电供水系统,还有周边的环境,都是一流的,如果不是我们搬迁转移,急着花钱,怎么可能有这个价啊!你们再想想吧,价格不会有变,就等你们下决心。三天之内不回复,就卖给别人。

回到半边街,大婉心神不宁,惦记着枫桥东园。父亲让大婉支配的资金不够支付这笔钱,而且还得留一部分用于上海办公场地的租赁。大婉躺在半边街店铺二楼卧室床上翻来覆去睡不着,说自己不应该睡在这里,而是应该睡在枫桥东园。泳济劝她静下心来好好睡觉,明天再说。大婉说,为什么不可以把半边街的房子卖掉呢?泳济说,那是我们的,卖掉它干什么?送给你爸吗?

大婉突然爬起来,同时把泳济也拉起来,说自己有好办法,就是把15根大黄鱼的房款平分成5等份,每份3根:父母出3份(父母、大雍、少雍各一份),大婉和二婉各一份。枫桥东园的所有权也是5等份,但不强迫,自愿认购。父亲交给我们的10根大黄鱼,留5根到上海去用,我们还得另筹10根。泳济说,这也得跟大家协商一下啊。

大婉说,这事先让我来做主,10根大黄鱼,我们先拿出自己的积蓄5根,再把半边街的房子卖掉,先把枫桥东园盘下来,它就成了我们父子兄妹5人共有的财产了。如果他们同意的话，父亲和两个兄弟就要出4根，二婉3根，如果他们不同意，那么我们就有三分之二的产权，父亲占三分之一。

说到出售半边街的房子，李泳济有些舍不得，说父亲留下来的祖产败在自己手上，于心不忍，还有两个姐姐也不知情。

大婉说，什么叫"败"啊？这是"赚"！听我的，泳济，大家都不会亏，也亏不了你两个姐姐。你没观察卖房子那人，一看就是官宦人家有钱的主，但他愁眉苦脸，印堂发暗，面目无光，毫无疑问正在走背运，否则这么好的院子和房子，怎么就15根大黄鱼啊？

泳济问大婉是不是跟德茂公寓门口那个半仙学了看相。大婉不置可否，沉浸在她的商业谋略之中，而且说干就干。第一件事自然是出售半边街的房产，泳济嘀嘀咕咕磨磨唧唧不肯卖，买房者的胃口被吊了起来，好像非买不可，拉锯战似的拉来扯去折腾了半天，结果还是5根大黄鱼出了手。

大婉搬进来才知道，这个院子原来并不叫枫桥东园，是房东为了出售方便，临时给它取的名字。街坊邻居说很少见到主人，他们长期住在南京，偶尔回来住一阵，男女老少一大家子，气派很足。平日里也只有看家护院的用人。战争爆发以来，他们好像从来都没有来住过，最近突然出现，是来卖房子的。

半个月之后，这座精致的江南小院，就成了"董氏枫桥东园"。大婉夫妇马不停蹄地赶到上海，在肇嘉浜路打浦桥附近租好了写字楼。接着又风尘仆仆赶回江东接父母到苏州。大婉夫妇约定，暂不跟父母多说，要给他们一个惊喜。

董方均一家老少18人告别江东，告别居住了七八年的德茂公寓，告别蔡家的代表蔡鲲，登上租来的火油机器船，自江东顺流东行，经过朱彦娇和朱浣梅的老家芜湖，然后抵达南京这座董氏公司曾经辉煌过的城市。董方均本想下船盘桓几日，会一会老朋友，但睹物伤怀，不忍回首，便直奔老家镇江，回老家丹徒辛丰镇董村去。

董方均战前两三年就离开了故乡，一晃十年过去。如今是满堂儿孙衣锦还乡，董村人奔走相告，像过节一样。董方均又是进宗祠祭祀祖先，又是到公墓拜谒先人，也不忘济贫救困行善，且接二连三地招待登门拜访的董姓族人，还要接受费姓亲朋好友的宴请，加上路途劳顿，偶感风寒，便一病不起。大雍请来丹徒和镇江最好的医生也不济事，正打算到南京去请医生，被董方均制止了。只见父亲举起手来，冲大雍摇一摇，又指着上天方向晃了晃。不久，董方均就躺在老妻朱彦娇的怀里走了。两儿两女，还有除玛丽和云柯姐弟之外的8个孙辈，全都守候在董方均身边，为他送终。

大雍和少雍、泳济和凯常，还有炎九叔，忙着为老太爷料理后事。大婉和二婉，还有费婶，陪在老太太身边不离左右。女眷们长歌当哭呼老爷，盲艺人唱了一出又一出，法事做了三天三夜，整个董村都沉浸在悲伤之中。也有人在议论，说董老先生有福气，不但家大业大儿孙满堂光宗耀祖，关键是能够在最辉煌的时候叶落归根魂归故里。

大家都累得筋疲力尽，老太太吩咐大家歇一歇，不要把生人累倒。大婉趁着大家都在一起,把苏州和上海的置业情况做了通报。母亲、两兄弟、二婉都表示赞同。少雍不关心这些事,因为有纪律约束,领着晴帆和伟民提前赶回了苏北,其他人都在陪着母亲。

转眼三四个月过去了,秋季学期即将来临,晴媛的中央护校和耘谷的博雅护校开学在即。大婉跟母亲商量启程的事情。母亲却说,我不想离开董村,就留下来陪你们的父亲,百年之后跟你们父亲葬在一起,你们都走吧,把炎九和费婶留给我就行了,还有大雍、思玫和伟南陪着我,你们就放心吧。大婉说,母亲长命百岁,不要乱讲,想都不要想什么百年之后的事情,还是跟女儿到苏州去吧,有两个女儿照顾你,炎九叔和费婶自然也会跟着你的。董氏枫桥东园那么漂亮,父亲没有享受到,我们愧疚万分,母亲你去看看,也享受一下,否则女儿怎么住得安心?

经大婉这么一劝,老太太也只好同意,叮嘱炎九叔和费婶陪着她一起到苏州去。跟定董家,自然是炎九叔和费婶的终生选择,因为除了同族人之外,他们在丹徒董村也没有什么至亲,要说至亲,没有比董家更亲的了。费婶还听到另一个消息,说费新保因汉奸罪被关进了南京老虎桥监狱,费家其他人也搬了家,不知去向。

大婉夫妇和二婉夫妇,还有炎九叔和费婶,陪着老太太朱彦娇出发前往苏州,耘谷、耘米、耘禾、云樟几个晚辈随行。头一天,大雍就从镇江米厂调来卡车,将母亲和两位妹妹全家的行装运到辛丰镇东面十里外的运河码头,装上了新租来的汽船。第二天早晨,卡车将母亲等十几人送到运河边,登上汽船,沿京杭大运河南下,经常州,过无锡,抵达苏州,终点就在苏州运河边的寒山寺附近。

老太太无暇顾及运河两岸的好风景,她在思念着老伴董方均,挂记着小儿子董少雍,念叨着玛丽和乌斯,想起自己担惊受怕的一生,不禁老泪纵横。老太太说,老头子临终之前还在念叨和自责,说自己没有照顾好玛丽的母亲,就是自己的亲侄女董心玥,更没有照顾好心玥的女儿玛丽,感到问心有愧。此时此刻,前往苏州的汽船上,只见耘谷耘米姐妹几个,不见玛丽和乌斯的身影,老太太想着就心痛。老太太叮嘱二婉和凯常,还是要设法把玛丽接到苏州来。二婉说,是玛丽自己不肯跟我们同行。凯常让老太太放心,先让玛丽在江东再待些日子,等她在慈恩医院待腻了,再去接她也容易。

耘米听到玛丽的名字就生气。临行前,耘米给玛丽表姐留了一封信,她在信中质问玛丽表姐对保罗医生使了什么勾魂术,以至于保罗不惜跟自己分手,也要留在江东?耘米认为是玛丽毁掉了自己的爱情和幸福。耘米还补充道,那种小招数就能够破坏掉的爱情,不要也罢,玛丽姐你留着吧。玛丽感到委屈,她自己的幸福也风雨飘摇,爱情也虚无缥缈,又怎么毁了耘米表妹的幸福和爱情呢?

玛丽觉得自己问心无愧,她从来都没有使用过什么招数,而且自己认识保罗医生也比耘米要早,那时候耘米还在跟熊渚杰纠缠在一起。玛丽跟保罗的关系看似亲密,实际上充满了不确定性。保罗对情感和男女关系的理解跟我们差别很大。玛丽之所以坚持要留在江东慈恩医院,其实只是为了一份梦想和希望。

3

董方均临终前给了大雍一道禁令，不要试图到南京去发展业务，让南京的辉煌随着一个时代终结。董大雍谨遵父亲遗愿，把主要精力用于经营镇江的米厂和米店，同时守护着董村的祖宅和田产。董大雍派儿子董伟南送堂妹董晴嫒到中央护校去报到。大雍对晴嫒说，你先去上学，过一阵这边忙完了，大伯和大娘一起到南京看你，带你到南京乡下伟南哥外婆家的田庄去玩。晴嫒嘴上说好的，谢谢大伯大娘，其实她心里想的是蔡鲤。当初分别的时候，给蔡鲤留了江东和镇江老家的地址，在老家近半年，也没收到蔡鲤的来信。晴嫒凭直觉认为蔡家三兄弟都应该在南京，只是对二哥蔡鲛有点拿不准，他总是重任在肩，四处奔波。

事实证明晴嫒的直觉是对的。中央护校有军方背景，每周末都会在军人服务社举行周末聚会，跟青年军官联欢。晴嫒就是在周末聚会上跟蔡鲤相逢的。晴嫒一边夸耀自己的直觉能力，说就知道可能在某处遇见蔡鲤，一边责备蔡鲤不及时跟自己联络，整天在联欢会上鬼混。蔡鲤说，冤枉啊，信早就发出，寄到江东的德茂公寓，我在苦苦地等待你的回音。我知道你开学之后总要来南京的，正准备去中央护校找你呢。还有，我们俩要是不到服务社的联欢会上来"鬼混"，也不会这么快就见面啊！

晴嫒说，你长进了，嘴巴越来越油滑，一点也不像原来那个可爱腼腆的蔡鲤！跟你说正经的吧，在江东我见到了你爹和你那些小弟弟小妹妹，你爹挽留我爷爷在德茂公寓多住些时日，还约定要到尚蔡村去养老。我爷爷突然决定要离开江东。就把德茂公寓的钥匙交给了你大哥，带着全家回了镇江丹徒。我爷爷回到董村就病逝了！我们在董村守了半年孝才离开的。两个姑姑带着耘谷耘米云樟他们去了苏州上海，我父亲带着晴帆和伟民去了苏北，只有我是个孤儿！说着便要哭起来。蔡鲤不知如何是好，又要表示对爷爷的哀悼，又要安抚晴媛。但想到有情人重又聚首，也是一件可贺可喜的事情。晴媛还问起翰民，蔡鲤说，翰民不知所终，二哥三哥都不知道他的下落，总之是在前线吧。

这边的大婉和泳济、二婉和凯常，每周都在上海和苏州之间来回奔波，没有精力顾及枫桥东园家里的琐事，全权委托给炎九叔和费婶，主要是照顾好老太太。业务特别繁忙的时候，大婉他们就不回苏州，让耘谷带着云樟和耘禾到上海住一两晚。耘米执意不愿意跟耘谷同行，除非费婶陪老太太去上海，她才跟着。总之，耘米离不开费婶。

耘米又开始变得跟早些年那样，急躁而喜怒无常，大婉也管不住她。大婉琢磨着，反正有费婶在护着惯着，自己也就懒得操心，只是反复叮嘱耘米，要好好复习考学。耘米哪里看得进书？没事的时候，就拉着费婶陪她逛街购物，吃喝玩乐。苏州寺庙多，她们偶尔也会进去烧香拜佛，又是磕头许愿，又是布施捐款。耘米还口口声声要去削发修行。费婶说，耘米啊，你收收心吧，心乱伤神啊，你哪里受得了修行的清苦生活啊，好好读书考学吧！耘米说，不不不，我一看书心就乱，就失眠，但我每次进寺庙磕头许愿后，心里就特别宁静,也不失眠了,烦恼也少了,是不是佛菩萨收我的心来了啊?费婶说,你不要瞎讲八讲,我不再带你逛寺庙了!

耘米似乎尝到了礼佛的好处,便不再缠着费婶,经常是独自一人出门,流连于各处名胜中的寺庙禅院。枫桥东园东边的西园寺和西边运河旁的寒山寺,自然是她经常出现的地方,还有远一些的灵岩山寺、重元寺、报恩寺,都被耘米跑遍了。

耘米走进潮音庵的那个早晨,庵门才启,晚秋时节银杏果正散发出诱人的臭味儿。耘米踏着黄叶在庵堂前走着,四周寂静空寥没有人迹,院内罗汉松苍老的枝干上,小鸟儿在啼叫雀跃,一会儿跳到地面啄食,一会儿跃上枝丫歌唱。耘米把点燃的一把线香插在正殿前香炉里,往功德箱里投放几张纸币,然后跪下来礼拜许愿,她祈祷菩萨保佑自己,消除那些惹人心烦的杂念,得到内心的宁静澄澈。就在耘米伏地跪拜的时候,耳边传来一阵若有若无的脚步声。抬头一看,后堂走出来一位年轻的尼姑,步履轻盈如风,在耘米跟前飘过,一边双手合十举在胸前,朝耘米微笑施礼。只见她,眉清目秀,神情凝远,从容娴静,仪观清雅,令人过目难忘。直到离开潮音庵,年轻尼姑的容貌和神情依然如影相随。

接连三天,耘米都到潮音庵去烧香拜佛,同时希望能再见到那位年轻尼姑,但都未能如愿。情急之下,耘米拦住一位路过的年长尼姑,说自己想出家。年长尼姑看了耘米一眼,说出家不是儿戏,尘缘未了者切莫妄言,想清楚再说。耘米说自己想清楚了。年长尼姑说,你想清楚了什么?耘米说,污浊尘世处处跟我作对,排斥我,抛弃我,我只好出家,投奔清净世界。年长尼姑说,污浊尘世不在外面,在你心中,你走到哪里它跟到哪里,出家不出家都一样,施主请回吧。耘米又一次受挫,回到家里跟费婶赌气。

费婶劝耘米,说那位年长尼姑说得对,躲得了事,躲不了人,躲得了人,躲不了心,关键是心要静。如果能做到,在家修行也一样,用不着削发为尼。费婶说,自己的外祖母就是带发修行的居士。在家修行,就是要发愿从佛,心中有佛,打坐念佛,把心中的位子空出来留给佛,清心寡欲,花斋和长斋都随意。费婶让耘米心发大愿,先修炼起来,过一阵有了心得体会,再到潮音庵去拜师父,求精进。

耘米每天都在念佛打坐,也不到处乱逛了,心情也慢慢平复下来了。大婉回家,见耘米性情突变,大吃一惊。大婉问费婶怎么回事,以后怎么办。费婶说,耘米潜心向佛是好事,以后倘若有俗缘,就把她嫁出去,没有的话,你就养着她呗。大婉觉得怪异,要是耘谷这么做,她一点也不吃惊,耘米这个性情暴躁的女儿,转眼间变得十分陌生。

耘谷在博雅高级护士学校报名的时候,用的是"李欣慈"这个名字。这是多年前玛丽表姐帮她取的。当时母亲不让用,说等长大了自己能做主的时候再用。耘谷觉得,现在自己可以做主了。耘谷第一时间给邓于玲大姐写了信,寄往南都邓大姐老家。

抗战一结束,邓于玲护士长就申请退伍,应聘到南都私立康盛牙科医院。主治医生兼院长雷康盛,赣县人氏,早年在德国留学,后因不满希特勒法西斯暴行,愤然回国。他随身带来一套德国牙科设备,在南都繁华地段的阳明路开设康盛牙科,因技术高超和收费合理，康盛牙科的生意特别好，即使在日寇占领南都时期，康盛牙科的生意也没有受到什么影响，大概是因为抗战时期，人们的火气更大，牙齿比平时更糟糕。抗战结束后，为了继续对付南都市民日益溃烂的牙齿，康盛牙科开始拓展业务，公开招聘专业人员。牙科医生不难招，合格的护士长却很难找。雷康盛大夫一眼就看中了邓于玲，算他有眼力。邓于玲什么出身？中央护士学校高才生，第三战区重伤医院护士长！

雷康盛后来才发现，能招到邓于玲这样的护士长，真的是天赐良缘，也让"康盛牙科"如虎添翼。雷康盛和邓于玲一拍即合，慢慢地成了好搭档，好帮手，好朋友，两人在一起无话不谈。雷康盛的妻子，德国籍犹太人雷奥妮娜，死在德国鬼子手上。邓于玲的丈夫，国军上尉连长蒋家项，死在日本鬼子手上。两个人吐着苦水，哭着拥抱在一起，再后来就结婚了。雷康盛医生带着女儿雷妮，邓于玲护士长带着儿子蒋君，四个人重新组织了一个小家，彼此抚慰对方破碎不堪的心灵。

收到耘谷的来信，邓于玲激动万分，一边跟雷康盛大夫分享，一边连夜给耘米回信，同时将自己家庭的喜讯告诉耘谷。邓于玲在回信中说，收到耘谷书信的时候，刚好也收到了蔡翰民发自徐州的一封信。邓于玲说，自己已经给蔡翰民回信，并且把耘谷的情况和新地址告诉了蔡翰民，就是不知他的部队是否换防，他能否收到回信。蔡翰民还健康地活在这个世界上，建功立业的志向依旧，思念老友的心思依旧。

耘米读着邓大姐的来信，默默地流泪，为邓于玲大姐感到高兴。得知蔡翰民的音信,耘谷心里也感到宽慰。但耘谷很清楚,万事不可强求,强求必得其反,只能顺其自然。连倔强刚烈的妹妹耘米都在反思,变得安静起来,自己就更应该保持平静,在祈祷中等待奇迹。至于这奇迹究竟是什么样子,她也不知道。

第十五章

1

或许是因为战争的缘故,博雅护校的学制突然缩短了,由三年改为两年半。转眼间李耘谷——也就是李欣慈,就要毕业了,学校安排她到上海一家医院实习三个月。耘谷喜欢跟父母一起乘坐火车出行,可以乘坐时间更短票价更高的沪宁线快车,二等车甚至头等车,宽敞明亮,还可以睡觉读书。独自一人出行的时候,她就很节俭,只坐普通列车的三等车厢,时间更长一些,人多更拥挤些,读书自然是不成的,甚至厕所也无法上。她的经验是,上车前不要喝水,用不着上厕所,坚持两小时就到了。

有一次,李欣慈上车后照例靠窗边站着,拥挤的人群把她挤得紧贴车窗。突然,她觉得身边空了许多,便从小包里拿出书来读,抬头看时,发现一位年轻男子正看着她微笑,伸出手臂撑住她头顶左前方的车厢板,用身子挤出一方空间,为她提供荫庇。年轻男子下巴上留着一小撮胡子,故意显得老成持重的样子,上唇的胡须却毛茸茸的。李欣慈微笑着表示了谢意，收起书跟小胡子聊了几句。下车之后，小胡子还透过车窗玻璃注视着她，目送她离开。此后，两人多次在火车上相遇，小胡子每次都用身体撑开一方空间，让她靠着车窗读书。留小胡子的年轻男子名叫顾星奎，圣约翰大学经济系四年级学生，经常乘坐沪宁线列车往返于上海和老家镇江之间。

李欣慈对顾星奎说，谢谢他旅途中的照顾，自己的实习快要结束，以后往返上海苏州之间的机会就少了。两人互留联系方式。顾星奎说了上海诸多的好处，还鼓励她毕业后到上海找工作。此前，她并不打算到上海那座巨大无比的可怕城市去工作，经顾星奎一鼓动，也有些心动了。其实，大婉和泳济夫妇也希望女儿毕业后到上海工作。费婶和炎九叔夫妇就陪着老太太生活在苏州。平日里大家都在上海上班，周末回苏州枫桥东园老宅，甚至还可以到太湖边的前山李村度假。

顾星奎的小胡子和微笑经常在李欣慈的脑子里晃。后来她坐火车就没再遇见过顾星奎。他的信倒是寄到了博雅护校，他跟她约定，如果到上海找工作，一定请来圣约翰大学做客。

一回到家，在亲人之中，特别是在兄弟姐妹中，李欣慈便又变回了李耘谷。晴媛妹妹的中央护校，学制缩得比博雅护校还要短，三年缩成了两年。她已经毕业，分配在南京大校场机场守备团卫生队工作。这一天，耘谷突然收到晴媛的信，要耘谷立即到南京去一趟，有要事商量，周末中午在下关火车站见面，最好把耘米也带上，大家见个面。耘米一口拒绝了耘谷的邀请，说自己的心刚静下来，不想被俗事打扰。可是等到耘谷临出发的时候，耘米又突然改变了主意。

二哥蔡鲛和三哥蔡鳇开了一辆车，蔡鲤和晴媛开着另一辆车，一起到下关火车站来接耘谷和耘米。汽车沿着江岸往北跑了一段，接着折向东北，沿山麓朝太平山方向疾驰，进了栖霞路的蔡公馆。二哥和三哥陪耘谷和耘米在客厅聊了几句，因有紧急公务在身，只好就此别过。耘谷一进屋就发现了异常，家里很乱，不像久住的地方，倒像刚搬进来还没来得及收拾的样子，大厅角落里放着一些包裹和箱子。

耘米说，喜欢看穿军装的晴媛，妩媚中带着刚强，男人女人都喜欢。晴媛没有心思回应耘米的玩笑，让耘谷和耘米坐下聊。晴媛说，自己跟蔡鲤已经领了结婚证，也没有通知奶奶和父亲还有两个姑姑。原因是蔡鲤他爹，蔡老伯，突然决定离开大陆，临行前匆忙处理了一堆家事，包括让蔡鲤领证。所以还没来得及举行正式婚礼，只是全家人到酒楼吃了个饭。

耘谷问晴媛，蔡老伯知不知道爷爷过世的事？

晴媛点了点头说，得知爷爷病逝的消息，蔡老伯哭了一场，说人生如梦，一切皆空。他好像也一夜之间变老了许多。刚回南京那一阵，嘴上埋怨事务太多，心里其实很开心，觉得自己还能做事，还没有老。这时候他突然觉得，人生大势已去，不必再挣扎。蔡老伯便决定提前行动，实施离开大陆的计划。蔡老伯安排蔡鲤的娘和大哥蔡鲲留在尚蔡村老家看守田产祖宅，他自己带着柳红棉和蔡鲸、蔡鳐、蔡鲯、蔡鲑几个弟弟妹妹，不久前匆匆离开了南京。按照蔡老伯的安排,二哥蔡鲛和三哥蔡鳇也要尽快离开南京,机票都拿到了手,就等择日启程,蔡鲤的任务,是留在南京守着这些房产。

耘谷说,为什么要看守?像爷爷一样,卖掉不就得了?

晴媛说,蔡老伯也想过卖,经家人再三商量,决定还是先留着,没准还会回来,蔡老伯是在给自己留条后路。

耘谷看了看堆在一旁的行李包裹,问晴媛和蔡鲤是不是决定留守南京。

晴媛说,前几天二哥三哥过来通知我们,不要留守南京,立即收拾行装,跟他们一起撤退。二哥写了一张便条,让蔡鲤到指定的地方找人取机票。蔡鲤赶到那里,没想到机票已经被人抢走了,只剩下一张。这就意味着,我和蔡鲤只有一个人能离开南京。我们俩怎么可能分开?蔡鲤就把那张机票送给了战友,我们决定暂时留在南京,哪里也不去。晴媛说着,抱住耘谷哭起来,她担忧的是,不知道接下来到底会发生什么,也不知道兄弟姐妹们还能不能相见,所以约耘谷和耘米来见一面。

耘谷安慰晴媛,说不要那么悲观,一切都会好起来。关键是你跟蔡鲤在一起,这就很幸福啊!奶奶和少雍舅舅、姑姑和姑父还不知道你们俩的喜事呢。等合适的时候,到尚蔡村去,或者到咱们丹徒董村去,补办一个婚礼。你们可以回尚蔡村去陪蔡鲤的妈妈,也可以到苏州或者丹徒去陪奶奶,两个地方都有田产房屋。

听了耘谷的话,晴媛稍稍安静了一些。她对耘谷说,自己上班的地方,大校场机场守备团,新来了一个团长,叫廖有力,他跟蔡翰民曾经是战友,老搭档,按照廖团长的说法,他跟蔡翰民是生死兄弟,他们目睹自己的战友死于日寇枪炮下、倒在战壕边,从那以后蔡翰民就性情大变,由一位温文尔雅的书生军人,变成了一个焦躁不安、性情粗暴、神经兮兮的人,仿佛只有战场和战斗才能安抚他。

耘谷心里一阵狂跳,不知道晴媛接下来会说出什么消息来。

晴媛说,廖团长原本知道蔡翰民的部队在哪里打仗。可是最近,蔡翰民那个部队突然不知去向。再后来,从前线传来消息说,蔡翰民那支部队吃了败仗,全体官兵都投降当了俘虏,下落不明。

耘谷一听,当场瘫倒在沙发上,眼泪止不住哗啦啦地流。

耘谷说打算在这里住两天,想跟晴媛一起到她上班的地方,去会一会那位廖团长。

第二天,蔡鲠开车把晴媛、耘谷和耘米送到大校场机场。正要进机场大门,被哨兵拦住了,只允许晴媛一个人进,其他三个都不得入内。刚好廖有力团长查岗路过,得知是蔡翰民的女友,破例给她们开绿灯放行。

廖有力见到李耘谷,越发觉得那个老战友蔡翰民不可理喻,有这么如花似玉的女子爱着他,等着他,为什么还不好好地打仗呢?赶紧把仗打完,尽早回家抱得美人归啊。蔡翰民整天一副要打大仗打硬仗的样子,却无法真的去打仗,他最擅长的就是沉思默想,就是失眠和梦游。都像蔡翰民那样,仗要打到什么时候才算完啊?漂亮的女人要独守空房苦苦相思到何时啊?

发现耘谷在盯着自己看,廖有力有些不好意思。耘谷说没什么事情,只是随便聊聊,跟翰民相关的任何事情都行。廖有力说,我只能告诉你,蔡翰民曾经生过病,被野战医院一位叫马约伯的医生治好了。马约伯医生突然逃跑之后，蔡翰民旧病复发住进了重伤医院，但也被治好了，出院后就直接上了前线，老上级孟浩九师长让他担任上校团副，后来他和他的部队一起消失了。

这些经历耘谷大致都知道，她最想了解的是翰民对自己的态度，廖有力对此却只字不提，只是说蔡翰民经常自责，觉得自己不够勇敢，婆婆妈妈，意志不坚。蔡翰民看到伤口都害怕，见到血迹都流泪。他希望自己能在战斗一线锻炼得刀枪不入，百炼成钢。

到了回去的日子，耘谷和耘米跟晴媛告别。耘谷让晴媛遇事可以先到董村去找大雍伯伯。晴媛说，自己和蔡鲤也会留意翰民的消息。她们在火车站分别，姐妹相对无语泪沾襟。

2

费婶领着耘米到潮音庵拜师，捎去老太太捐的一大笔香火油钱。回到家，费婶对老太太说，善妙尼师父接受了耘米呢！善妙尼师父问耘米，遇到了什么人吧？前次见到的时候，眼神还混乱散杂，怎么变得如此之快？善妙尼师父说，耘米现在是眼神澄澈宁静，神闲气定，就收她做徒弟了，让她在家安心修行。费婶得意地说，耘米哪里遇到什么高人啊，她不过是听了我的话，每天安心念佛打坐罢了。老太太笑着对费婶说，你就是耘米的福星，就是我们家的高人啊！耘米说，的确要感谢费婶，第一次在潮音庵见到我师父的时候，她都不想理我，其实我师父那时候就在教导我了，她说"污浊尘世不在外面，在你心中"。后来，我每天的打坐念佛，就是在清洗自己内心的污浊，我师父也让我洗心革面。

耘米的心越来越专一宁静，耘谷的心却越来越杂乱浮躁。随着时间推移，耘谷思念翰民的炽热之情，曾经被护校紧张的学习和上海繁华的街市，特别是年轻男子顾星奎的出现，冲淡了一些，可是转眼之间，又被南京之行重新点燃，被晴媛和廖团长带来的消息重新激活。然而耘谷还是做梦也没想到，翰民会突然出现在她眼前。

蔡翰民出现在枫桥东园门前的时候，天刚擦黑，街边电线杆上的路灯散发出昏黄的光亮。蔡翰民跟在炎九叔身后出现在耘谷面前，衣衫褴褛，蓬头垢面，胡子拉碴，手足无措，像做了错事回家的孩子。耘谷见到失魂落魄的翰民，抱着他就哭起来。

那一天刚好是周末，大婉和泳济都回来了。耘谷正拉着翰民打算藏到客房里去，迎面碰上了父母。翰民连忙低头致意，喊伯父伯母好。泳济大惊失色，不知道耘谷带来一个什么人。大婉倒是认出来了，看着站在面前的蔡翰民，大婉简直不敢相信自己的眼睛，这就是当年那个精神抖擞地去军校读书的年轻人？那个在江东每天都陪着耘谷的年轻人？那个在去尚蔡村的船上整天立正守候在父亲董方均身边的乡下孩子？那个让耘谷日思夜想的蔡翰民？大婉连忙吩咐炎九叔和费婶先领翰民去洗澡，把人收拾干净再说，找几件泳济或炎九的衣服给他换上。

耘谷睁着试探和求助的眼睛看着父母。泳济问耘谷，是不是想把翰民留在家里？大婉毅然决然地说，翰民一刻都不能多待，多一分钟就多一分危险，让他立即离开。翰民洗漱干净再次出现在众人面前,穿着炎九叔的对襟短袄,显得有些滑稽。翰民感受到了客厅里的紧张气氛,站在离耘谷不远处的桌旁,面无表情,等待发落。

大婉和泳济商量了一阵,决定由泳济和炎九叔陪着耘谷,现在就动身,把翰民送到胥口前山李村去。大婉说,步行去更安全,二三十里路也不算远,午夜之前就能到。大婉吩咐炎九叔和耘谷留在前山李村,陪翰民在李家老宅里躲一阵,看情况再做决定。

泳济一行四人午夜时分到达前山李村。堂弟李泳江从梦里爬起来,披着衣服来开门。泳济的老房子早就装修好了,还没住过人,尽管风格有些老派,但样样都是又结实又崭新的,满屋飘着浓郁的松脂的香味。房屋坐南朝北,正北中堂的木板墙壁上挂着一幅太湖胜景图,两边对联古隶苍劲:"风景宛如游北海　烟波不再忆西湖"。厅堂的三合土地面平整又光滑,前堂和后堂的东西两侧各有四间厢房,房间里铺的是松木地板,后堂后面还有厨房、饭厅和储藏间,一扇小门通往后园竹林,隐约能见太湖渔火,点点星星。泳济让泳江回家去休息,明天再详细说话。

第二日上午,泳济把女儿李耘谷、管家炎九叔还有蔡翰民交给堂弟李泳江。泳济说,自己有事要返城,说耘谷他们几个人是到这里来暖房的,住些日子,攒些人气,为大嫂和老太太到这里度假做准备,平时用不着多管他们,柴米油盐、蔬菜瓜果齐备就行,做饭洗涮都由他们自己去做。关键是不必知会其他族人,问起来就含混回答。

耘谷和翰民深居简出,跟外面有交道的事情,都由炎九叔去处理。他们只开通往竹园的那扇后门,从竹园里可以看到太湖,湖上大大小小的岛屿,还有身后苍莽的穹窿山。竹园边上有一条杂草小径,直接通到湖边。两个人会坐在胥江入湖口处杂草丛生的沙地上,看天看云,看水看山,看白帆和渔船,听飞翔在半空中的湖鸥鸣叫,甚至听到了彼此的呼吸声,享受着无边的静穆。

耘谷特别珍惜这次跟翰民的相遇。她什么也不打听,什么也不问,什么也不想,只知道享受这个来之不易的相聚。从前耘谷就喜欢刨根问底,什么事情都要求得到一个确定的答案才放心,结果呢?得到了什么?确定的答案从来就躲着她。这些年来,她一直是心在半空悬着,以至于自己和翰民天各一方,心各一方。

此刻,翰民就坐在自己身边,黑色毡帽压得低低的,那是父亲的毡帽,灰色对襟棉布短袄,缅裆裤和黑色布鞋,那是炎九叔送给他的。耘谷突然觉得,这种打扮并不滑稽,反而是那么亲切温暖,从前喜欢看翰民穿土黄色军装,其实都不自然,现在的翰民才是自然的、日常的、生活的、有血有肉的、有人情味儿的。耘谷数次起意,要跟翰民聊些什么,打听一下此前的故事,刺探一下将来的打算,但每当话到嘴边,都被她咽下去了,就像有一只湖鸥来到身边觅食,由于担心吓走湖鸥,自己只能屏住呼吸纹丝不动一样。此时此刻,唯有此时此刻,才是真实的,可靠的。耘谷害怕,只要稍稍提及过去或者将来,翰民就突然性情大变,或者焦虑不已,或者胆战心惊,或者躁动不安。

两人坐在湖边,耘谷突然想起毕业后到上海找工作的事,试探着问翰民,想不想跟自己一起去上海做事。翰民反应激烈,对耘谷叫起来:我去上海做事?我能做什么?搬炮弹吗?开枪射击吗?谁会要我?我就是废物一个!你关心一个废物干什么?你不要管我!翰民说着,站起来往回跑。耘谷跟着追过去,穿过竹园,正要从后门进屋去,就听到厅堂前传来嘈杂陌生的声音。有人在盘问炎九叔,泳江堂叔在一旁解释着。耘谷拉住翰民的手,转身就跑回湖边,躲在杂草丛中直到天黑。

晚上,泳江堂叔过来说,他也觉得蹊跷,区里的治保专员来查户口,从来没有的事,这里已经不安全了。泳江堂叔说,要么回苏州,要么躲到湖上去,总之不能再住在这里。炎九叔回了一趟城里,帮耘谷带一些日用衣物,傍晚又赶回来。炎九叔说,回苏州更不行,还是到湖上去暂避一下。

泳江叔弄来一条乌篷船,把翰民和耘谷送到湖心汀山岛边一个无名岛,小岛上有一个叫叶家的小渔村,那是耘谷堂姐夫的村庄,只有四五户人家,都是叶家人。耘谷和翰民就暂时借住在堂姐家。炎九叔也暂时回城里去了。

堂姐李菱花和堂姐夫叶少均都是老实巴交的渔民兼农民,在这小岛上男耕女织,过着几乎与尘世隔绝的生活,凿井而饮,耕田而食,打鱼晒网,生儿育女。耘谷和翰民都羡慕这种生活。但是,尽管叶家村比前山李村还要安静,翰民和耘谷依然笼罩在不安之中。翰民越发沉默,耘谷越发有危机感。她担心自己不能保证翰民的安全,恨不得两个人都变成鱼,在太湖的绿波中自由地游弋,或者变成小鸟在湖面飞翔。

那天晚上,耘谷做了一个梦。在梦中,他和翰民在小渔村的湖边耕种,突然听到了急促的脚步声还有人倒地的扑通声,枪声越来越密集,炮弹在头顶嗖嗖地飞过,在身边爆炸。耘谷下意识地扑过去,将翰民扑倒在地,用自己的身体盖住他。等他们从地上站起来,发现翰民已经是满脸鲜血。耘谷拉着翰民就跑,后面有很多人在追,他们跳进湖水里,拼命地朝对岸游去,但怎么也游不动,眼看就要被追上,两人好不容易登了岸,跑进前山李村老宅。追赶的人也从后园的竹林穿过,砸坏了老宅的后门,耘谷拉着翰民从前门出去,继续往城里的家跑去。追赶的人越来越多,把枫桥东园包围起来了。几个穿白制服腰里别着手枪的人闯进来,掏出手铐,铐住翰民的双手,把他带上了停在路口的吉普车。耘米大声喊叫着翰民的名字,向吉普车猛扑过去。吉普车突然猛地往前一冲,让耘谷扑空,倒在了地上。耘谷哭喊着翰民的名字。

堂姐菱花闻声赶来,耘谷还在啜泣。菱花抱着耘谷,让她不必担心,说这个小岛很少有人过来,在这里住一辈子也没人知道。耘谷还是不放心,总觉得翰民会被人抓走,整日忧心忡忡,茶饭不思。菱花和丈夫只好划着自家的渔船,把耘谷和翰民带到湖心深处一个无人居住的荒岛,上面有一个山洞,他们对翰民和耘谷说,有事就自己划船躲到这里来。

泳江叔驾着乌篷船到菱花家来看望耘谷,说耘谷的父母回苏州了,让耘谷过去商量事情。耘谷犹豫了一阵,还是答应了。乌篷船从太湖进入平静流淌的胥江,耘谷的心一点也不平静。大婉的意思是,翰民不是本地人,容易引人注目,不如让他先回老家尚蔡村去,可能更安全些。耘谷一想也是,就决定陪翰民回老家。

第二天上午,泳江叔驾船把耘谷送回岛上菱花家,发现翰民不在,问菱花和姐夫,他们也不知道。菱花说,大概划船到对面荒岛山洞里去了吧？堂姐夫说,应该是,渔船也不见了。堂姐夫找来一条船,载着耘谷到了对面荒岛,山洞里却空无一人。堂姐夫又载着耘谷在湖面和周边的小荒岛上找了一圈,也不见翰民的踪影。接连两三天,堂姐和堂姐夫都在帮助耘谷寻找翰民,但杳无音讯。附近有渔民捡到一条空船,正是堂姐夫的船,但不见翰民本人。耘谷怀疑翰民又在玩失踪的把戏,但更多的还是担忧翰民的安全。

　　泳江叔驾着船,把侄女耘谷送回城里,亲自交到哥哥泳济手上,说自己压力很大,现在完好无损奉还,你们好好地看着她,有那年轻人的消息,也会立即告知。大婉让耘谷跟自己回上海去,耘谷拒绝,她要在这里守候,等待翰民的消息。

3

　　董少雍突然出现在苏州枫桥东园家中,带着晴帆和伟民,还有老同学和老战友苏佑民。董少雍和苏佑民原本都在鲁西南部队,后来又一起战斗在胶东半岛,一路转战南北。最近他们又接受了新任务,到上海打前站,准备代表文化界人士迎接大部队进城。晴帆是苏佑民的助手。伟民也打算到上海后再考学。路过苏州的时候,董少雍特地赶回家,看望卧病在床的母亲。

　　耘谷和耘米见到苏佑民感到亲切,问这问那。耘谷向苏佑民打听贝蒂小姐的事情,说她很想念那位漂亮姐姐。董少雍说,耘谷是哪壶不开提哪壶，又往苏佑民伤口上撒盐。苏佑民哈哈大笑起来，说没少雍说的那么严重。苏佑民告诉耘谷，最近这段时间，欧美国家的人大量回国，贝蒂小姐不久前也离开了中国，估计是到欧洲去了，她是个国际人，不习惯总是待在一个地方。国际人！耘谷想起了保罗医生，是不是也回国去了呢？那样的话玛丽表姐不是很孤单吗？乌斯的爸爸马约伯现在在哪里呢？

少雍走进母亲卧室。自从老头子董方均去世之后，老太太朱彦娇身体日见衰弱，人也显得苍老了许多。朱彦娇最疼爱的儿子少雍坐在母亲床头嘘寒问暖，犹如良药一剂，让老太太惊喜得要从床上爬起来，但被费婶坚决制止了。

母亲说着说着就没有力气了，让炎九把家里的大事跟少雍说说。炎九叔说，镇江米厂的生意不错，大少爷花了不少心思经营，老爷当初也吩咐过，说二少爷也是老家资产的管理者，二少爷有空也要回老家看看。董少雍说，老家那边早就全权委托大哥管理，自己不再关心这些事。老太太说，老家的事你不管，大婉和二婉的事情你还是要帮着管一管吧？少雍说，上海的事情自己就更不管，两个姐姐和姐夫管就行了。

少雍惦记着大女儿。他让炎九叔立即拍加急电报给南京的晴媛，让她赶到苏州家里来一趟，而且叮嘱是晴媛一个人来。大婉和二婉、泳济和凯常也回苏州过周末来了。

董晴媛当晚就赶到了苏州。她身着便装走进枫桥东园，先去奶奶身边探望，又跟姑姑和姑父、耘谷晴帆姐妹挨个儿寒暄。

父亲对晴媛说，你们的部队也作鸟兽散，蔡老伯一家都走了，只留下个蔡鲠看家。现在正是新旧政权交接的当口,社会秩序有些混乱,但混乱不过是暂时的现象,整顿秩序是迟早的事情,谁都逃不了。

少雍把晴媛叫到一边,直截了当问:你能不能跟蔡鲠分手?

晴媛说:不行!我这一辈子只爱蔡鲠一个人,吃苦享乐、凶吉祸福,都跟着他。

少雍无奈,只好说:你们必须赶紧离开南京,尽快决定回董村还是尚蔡村。

晴媛说:回江东尚蔡村,蔡鲠他娘和他大哥都在村里。

少雍说:不管你们回哪里,都要记住一个原则,不要逃避,向新政权自首。

那边大婉和泳济在跟耘谷谈话。大婉说,翰民的突然消失也可以说是一个征兆,未免不是好事,你怎么保护得了他?你连自己都保护不了。

耘谷说,我只希望跟堂姐菱花那样,男耕女织,打鱼晒网。

泳济说,菱花有福享,那是她的命,不是谁都能过上那种世外桃源的生活啊!

耘谷说,是的,我没那个命!我的一切病根,就在于奢望太多。我现在最大的奢望,就是能够跟随翰民那个混蛋亡命天涯。

在大婉和泳济的规劝下,耘谷收拾行装,带着护校毕业证,跟父母到上海去了。

蔡翰民的确走上了逃亡之路。他不想让耘谷担惊受怕,他想一个人独自承担。他的第一站就是南京,当他赶到栖霞路的蔡公馆时,蔡公馆已经关门闭户,早就易主也未可知,蔡鲠带着晴媛已经回尚蔡村去了。翰民的第二站是南都,在康盛牙科,翰民见到了邓于玲大姐,在自己最绝望最痛苦的时候,是邓大姐安抚了他,挽救了他。翰民的第三站是江东,那里有他青春时代的温馨回忆,翰民伫立在德茂公寓门前。钱德玄钱半仙正坐在风中,风烛残年的样子。钱德玄又做起了老本行,还是算命打卦测字。只见他手起板落音沙哑,风声盖过了吟唱声:

你的运气好不好?你的运气跑没跑?
报来生辰算八字,运气长短早知道。

钱德玄没认出蔡翰民。得知眼前这个男子就是当年整天跟德茂公寓的女孩一起吃喝玩乐的乡下崽,钱德玄说,吃够玩够该歇了。玛丽带着乌斯应约而来,坐在德茂公寓门前的椅子上聊天。乌斯长大了,不像小时候那样往翰民怀里钻了。玛丽得知外婆、父亲和姐妹的情况,感动得流泪。玛丽说,弟弟云柯的部队不知所终,钱小果到成都去找过一次,没有找到,回到江东就自杀了。马约伯活不见人死不见尸。南茜和保罗都回自己的国家去了。玛丽说,她正在考虑是去镇江还是苏州。

阳春三月的一天,蔡翰民离开江东德茂公寓,一个人朝湖滨尚蔡村乡下赶去。

三月阳春的日子,潮音庵住持善妙尼师父圆寂,耘米去参加法事。事毕,新住持朗月尼师父,遵照善妙尼师父的嘱咐,为耘米落发。耘米正式进入潮音庵,法号澄果尼。潮音庵的钟声在空中传扬,空寂幽怨,直抵耘米心灵深处。

耘米嘴里念念有词,喊着师父善妙尼的名字,说请师父原谅,耘米最后还要流几滴尘世的眼泪,从此就跟它告别了。说着,两行浊泪从耘米的眼里滚了出来。